우리는 왜
짜증나는가

ANNOYING: The Science of What Bugs Us by Joe Palca and Flora Lichtman

Copyright © 2011 by Joe Palca and Flora Lichtman
All Rights Reserved. This translation published under license.
Korea translation rights arranged with John Wiley & Sons, USA
through Danny Hong Agency, Korea.

Korean translation copyright © 2014 by Munhakdongne Publishing Corp.

이 책의 한국어판 저작권은 대니홍 에이전시를 통한 저작권사의 독점 계약으로 문학동네에 있습니다. 신저작권법에 의해 한국 내에서 보호를 받는 저작물이므로 무단전재와 복제를 금합니다.

이 도서의 국립중앙도서관 출판시도서목록(CIP)은 서지정보유통지원시스템 홈페이지(http://seogi.nl.go.kr)와 국가자료공동목록시스템(http://www.nl.go.kr/kolisnet)에서 이용하실 수 있습니다.
(CIP제어번호: CIP2014012841)

우리의 신경을 긁는
것들에 대한 과학적 분석

우리는 왜
짜증나는가

조 팰카·플로라 리히트만 지음
구계원 옮김

문학동네

저자의 말

▶▶▶ 끈이론(String theory, 1차원의 개체
인 끈과 이에 관련된 막膜, brane을 다루는 물리학 이론—옮긴이)이나 분
자 유전학과 달리 짜증을 과학적으로 연구하기란 쉽지 않다. 짜증
의 과학은 매우 복잡해 자연과학 분야의 물리학·화학·생물학부터
사회과학 분야의 심리학·사회학·인류학·언어학과 인문학 분야의
역사·문학·철학·예술까지 무수한 학문 분야를 망라하기 때문이다.

짜증에 대한 권위자가 존재한다면 진정 박식해야 할 것이다. 우
리 모두는 어느 정도 짜증 전문가다. 다른 사람을 짜증나게 하거나
스스로 짜증을 느끼는 것 양쪽에서 말이다. 사실 누군가에게 짜증
의 과학에 대한 책을 쓴다고 말하면, 십중팔구는 한바탕 비웃은 뒤

얼마 전에 겪은 짜증나는 일에 대한 기나긴 불평을 이어간다. 상당히 역설적인 일이다. 우리는 짜증나는 상황을 싫어하지만, 무엇이 자신을 짜증나게 하는지에 대해서는 상당히 즐기는 듯하다. 누구나 짜증나는 일에 대해 이야기할 수는 있지만 왜 짜증나는지 설명할 수 있는 사람은 거의 없다. 그렇기 때문에 우리는 과학에 눈을 돌린다.

짜증이 무척 사소한 연구 주제처럼 보일지 모르지만 잠시 생각해보자. 짜증은 매우 보편적이다. 전혀 짜증을 안 내는 사람이 있는가? 물론 하나의 종으로서 현대 인간은 특히 짜증에 민감하다고 할 수 있지만, 다른 종 역시 짜증과 무관하다고 할 수는 없다. 동물 행동 전문가나 미생물학자들은 짜증이 아닌 다른 용어를 사용할지 모르지만 인간이 짜증내는 것과 매우 비슷한 일이 동물의 왕국에서도 폭넓게 일어난다는 데 이의를 제기하기는 어려울 것이다. 나이가 많은 개는 자신을 귀찮게 하는 강아지에게 짜증을 낸다. 초파리는 거슬리는 것들을 요령 있게 피한다. 심지어 박테리아도 미생물의 세계에서 칠판을 손톱으로 긁는 것에 해당하는 짜증나는 상황에 처했을 때 편모를 움직여 다른 곳으로 이동한다. 환원주의(reductionism, 복잡하고 추상적인 사상이나 개념을 직접적으로 관찰이 가능한 명제의 집합으로 바꾸어 설명하려는 입장—옮긴이)의 위대한 전통에 따르면, 동물들의 짜증을 이해하는 과정에서 인간의 짜증에 대해 많은 시사점을 얻을 수 있다.

이 주제에 대한 직접적인 연구는 많이 진행되지 않았지만 관련

8

자료는 결코 부족함이 없다. 과학은 짜증에 대해서 할 이야기가 많다. 짜증이라는 감정에 대한 여정에서 우리는 무엇이 인간을 짜증나게 하는지 이해하는 데 도움이 될 만한 몇 가지 유형을 찾아냈다. 모든 것을 망라하는 짜증의 대통일 이론을 기대하지는 마라. 짜증에 관한 과학적 연구는 아직 걸음마 단계일 뿐이다. 다만 우리가 찾아낸 사실들을 그 시작점으로 제시하고자 한다.

프롤로그
휴대전화

▶▶▶   언제, 어디서나, 누구에게나 일어
날 수 있다. 공중화장실, 기차, 학교, 심지어 여러분의 집 뒷마당에
서도. 결코 안전지대란 없다. 펜실베이니아 대학교의 언어학자인
마크 리버먼은 체육관에서 이 사건을 겪었다. "옆 러닝머신에서 젊
은 아가씨가 휴대전화로 통화를 하고 있었지요. 전화 내용에 신경
쓰지 않으려고 안간힘을 썼지만, 그 아가씨가 똑같은 말을 계속 반
복하더군요. '그는 내일 도착할 거야' 같은 식의 문장이었어요. 아마
열 번에서 열두 번은 반복했을 겁니다."

휴대전화로 인한 짜증의 전형적인 사례다. 리버먼은 옆자리 러닝
머신에서 똑같은 말을 반복하는 아가씨를 무시할 수 없었고, 무척

짜증이 났다. 왜일까? 공공장소에서 휴대전화로 통화하는 것이 무례한 일이기 때문일지도 모른다.

그렇다면 왜 무례한 걸까? 이 문제를 연구했던 심리학과 대학원생 로런 엠버슨은 이에 대한 답을 제시한다. "사람들은 공공장소에서의 휴대전화 사용을 무시할 수 없기 때문에 무례하다고 여기는 듯합니다. 누군가 주변에서 대화를 나누는 것보다 휴대전화 통화를 더 무례하게 느끼지요. 다른 사람의 휴대전화 통화에 신경이 쏠리면 본인의 뜻대로 다른 일이나 다른 생각을 할 수 없기 때문에 짜증이 나고 거슬리는 것입니다."[1]

매우 흥미로운 견해다. 우리는 무시할 수 없는 것을 무례하다고 느낀다. 리버먼은 휴대전화 통화 중에서도 특히 무시하기 어려운 것이 있다고 한다. 큰 소리로 통화하는 경우 크게 거슬리고, 대화의 내용 때문에 더욱 신경쓰일 수도 있다.

만약 다른 사람의 휴대전화 통화 내용이 흥미진진하기 때문에 신경쓰인다고 여긴다면 다시 한번 곰곰이 생각해보자. 리버먼이 체육관에서 겪었던 일처럼 오히려 평범한 통화 내용이 더 무시하기 어려울 수도 있다. "도대체 왜 그 아가씨가 똑같은 말을 몇 번이나 반복하는지 알 수 없어서 돌아버릴 것 같았지요.""그 말 자체는 별로 흥미롭지 않았습니다. 그녀가 그 말을 수도 없이 반복했기 때문에 신경이 곤두섰습니다. 도대체 어떤 대화이기에 그렇게 여러 번 똑같은 말을 반복한단 말입니까?" 리버먼의 말이다.

이 사례는 휴대전화 통화가 왜 짜증나는지에 대한 엠버슨의 이론을 잘 나타내준다. 엠버슨과 동료들은 휴대전화 통화를 "반쪽짜리 대화halfalogue"라고 부른다. 러닝머신에서 똑같은 말을 반복하는 아가씨가 짜증났던 이유는 주변 사람들의 주의를 산만하게 했기 때문이다. 그리고 주변 사람들의 주의가 산만해진 이유는 아무리 노력해도 어떻게 그런 식의 대화가 성립 가능한지 도무지 상상이 안 됐기 때문이다.

벤쿠버에 위치한 브리티시컬럼비아 대학교 캠퍼스 인근은 물가가 비싸다. 그곳에서 공부했던 엠버슨은 캠퍼스 부근의 집세가 학생들이 부담하기에는 지나치게 비쌌기 때문에 학교까지 버스로 45분이나 걸리는 곳에서 살았고, 긴 등하교 시간 동안 자연스럽게 책을 많이 읽게 되었다.

엠버슨이 대학생이던 시절 휴대전화가 막 보급되었는데 엠버슨은 아직 휴대전화가 없었다. 그런데 버스에서 휴대전화 때문에 짜증나는 일이 많았다. 엠버슨은 심리철학에 대한 논문을 읽고 싶었지만 함께 버스를 탄 승객들의 휴대전화 대화에 마음이 산만해지고 말았다. 엠버슨은 이렇게 회상한다. "학자로서 단순히 짜증내는 데서 멈출 수가 없었습니다. '도대체 왜 짜증이 나는 것일까?' 궁금해졌지요. 주변 사람들의 휴대전화 대화를 도저히 무시할 수 없었어요. 예전에는 제가 참견하기 좋아하는 사람이기 때문이라고 생각했습니다. 하지만 저는 그 대화를 듣고 싶지 않았어요. 제 의지와 관계없이 거의 강제로 듣는 느낌이었습니다. 하지만 대부분의 사람들은 그렇다고 이 점을 연구하지는 않지요." 그러나 현재 코넬 대학교에 몸담고 있는 엠버슨은 달랐다. 엠버슨은 왜 휴대전화 대화가 그토록 짜증나는지에 대해 가설을 세우고 이를 위해 연구를 계획했다.[2]

누구나 무엇인가에 짜증을 낸다. 그리고 적지 않은 사람들이 여러 가지 원인 때문에 짜증을 느낀다. 이러한 짜증 중 대부분은 객관적인 '짜증' 요소보다는 개인적인 민감도, 즉 신경의 예민함, 자라온 방식, 가치관 등과 연관이 깊다. 그러나 일부 짜증 요소는 너무나 강력해 인종, 성별, 나이, 문화의 장벽을 넘어 보편적으로 작용하기도 한다. 그런 짜증 요소 가운데 현대 문명의 이기 중에서 가장 편리한 장비인 휴대전화는 상위권에 자리한다. 자신이 아닌 다른 사람이 통화할 경우에 말이다.

요크 대학교의 학자들은 듣는 사람이 양쪽 이야기를 모두 들을 수 있는 일반 대화에 비해 휴대전화 대화를 들을 때 사람들이 특히 더 짜증을 낸다는 사실을 밝혀냈다.[3] 특별히 뭔가에 민감해서도, 취향의 문제도, 뭔가를 떠올리게 하기 때문도, 음성의 고유한 특징 때문도 아니다. 휴대전화 대화는 별개의 문제다. 휴대전화와 관련한 짜증을 통해 우리 인간성의 정수에 접근할 수 있는 뭔가를 찾아볼 수 있을까?

엠버슨은 한 가지 이론을 제시한다. "이는 인간이 주변 정보에 대응하는 방식에 대해 제가 구체화하고 있는 개념과 일맥상통합니다."
엠버슨의 관점은 이렇다. 누군가가 휴대전화 통화를 하는 경우처럼 대화의 반쪽만 들을 때, "우리의 두뇌는 언제나 현재 알고 있는 지식을 바탕으로 다음에 무슨 일이 일어날지 예측합니다. 우리는 이렇게 세상을 배워나가지만, 이것은 또한 우리가 살아가는 모습의 반영이기도 합니다. 뭔가 예측하지 못한 일이 일어나면 그쪽에 주의가 쏠립니다. 인간은 정보를 찾고, 예측을 좋아하는 인지체제를 갖추고 있기 때문에 두뇌가 그쪽에 관심을 기울이는 듯합니다".

휴대전화는 현대에 등장한 문물이지만 반쪽짜리 대화를 성가시게 여긴 것은 어제오늘의 일이 아니다. 1백 년도 더 전에 마크 트웨인은 이에 대해 강한 불만을 표시했다. 사실 트웨인은 짜증나는 일이 넘쳐나는 사람이었고, 그 덕분에 미국 문학이 더욱 풍요로워졌다고 해도 과언이 아니다. 알렉산더 그레이엄 벨이 필라델피아의 건국 10주년 박람회에서 처음으로 전화를 선보인 지 고작 4년 뒤인 1880년에 트웨인은 「전화를 통한 대화A Telephonic Conversation」라는 수필에서 이렇게 적었다.

전화를 통한 대화—여기서는 단순히 그 자리에 앉아만 있고 대화에 전혀 참여하지 않는 상황을 말한다—는 현대 사회에서 가장 우울한 호기심 중 하나다. 어제 나는 방에서 누군가 전화로 대화하는 동안 숭고한 철학 주제에 대한 심오한 글을 쓰고 있었다. (중략) 이런 상황에서는 질문은 들리지만 대답은 들리지 않는다. 초대의 말은 들리지만 그에 대한 감사인사는 들리지 않는다. 쥐 죽은 듯한 침묵이 이어지다가 연관성도 없고 명분도 없는 갑작스러운 놀라움이나 슬픔, 실망이 이어진다. 전화선 너머 상대편의 말을 전혀 들을 수 없기 때문에 도무지 대화를 종잡을 수 없다.[4]

트웨인의 말대로 전화 통화는 "도무지 대화를 종잡을 수 없"는 상황이며, 엠버슨은 바로 이것이 휴대전화 통화가 그토록 효과적으로 우리의 관심을 사로잡고, 짜증나게 만드는 근본 원인이라고 생각한다. 대화의 반쪽밖에 듣지 못할 경우 그 사람이 언제 다시 말을 시작할지, 입을 열면 어떤 말이 튀어나올지 예측하기 어렵다.

짜증을 유발하는 한 가지 요소는 예측불가능성이다. 완전히 무작위적인 자극은 무시할 수 있다. 꾸준하고, 안정적이며, 규칙적인 자극 또한 쉽게 무시할 수 있다. 그러나 대화의 리듬처럼 일정한 패턴을 가졌지만 예측할 수 없는 상황은 우리의 주의를 끌기 마련이다. 우리가 원하든 원하지 않든 간에 말이다.

특히 말은 사람의 주의력을 끌어당긴다. 누군가와 대화를 나눌 때 여러분의 두뇌는 듣는 쪽, 즉 상대방이 하는 말에 귀를 기울이고 상대방에게 전달받는 정보를 처리하는 데 초점을 맞춘다고 생각할지 모른다. 아마 자신이 상대방의 말을 스펀지처럼 흡수하고 그에 대한 대답을 준비하고 있을지도 모른다고 여길 것이다. 그러나 사실 여러분의 두뇌는 상대방이 다음에 무슨 말을 할지 예측하는 데 초점을 맞추고 있다. 배우자가 하고자 하는 말을 미리 알아맞히는 경우는 흔하지만, 여러분은 배우자뿐만 아니라 모든 사람의 말을 미리 맞히고 싶어한다.

리버먼은 인간이란 언제나 말을 예측하려는 존재라고 말한다. 이러한 성향은 '마음이론theory of mind'과 연관되어 있는데, 리버먼은 이 마음이론 때문에 인간은 다른 사람들의 생각을 읽으려고 노력할 수밖에 없다고 주장한다. 리버먼은 자신의 블로그인 '랭귀지 로그 Language Log'에 이렇게 썼다.[5] "자폐증이 아닌 다음에야 대부분은 의식하지 않아도 주변 사람들의 옷 색깔을 알아차리는 것처럼, 거의 자동적으로 다른 사람들의 마음을 읽으려고 노력하게 됩니다." 이것은 대화에도 적용된다고 한다. 리버먼은 대화의 반쪽만 듣는 경우 "마음이론에서 주장하는 바대로 빈 영역을 채우려는 성향을 피할 수 없는 듯합니다"라고 말을 잇는다.

인간은 공백을 채우는 데 상당히 능숙하다. 인간의 두뇌가 지닌 언어 예측력을 시험하는 방법 중 하나가 섀도잉verbal shadowing이다. "섀도잉은 다른 사람이 하는 말을 들으면서 최대한 간격을 두지 않고 그림자처럼 그 말을 따라 하는 것입니다. 버라이어티쇼에 거의 시차 없이 다른 사람들의 말을 따라 하는 사람들이 등장하기도 했습니다. 사실상 거의 동시에 말하는 것처럼 보이지요. 하지만 누구나 1초도 안 되는 시차를 두고 어느 정도 다른 사람의 말을 따라 할 수 있습니다." 리버먼의 설명이다.

다른 사람이 하는 말이 더욱 예측하기 어려워지면(리버먼이 '단어 샐러드'라고 부르는, 아무 연관 없는 단어들로 문장을 만들어 말하는 경우가 이에 해당한다), "의미상으로는 앞뒤가 맞지 않지만 구문적으로는 체계가 잡힌 별 뜻 없는 말에 비해 섀도잉의 지연 속도가 매우 길어"진다. 섀도잉의 지연 시간은 말의 구조와 내용이 더욱 일관성을 갖춤에 따라 점점 더 짧아진다.

인간의 두뇌가 얼마나 예측 가능성을 선호하느냐에 대한 이론은 음악 연구에서도 나타난다. 음악이론학자인 데이비드 휴런은 이렇게 말했다. "생물학적 관점에서 볼 때 뜻밖의 일이 일어나지 않는 경우가 최고의 상황입니다. 두뇌의 상당 부분은 다음에 어떤 일이 일어날지 예측하는 데 초점을 맞추고 있습니다. 두뇌가 왜 그렇게 다음에 일어날 일에 초점을 맞추는가 하는 데는 생물학적 적응이라는 훌륭한 이유가 있지요. 정확하게 예측하면 두뇌가 보상을 받기 때문에 음악에서는 지극히 예측하기 쉬운 리듬을 사용합니다. 음악은 놀라울 정도로 반복적입니다."

엠버슨은 반쪽짜리 대화가 일반 대화나 독백보다 우리를 더 산만하게 만든다는 가설을 검증하기 위해 집중력을 요하는 일을 하는 동안 반쪽짜리 휴대전화 대화를 들려주는 실험을 실시했다. 휴대전화 대화를 최대한 현실적으로 재현하기 위해 엠버슨과 동료들은 코넬 대학교 학생들과 그 룸메이트들을 실험실로 모은 뒤 짝을 지어 통화하게 해 그 내용을 녹음했다. 그리고 학생들에게 방금 룸메이트와 나눈 대화를 독백으로 요약하라고 했다. 이렇게 하여 엠버슨은 실험 참가자들에게 들려줄 반쪽짜리 대화, 일반적인 대화, 독백을 모두 확보했다.

실험 참가자들에게는 두 가지 일이 주어졌다. 첫번째는 컴퓨터 화면에서 여기저기 돌아다니는 점을 마우스 커서로 클릭하는 일이었는데, 지속적으로 집중해야 하는 일이었다. 두번째는 네 개의 글자를 기억하고 있다가 화면에 그 네 가지 중 한 글자가 나오면 버튼을 누르고, 그 외의 글자가 나오면 버튼을 누르지 않는 일이었다. 이는 지속적인 감시와 의사결정을 필요로 했다. "두 가지 모두 상당한 집중력을 요하는 일이지만 그 성격은 매우 다릅니다. 우리는 서로 다른 유형의 대화가 집중력에 어떤 영향을 미치는지 살펴보고자 했습니다." 엠버슨의 말이다.

실험 후 연구진은 『심리과학*Psychological Science*』에 대화로 주의력을 분산시킬 수 있었다고 발표했다.[6] 마우스로 점을 좇는 와중에 반쪽짜리 대화가 들려오자 실험 대상자들은 더 많은 실수를 했다. "사람이 이야기하는 소리가 들리기 시작하면 주의가 급격하게 그쪽으로 쏠립니다. 그야말로 자동적인 반응이지요." 실수는 대화가 다시 들리기 시작한 지 고작 4백 밀리초 후에 발생했다. 거의 반사적이라고 할 정도였다.

갑자기 발생하는 무작위 소음이 주의력을 흐트러뜨릴 수 있을까? 이해할 수 있는 말이 어떤 효과를 미치는지 그 영향력을 확인하기 위해 엠버슨은 반쪽짜리 대화를 필터링하여 왜곡시켰다. 엠버슨은 누군가가 물속에서 말하는 것처럼 들리게 했다고 설명했다. 무슨 말이 들린다는 사실은 인지할 수 있지만 그 내용은 파악할 수 없었다. 이 경우, 주의력을 분산시키는 효과는 사라졌다. 반쪽짜리 대화를 이해할 수 없게 되자 실험 참가자들은 실수를 하지 않았다.

엠버슨은 실험 참가자들이 글자 맞추는 일을 할 때, 대화나 독백보다 반쪽짜리 대화를 들을 때 훨씬 실수를 많이 한다는 사실을 발견했다. 이는 일반적으로 인간이 반쪽짜리 대화에 주의력을 더 많이 빼앗긴다는 점을 시사하는지도 모른다. 엠버슨은 이 발견을 이렇게 해석한다. "대화가 어떻게 진행되는지 예측할 수 없는 경우에는 그만한 대가가 따릅니다."

리버먼은 반쪽짜리 대화가 일반적인 대화나 독백보다 사람들의 주의력을 더 분산시킨다는 데 대체로 동의한다. "엠버슨과 동료들의 추정은 잘 증명된 사실입니다. 질 낮은 정보가 들어오는 경우 우리는 그 정보를 이해하고 재구축하는 데 더 많은 노력을 기울이기 마련입니다." 하지만 리버먼은 예측할 수 없는 내용 때문에 인지능력에 부담이 가중된 것이 주의 집중력을 요하는 일의 처리능력을 저하시키는 유일한 직접적 원인이라는 데는 조심스러운 입장을 취한다.

이를 바탕으로 우리는 우리를 짜증나게 하는 요소의 두번째 특징을 도출할 수 있다. 붕붕대는 모기든, 성가시게 구는 아이든, 수도

꼭지에서 떨어지는 물소리든, 휴대전화 통화의 반쪽 대화든 우선 불쾌해야 한다. 끔찍하거나 치명적일 정도는 아닌, 단지 약간만 불편할 정도로 말이다. 반쪽짜리 대화가 무례하기 때문에 주의력을 분산시키는 것인지, 주의력을 분산시키기 때문에 무례한 것인지 관계없이, 누군가 전화 통화하는 소리를 들으면서 기분이 좋은 경우는 극히 드물다. 단순히 본질적으로 불쾌한 것도 있다. 칠판을 손톱으로 긁는 소리가 이에 해당할 것이다. 개인에 따라 불쾌함을 느끼는 정도가 다른 경우도 있다. 어떤 사람들은 교통체증으로 꽉 막힌 길에 갇혀 있는 것을 불쾌해하지만 어떤 사람들은 별로 개의치 않는다.

휴대전화 통화 내용을 우연히 듣는 경우에는 우리의 짜증을 유발하는 요소의 세번째이자 마지막 특징이 포함되어 있다. 언젠가는 끝난다는 사실은 알지만 언제 끝날지는 확실히 모른다는 점이다. 짜증이 나려면 여러분이 다소 조급해져야 한다. 전화 대화는 몇 초 후에 끝날 수도 있고 앞으로 한 시간 동안 계속될 수도 있다. 불쾌한 상황이 곧 끝나리라는 사실을 인지한다는 것 자체가 특정한 상황에 대한 일종의 긴박감을 형성한다. 즉 짜증은 여러분이 상황을 얼마나 낙관적으로 보느냐와 연관된다. 짜증나는 상황이 끝날 것이라는 희망은 그 상황을 견뎌내는 시간이 1초, 1초 지날 때마다 점점 더 커진다.

아마도 인간이 가장 폭넓게 경험하는 감정이면서도 연구가 가장 진행되지 않은 감정이 짜증일 것이다. 그것을 어떻게 아느냐고? 사실은 모른다. 짜증학과나 짜증 전문가 자체가 없기 때문이다. 얼마나 많은 사람들이 짜증을 느끼는지, 사람들이 어느 정도로 짜증을 내는지에 대한 자료나 측정치도 존재하지 않으며, 사람들이 왜 짜증을 내는지에 대한 연구도, 사람들이 짜증에 어떻게 대응하는지에 대한 체계적인 고찰도 없다. 사실 짜증에 대해 다룰 것이라고 생각되는 과학 분야의 전문가인 심리학자들과 이야기를 나누어보면 짜증이 존재하지 않을지도 모른다고 느껴진다.

따라서 우리는 과학의 모든 분야를 파헤쳐 짜증이라는 감정을 이해하려고 노력하는 작업에 착수했다. 짜증과 관련된 연구는 수없이 많다. 분노, 혐오, 음향학, 문화인류학, 화학적 자극원에 대한 논문은 방대하지만 이로써 어떻게 짜증을 설명할 수 있는지 탐구한 과학자는 찾기 어렵다. 이 책에서는 바로 그 일을 해보고자 한다. 윙윙거리는 파리, 자동차 경보음, 스컹크 냄새, 나쁜 습관, 형편없는 음악, 멍청한 고용주, 다루기 힘든 배우자 등. 현대 사회에서 짜증나는 일에 대한 책을 쓰고 있다고 이야기해보라. 그러면 곧 우리 인간이 얼마나 성질 나쁜 종인지 깨달을 것이다.

휴대전화 통화를 제외하고, 우리를 짜증나게 하는 요소에 대한 목록 작성은 보편적으로 불쾌해하는 대상이 매우 드물다는 점 때문에 까다롭다. 특정한 애프터셰이브 로션의 향기를 여러분은 좋아하는 반면 배우자는 짜증스러워 할 수도 있다. 즐거움이 불쾌함으로 바뀌기도 한다. 연애 초기에는 배우자가 칼을 사용하는 방법을 귀엽다고 생각할 수 있지만 결혼한 지 20년이 지나면 꼴도 보기 싫어질지도 모른다. 짜증은 너무나 주관적이고 전후 사정에 따라 달라지는 경험이기 때문에 한마디로 단정짓기가 어렵다. 어쩌면 그렇기 때문에 학자들이 짜증을 독립적인 감정으로 간주하지 않는지도 모른다. "저는 짜증을 가벼운 분노라고 봅니다. 그리고 분노에 대해서는 엄청나게 많은 논문이 나와 있지요." 스탠퍼드 대학교의 심리학자 제임스 그로스의 말이다. 펜실베이니아 대학교의 심리학자 폴 로진은 이렇게 경고한다. "짜증과 혐오감을 유의해서 구별해야 합니다." 플로리다 대학교의 심리학자 클라이브 윈은 이렇게 말하기도 한다. "짜증과 좌절감을 구별하기란 상당히 어렵습니다."

때때로 한쪽 축은 긍정적/부정적이고 다른 쪽 축은 흥분/침착함이라고 표기된 도표에 감정을 표시하기도 한다. "짜증은 흥분-부정적 감정일 것입니다. 하지만 상당히 미묘하지요. 그렇지 않습니까?" 정신과 의사이자 미시간 대학교의 진화 및 인간 적응 프로그램 책임자인 랜돌프 네스 박사는 이런 질문을 던진다. "짜증은 엄밀히 말해 분노는 아닙니다. 사실 화를 내는 것도 아니지요. 짜증은 이러한 범주에 알맞게 딱 맞아떨어지지 않는 감정입니다." 짜증은 그 자체로 독립적인 감정인 듯하다. 포터 스튜어트 판사가 외설물에 대해 "(무엇이 외설물인지) 그냥 보면 안다"고 정의한 것처럼,

짜증을 한마디로 정의하기는 무척 어려울지도 모른다. 그러나 그냥 보면 아는 것만으로는 충분하지 않다. 어떤 직업을 가진 사람은 단순히 하루를 견뎌내기 위해 짜증 전문가가 되어야 하는 경우도 있다.

1장

소음과
짜증

사이렌은 짜증을 유발하기 위해 설계되었다. 만약 사이렌이 사람들의 주목을 끌지 못하거나 사람들이 무시하기 쉬운 소리라면 사이렌은 그다지 효과를 발휘하지 못할 것이다. 사이렌은 매우 현대화된 또다른 짜증 요소와 연관된다. 우리가 사용하는 가전제품, 컴퓨터, 전화, 기타 장치에서 나오는 삑삑대며 거슬리는 기계 신호음이 그것이다. 이 장치들에서 나오는 소리는 짜증나는 동시에 유용하기도 하다. 그러나 어디서 나는지 알 수 없는 기계 신호음을 듣고 기뻐하는 사람은 아무도 없다.

▶▶▶　　　　　　　2010년 여름, 뉴욕 시는 무덥기 짝

이 없었다. 봄이 일찍 찾아왔고, 날씨가 일단 한번 따뜻해지자 여름

내내 더운 기운이 가시지 않았다. 7월에는 혹서가 찾아와 도시 안팎

에서 며칠 동안이나 온도가 세 자리 수(화씨 100도, 즉 섭씨 37.8도

이상—옮긴이)에 머물렀다. 사람들은 더위를 피할 방법을 찾느라 필

사적이었다. 억지로 소화전을 열어서 소방호스를 꺼냈다. 골목길은

작은 물놀이 공원이 되었다. 수영장에는 입장객의 발길이 끊이지

않았다.

　7월 6일은 그야말로 숨막힐 듯 더웠다. 온도는 섭씨 39.4도로 8년

만에 최고치를 경신했다. 뉴욕데일리뉴스에 따르면, 뉴욕 시의 온도

기록을 보관하기 시작한 1869년 이래 이보다 더운 날은 고작 3일에 불과했다.

이날 뉴욕 소방서Fire Department of New York, FDNY의 응급의료서비스 Emergency Medical Service, EMS는 눈코 뜰 새 없이 바빴다. 뉴욕타임스는 이날 신고 전화 수가 평소보다 30퍼센트 증가한 4225통에 달했다고 발표했다. 응급의료서비스 팀에게는 지난 8년간 다섯번째로 바쁜 날이었다.

뉴욕 시에서 911로 응급전화를 걸면 우선 CROcall-receiving operator 라고 부르는 전화상담원들과 이야기를 하게 된다(응급의료체계에는 짜증나는 약자가 수없이 존재한다). CRO는 응급 상황에서 의료조치가 필요한지 판단하기 위해 일련의 질문을 던지게끔 훈련을 받는다. 만약 의료조치가 필요할 경우, 응급구조사Emergency Medical Technician, EMT 훈련을 받은 응급의료서비스 관리 담당자가 전화 통화에 합류한다. 이 담당자는 어떤 수준의 대응이 필요한지 결정한다. 가장 심각한 '세그먼트 1'에 해당되는 상황은 질식, 심장마비, 호흡곤란, 익사 등이다. '세그먼트 1'의 경우에는 항상 두 명의 긴급의료원과 두 명의 응급구조사, 공인 긴급구조원으로 구성된 팀이 배정되고, 경찰도 자주 모습을 드러낸다.

뉴욕의 EMS는 뉴욕 소방서에서 운영한다. 뉴욕 소방서는 약 8백 제곱킬로미터에 달하는 뉴욕 도시권에 거주하는 7백만 명 이상의 응급구조를 담당하고 있다. 뉴욕 소방서는 매년 1백만 건 이상의 응급의료 상황에 출동한다. 어떤 때이건 250대의 구급차가 거리에 출동해 있다. 만약 여러분의 아파트에 거리 쪽을 향하는 창문이 있다면, 체감상의 숫자는 더 많아 보일 것이다.

월 텅은 브루클린에 사는 뉴욕 소방서 직원이다. 이십대 후반인 월은 파크 슬로프 자원봉사 구급차단Park Slope Volunteer Ambulance Corps, PSVAC의 회장이기도 하다. 이 단체는 브루클린 시내의 변두리이자 파크 슬로프 근처의 가로수길에 위치한 좁다란 벽돌 빌딩 지하에 본부를 두고 있다. PSVAC는 지난해 5백 건이 넘는 응급 상황에 출동했다. PSVAC로 직접 걸려오는 전화도 있고, 뉴욕 소방서에 전화가 폭주할 때 신고 전화를 넘겨받기도 했다. PSVAC에는 현재 서른여섯 명의 회원이 활동중인데 모두 순수한 자원봉사자들이다. 이 구급차단은 주변 지역의 EMS 대응 시간이 느리다는 걱정이 늘던 1990년대 초반 출범했다. 거의 매일 누군가가 PSVAC에 대기하고 있다. 낮에 전화를 걸면, 도움이 필요한 경우 911에 신고하라는 음성메시지가 나온다.

2009년, EMS 신고에 대한 뉴욕 소방서의 평균 대응 시간은 8분 27초였다. 질식과 심장마비, 호흡곤란뿐 아니라 뱀에 물린 경우, 천식 발작, 총상, 자상, 심각한 화상, 감전 및 기타 외상도 가장 심각한 상황에 해당한다. 이러한 신고 전화의 평균 응답 시간은 6분 41초다.

뉴욕 시에서 운전을 해봤다면 도시 어디든 6분 안에 도착한다는 것이 얼마나 놀라운 성과인지 짐작 가능할 것이다. 시내를 가로지르기는커녕, 주차장에서 나오는 데만 그 정도의 시간이 걸릴 수도 있으니 말이다. 물론 EMS 차량은 자동차의 물결을 헤치고 나아갈 수 있는 도구를 장착하고 있다. 불빛과 사이렌이다.

사이렌의 어원은 그리스 신화에 등장하는 세이렌, 즉 거부할 수 없는 노래를 불러 남성을 유혹하는 것이 주특기인 반은 여자, 반은 괴물인 생명체다. 그후 이 단어는 새로운 의미를 얻었다. 오늘날 사이렌 소리가 거부할 수 없이 매력적이라고 생각하는 사람은 거의 없으리라.

사이렌은 짜증을 유발하기 위해 설계되었다. 만약 사이렌이 사람들의 주목을 끌지 못하거나 사람들이 무시하기 쉬운 소리라면 사이렌은 그다지 효과를 발휘하지 못할 것이다. 만약 사이렌 소리가 짜증난다면, 사이렌을 울리는 차량 안에 있는 사람들은 어떨지 한번 상상해보자. 텅은 이렇게 이야기했다. "사이렌은 정말 짜증납니다. 일반 행인들에게 사이렌 소리는 지나가기 마련이지요." 하지만 구급차에 탄 사람들에게 사이렌 소리는 사라지지 않는다. 텅은 대개 차량의 창문을 닫아두어 소음을 줄인다. 창문이 열린 상태에서 사이렌까지 윙윙대면 다른 어떤 소리도 잘 들리지 않는다고 한다.

사이렌은 매우 현대화된 또다른 짜증 요소와 연관된다. 우리가 사용하는 가전제품, 컴퓨터, 전화, 기타 장치에서 나오는 삑삑대며 거슬리는 기계 신호음이 그것이다. 이 장치들에서 나오는 소리는 짜증나는 동시에 유용하기도 하다. 그러나 도무지 어디서 나는지 알 수 없는 기계 신호음을 듣고 기뻐하는 사람은 아무도 없다.

다음 상황을 상상해보자. 크리스마스 즈음의 디트로이트 교외다. 크리스마스는 1년 중 매우 즐거운 시기이자 극도로 짜증나는 시기다. 공항은 몰려드는 사람으로 아수라장이고, 거리도 마찬가지다. 완벽한 선물을 사기 위해 끝없이 찾아 헤매며 계속 좌절을 맛보는 필사적인 쇼핑객이 상점마다 가득하다.

특별한 시즌이라 어쩔 수 없이 따라다니는 이런 짜증도 있지만, 어떤 사람들은 짜증나는 일을 일부러 더 하기도 한다. 밥과 수 존슨의 집에서 열리는 연례 크리스마스 모임에도 이런 사람이 있다. 이 존슨 가족은 실제로 존재하는 가족으로 여기서는 몇몇 이름만 바꿔 서술했다.

존슨 가족은 으리으리한 집에 살고 있다. 집 안에는 층고가 2층 쯤 될 정도로 위쪽이 탁 트인 큰 식당이 위치한다. 탁자 위에 놓인 2.4미터의 크리스마스 트리조차 이 거대한 공간에 압도될 정도다.

남쪽 벽에는 전망창이 있어 커다란 마당이 내다보이는데, 겨울철 미시간 주가 대부분 그렇듯 마당에 눈이 소복이 덮여 있다. 존슨가의 세 자녀와 일곱 손자는 집 안 구석구석을 차지하고 있다.

테드 삼촌은 크리스마스, 특히 크리스마스 선물을 담는 양말 채우기를 매우 중요하게 여긴다. 매년 테드 삼촌은 양말을 채울 수 있는 선물을 한가득 가져온다. 이 자루에는 사탕, 새로 나온 말랑말랑한 공, 그리고 가끔은 자그마한 스위스 군용칼이나 이름표가 붙은 열쇠고리 등이 들어 있다.

테드 삼촌은 작은 기계장치를 좋아하기 때문에 값이 저렴하면서도 최신 기술이 사용된 장난감을 선물에 추가하기도 한다. 2009년 크리스마스, 테드 삼촌은 이 책을 위한 완벽한 장난감이라고 할 만한 물건을 가져왔다. 바로 짜증 유발 장치였다.

이 짜증 유발 장치는 약 25센트짜리 동전 크기의 작은 인쇄회로기판으로 온오프 스위치 외에 작은 스피커와 자석으로 구성되어 있다. 짜증 유발 장치는 그 이름에 걸맞게 몇 분마다 일정하지 않은 간격으로 짧은 작동음을 낸다. 장치의 크기가 워낙 작고 작동음이 울리는 시간이 짧기 때문에 소음이 어디서 들려오는지 찾기가 좀처럼 쉽지 않다. 은근한 소음이라 들었는지조차 확신하지 못한다. 또한 소음의 간격이 제멋대로라서 언제 다시 소리가 들릴지 예측할 수 없다. 따라서 어디서 소리가 나는지 혈안이 되어 찾는다 해도 위치를 정확히 파악하는 데는 짜증날 만큼 오랜 시간이 걸린다.

이 짜증 유발 장치는 짜증을 일으키는 모든 필수 요소를 갖추고 있다. 불쾌하며, 예측할 수 없고, 곧 끝나리라는 잘못된 희망을 준다. 이 장치가 비교적 약한 불쾌함을 주기 때문에 더 기발하다고 할 수 있다. 끔찍할 만큼 불쾌하지는 않지만 예측이 불가능하고 소리가 어디서 나는지 도저히 알 수 없기 때문에 듣는 사람은 고문에 맞

먹는 괴로움을 느낀다.

짜증 유발 장치는 두 가지 주파수의 작동음을 선택할 수 있다. 상품설명서에 따르면, "일반적으로 2킬로헤르츠의 소리도 충분히 짜증을 유발하지만 진심으로, 진지하게 누군가를 짜증나게 하고 싶다면 12킬로헤르츠를 선택하십시오. 농담 아닙니다"라고 한다. 주파수가 더 높고 작동음에 약간의 '전기적 소음'이 포함되면 그야말로 신경을 극도로 거스르는 소리가 된다.

테드 삼촌은 매우 좋은 분이다. 참을성이 많고 부모님을 사랑하며 조카들에게는 자상하고 가사도 잘 도와준다. 하지만 그럼에도 불구하고 기어이 크리스마스 날 짜증 유발 장치를 거실 커피 탁자의 쇠로 된 테두리 아래쪽에 붙여놓고는 작동시키고야 말았다.

집 안에 모인 사람들, 특히 크리스마스 양말에 담긴 선물을 자세히 살펴본 몇몇 사람들은 분명히 이 장치에 대해 알았지만, 그래도 가끔씩 들려오는 작은 작동음에 짜증을 내기 시작했다. 처음에는 그저 어리둥절해할 뿐이었다.

"지금 무슨 소리 들었어?"

"그런 것 같아."

"난 못 들었는데."

"또 들린다."

"이번에는 나도 들었어."

"도대체 어디서 나는 소리지?"

30분이 지난 뒤 테드 삼촌은 여전히 무슨 영문인지 몰라 하는 사람들에게 미안해졌다. 아까도 말했듯이 좋은 분이니까.

짜증 유발 장치를 찾아내기가 어려운 이유는 주파수보다는 소리가 짧은 시간 동안만 들린다는 사실과 보다 깊은 연관이 있을 것이다. 인간은 귀가 두 개 달려 있어 소리의 출처를 파악하는 데 상당히 뛰어나다. 바로 정면에서 들리는 매우 낮은 음정이나 소리를 제외하면, 일반적으로 음원에서 가까운 쪽 귀로 들려오는 소리가 다른 쪽 귀에 들리는 소리보다 약간 더 크기 마련이다. 이는 소리의 일부가 우리의 (두꺼운) 머리에 흡수되기 때문이다. 뉴욕 시립대학교 전문대학의 생체의학과 루커스 C. 파라 교수는 머리를 돌릴 경우 소리가 어디서 들리는지 보다 잘 파악할 수 있다고 설명한다. 머리를 움직이면 소리가 한쪽 귀에 더 가까워지거나 더 멀어지기 때문이다. "그러나 머리를 움직이는 데는 약간의 시간이 필요합니다. 소리가 매우 짧게 들려올 경우 어떤 방향이나 위치에 음원이 있는지 파악하는 데 필요한 정보를 축적할 시간이 충분하지 않습니다."

뿐만 아니라 파라 교수의 말에 의하면 12킬로헤르츠의 소리는 많은 성인에게 그다지 짜증스럽지 않을지도 모른다. 나이가 들면 높은 주파수 범위를 듣는 능력이 쇠퇴하기 때문에 12킬로헤르츠는 대다수 성인들이 듣기에는 너무 높은 소리라는 것이다.

짜증 유발 장치는 '괴짜처럼 생각해ThinkGeek.com'라는 회사에서 판매중이다. 이 사이트에서는 '똑똑한 사람들을 위한 물건'을 판매한다. 테드 삼촌은 이 사이트를 매우 좋아해서 짜증 유발 장치뿐 아니라 그의 사촌 격에 해당하는 다른 사악한 장치도 구입했다. 이 사악한 장치는 기본적으로 짜증 유발 장치와 원리는 같지만, 더 큰 스피커가 달려 있고 분간할 수 없는 긁는 소리, 숨을 헐떡이는 소리, 불길하게 웃는 아이의 웃음소리, 그리고 "이봐, 내 말 들려?"라고 속삭이는 듯한 괴이한 소리를 낸다.

짜증 유발 장치는 '괴짜처럼 생각해' 사이트에서 상당히 잘 팔리는 품목이다. 이 사이트의 공동 창업자인 스콧 스미스는 짜증 유발 장치에 대해 이렇게 이야기했다. "가격이 저렴하고 재미있는 품목이지요. 저렴한 비용으로 상당히 재미있게 즐길 수 있는 제품이라고 생각합니다. 이 장치를 동료의 사무실에 부착한 다음 무척 즐거운 시간을 보낸 사람들에게 많은 편지를 받았습니다." 세상에, 편지까지 받다니. 그중에서 이 사이트에 공개된 한 추천서를 살펴보자.

괴짜처럼 생각해 웹사이트 담당자님

저는 최근 귀사의 웹사이트에서 '짜증 유발 장치'를 구입했습니다. 사실 두 개를 샀지요. 친구와 동료 들을 제대로 짜증나게 하려면 두 개는 필요할 것 같았거든요. 한심하게도 제가 이 강력한 장치를 얼마나 과소평가했는지요.

이 단순한 장치를 설치한 후 (이제까지는) 온순하던 동료가 욕을 마구 내뱉는 피해망상증 환자로 바뀌는 광경을 지켜보았지요.

그 동료는 적지 않은 자기 부하 직원들을 총동원해 만사 제쳐두고 그 끔찍한 소리가 어디서 나는지 찾아내라고 지시했습니다(하지만 부하 직원들도 모두 장난에 동참하고 있었기 때문에 그 동료는 별 도움을 못 받았지요). 그 동료는 책상 한쪽 면을 꽉 쥐고는 다음 작동음이 들리기만을 기다렸습니다.

그 동료는 건물 안에서 '사람들이' 공기 오염도를 테스트중이라고 추정했습니다. 분명히 공기 중 석면 농도를 감지하는 배관의 어떤 장치에서 나는 소리라고 말입니다. 아니면 보다 심각할지도. 라돈(Radon, 라듐이 핵분열할 때 발생하는 무색·무취 가스로 지속적으로 높은 농도에 노출될 경우 폐암, 위암 등을 일으킨다고 알려져 있다─옮긴이)인가? 아니면 연기가 된 수은? 혹시 레지오넬라균(급성 호흡기 감염 질환을 일으키는 박테리아─옮긴이) 포자인가?

그 작동음에는 무슨 의미가 있겠지요. 작동음의 의미는 무엇일까요? 경고일까요? 뭔가 긴급하게 들리는데요. 그 경고음은 뭔가 하라고 말합니다. 하지만 무엇을? 전지를 교체하라고? 관계 당국에 전화하라고? 건물에서 대피하라고? 살균제로 몸을 문지르고 위험물질을 방지해주는 보호복을 입은 뒤 가족에게 전화해서 눈물을 글썽이며 작별인사를 하라고?

그 동료는 머지않아 모든 것을 뜯어낼 것 같습니다. 사무실에 놓인 전자장비를 전부 체계적으로 하나하나 분해해서 자기 머릿속에서 일어나는 일과 기막히게 똑같은 광경을 만들어내겠지요.

이 장치는 우리가 제정신을 유지하게 해주는 것이 얼마나 가늘고 연약한 실인지 다시금 일깨워주었습니다. 이 작은 장치는 제 동료의 마음을 산산조각내는 데 큰 도움이 되었습니다. 동료의 불행을 보고 사악한 즐거움을 느끼게 해준 데 대해 여러분께 감사드립니다.

그럼 이만.

존.

워싱턴 주 시애틀에서.

테드 삼촌이 구입한 짜증 유발 장치는 초기 모델이었다. '괴짜처럼 생각해' 사이트에서는 그후 짜증 유발 장치 2.0을 내놓았다. 새 모델은 좀더 커졌고 좀더 다양한 종류의 소리와 볼륨 선택이 가능해졌으며 값도 더 비싸졌다. 이미 완벽할 정도로 짜증나는 장치를 어떻게 더 개선할 수 있을까? 그리고 왜 그렇게 하겠는가?

파크 슬로프 자원봉사 구급단에 합류하는 상당수의 자원봉사자가 뉴욕 시에서 구급차를 운전하는 방법을 배우는데, 거기에는 사이렌을 사용하는 규칙도 포함되어 있다. 18년간 구급단에서 활동했으며 현재는 구급단 운영 간부인 데일 가르시아는 두려움을 바탕으로 자원봉사자를 교육한다. "신규 자원봉사자들이 운전을 두려워하도록 만든 다음에야 운전대를 잡게 하지요." 가르시아는 이 모든 것이 자신감을 길러주기 위해서라고 말한다.

구급차를 운전하는 경우 사이렌은 중요한 요소다. 뉴욕 시에서는 구급차가 응급구조 전화를 받고 출동하는 경우 반드시 경광등을 켜고 사이렌을 울려야 한다. 이 원칙은 파크 슬로프 구급단과 같은 자원봉사 구급차 운전자에게도 적용된다. 이 법은 상당히 합리적으로 보이지만 가르시아는 이 법이 항상 사리에 맞는 것은 아니라고 본다. 가르시아는 거리가 텅 빈 새벽 4시에 사이렌을 울려 이웃 사람들에게 짜증을 유발하고 싶어하지 않는다.

사이렌 사용의 몇 가지 기본 규칙 중 하나로 교차로를 지날 때 사이렌 소리를 바꿔야 한다는 것이 있다. 여러 가지 연구뿐만 아니라 상식적으로 봤을 때도 교차로에서 EMS 차량이 다른 사물과 충돌을 일으킬 위험이 가장 높다. 요지는 사이렌의 소리를 바꾸는 경우 그 소리를 무시하기가 더 어렵다는 것이다. 우리는 이 사실에 너무나 익숙하기 때문에 실제로 그 효과가 얼마나 놀라운지 망각하기 쉽다. 심지어 구급차의 사이렌조차 예측 가능해지면 배경으로 묻혀버릴 수 있다.

사이렌을 사용하는 것은 과학이라기보다 예술에 가깝다. 구급단 건물의 지하실에서 만난 월 텅은 본인이 사용할 수 있는 사이렌 음과 본인이 선호하는 스타일을 도표로 그려서 보여주었다. "사이렌 음에는 세 가지가 있습니다. 누군가 울부짖는 것 같은 1단계는 전형적인 사이렌 음으로 위이잉 위이잉 하는 소리를 내지요. 2단계는 누군가 악을 쓰는 것 같은 더 빠른 사이렌 음이고, 3단계는 마치 칠판을 손톱으로 긁는 것 같은 소리가 나지요. 3단계를 소음기라고 부르겠습니다. 한 단계 올라갈 때마다 속도가 빨라집니다. 저는 보통 1단계로 소리를 맞춰놓고, 교차로가 가까워지면 2단계로 바꿨다가 다시 1단계로 돌아옵니다." 그는 아주 지독한 교통체증 상황일 때만 3단계를 사용한다고 했다.

사람들을 짜증나게 한다는 사실 이외에 사이렌이 효과적인 이유 중 하나는 사람들이 그 소리를 사이렌이라고 인식하기 때문이다. 미국자동차기술협회에서 정한 국가 표준 기준이 있어서 사이렌 제조업체들은 응급구조 차량에 사용되는 소리의 주파수가 대체적으로 어느 정도인지 확인할 수 있다. 한 사이렌 제조업체 관계자의 말에 따르면, 오랫동안 이 주파수 자체는 그다지 변하지 않았다. 사이렌 사용자들이 창의력을 발휘해 변화시킨 것이다.

구급단의 구급차를 타고 브루클린 시내의 산업단지를 지나면서 텅은 시범을 보여줬다. 이 구급차에는 일반 승용차의 컵홀더가 있는 부분에 '사이렌 조종기'가 달려 있다. 사이렌을 켜고 끌 때 사용되는 빨간 스위치와 T3(3단계 사이렌), 2단계 사이렌, 1단계 사이렌, HF(핸즈프리), MAN, PA, RAD(라디오)로 설정할 수 있는 손잡이가 있고, 인공 경적을 울리는 버튼이 있다. 텅은 소방차에는 아직도 진짜 경적이 달려 있다고 말한다.

텅은 구급차를 운전할 때 '길게 늘어지는 경적음'인 PA를 즐겨 사용한다고 했다. 대부분의 뉴욕 소방서 EMS 운전자들은 PA를 사용한다. 사이렌을 리믹스하는 기술도 있다. 특정한 설정을 통해 경적과 메가폰을 조정할 수 있어 사이렌을 세밀하게 조절할 수 있다. 자동으로 여러 가지 소리를 교대로 내거나 신고 전화를 받고 출동할 때 점점 강도를 높이는 방법도 있다. "그렇게 하면 사람들이 비키기 마련입니다. 정말 짜증나거든요."

그러나 잠들지 않을 뿐만 아니라 조용해지지도 않는 뉴욕 같은 도시에서는 사이렌 소리조차 사람들의 짜증을 항상 유발하지는 않는다. 데일 가르시아와 윌 텅은 수많은 운전자가 구급차 소리를 듣고도 비키지 않거나 비키지 못한다는 데 동의한다.

가르시아는 특히 뉴욕 사람들이 주변의 일을 무시하는 것에 있어서 뛰어난 능력을 가졌을지도 모른다고 생각한다. 예를 들어 얼어붙듯이 추운 어느 날 밤, 브루클린의 서드 애비뉴와 피프스 스트리트 교차로에서 차 한 대가 화염에 휩싸였다. 가르시아가 현장에 도착했을 즈음에는 9미터 넘게 화염이 차에서 솟아나오고 있었다. 다행히 불타는 차 주변에 약간의 공간이 있어 가르시아는 현장을 봉쇄하고 안전거리를 확보함으로써 행인들을 보호하고자 사고 현장 가까운 곳에 구급차를 세웠다. 그러자 믿을 수 없을 만큼 눈 깜짝할 사이에 한 남자가 가르시아의 구급차로 다가와서 창문을 두드리고는 이렇게 말했다. "구급차 좀 옮겨주시겠어요? 제 차를 주차하려고 하는데요."

어떤 사람들은 다른 사람에 비해 본인이 주의를 집중하고자 하는 것에만 주의력을 기울이는 능력이 뛰어나다. EMS 운전자 또는 짜증 유발 장치 개발자의 역할은 그렇게 주변의 일을 무시하는 모든 사람의 능력을 넘어서는 것이다.

데이비드 휴런은 음악과 인간의 두뇌에 깊은 관심을 가지고 있다. 휴런은 음악학 연구자이자 오하이오 주립대학 음악학과의 인지 및 조직적 음악학 연구실장이다. 휴런은 인간이 왜 특정한 소리에 그토록 열정을 보이는지 연구했는데 그 과정에서 왜 다른 소리에는 냉담한 반응을 보이는지에 대한 풍부한 통찰력을 얻었다. 휴대전화에 대한 연구가 나타내듯이, 사람들의 주목을 끄는 소음은 심각한 거부 반응을 일으키기 쉽다.

우리는 자연에서 수많은 질문에 대한 대답을 얻을 수 있다. 왜 특정한 소리가 본질적으로 짜증을 유발하는지에 대한 의문도 예외는 아니다.

여러분이 자택의 테라스에 나와 앉아 있다고 가정하자. 손에는 신문과 모닝커피 한 잔이 들려 있다. 파리 한 마리가 날아와 여러분의 머리가 세상에서 가장 흥미진진하고 재미있는 대상이라는 듯 달려든다. 파리는 지치지도 않고 여러분의 귀 근처에서 붕붕거린다. 급기야 신문을 돌돌 말아 무기로 사용해보지만 파리는 전혀 아랑곳하지 않는다. 신문지를 파리채처럼 휘두르자 오히려 파리는 더욱 신난 듯 날아다닌다. 신문과 모닝커피로 정신을 돌려보지만 파리는 그와 비교할 수 없을 정도다. 파리가 머리 주위에서 붕붕거릴 때 짜증나지 않는 경우란 없다. 도대체 왜 그럴까?

그 이유 중 하나는, 파리가 곧 다른 사람의 머리 위로 날아갈 것이라고 낙관적으로 생각하기 때문이다. 또한 파리가 정확히 어떤 경로로 귓가 근처를 날아다닐지 예측할 수 없기 때문이기도 하다. 불쾌함을 느끼는 또 한 가지 이유는 파리가 개똥이나 썩은 시체를 연상시켜 지저분한 느낌을 주기 때문이다. 그뿐만 아니라, 파리의 작은 날개가 내는 소리도 불쾌하다.

파리   앵앵앵 애애애앵 앵앵앵……
여러분 이제 갔나보다.
파리   애애애애애애앵!

파리는 여러분의 관심을 끌려고 노력하는 것이 아니다. 단지 그런 능력을 타고난 것뿐이다.

파리가 여러분의 귓가를 맴돌 때 윙윙거리는 소리의 크기는 파리가 가까이 다가오거나 멀어짐에 따라 변한다. 이렇게 불규칙한 음량의 변화는 러프니스roughness의 개념과 유사하다. 러프니스는 시간에 따른 소리 진동의 폭 변화를 측정한 것으로, 소리가 커지거나 작아지는 속도를 나타낸다. 느린 러프니스는 울림이라고 부른다. 기타를 조율할 때 이런 소리를 들어보았을 것이다. 빠른 러프니스는 한데 합쳐져 웅웅거리는 소리가 된다. 러프니스가 적절한 수준일 때 귀에 거슬리게 된다. 휴런은 "러프니스는 사실 청각기관이 주변 환경에서 정보를 추출해내는 능력을 방해합니다"라고 말한다. 휴런의 이론에 따르면, 러프니스 때문에 다른 소리를 듣기 어려워지므로 사람들은 러프니스를 싫어한다. 주변의 다른 소리를 인지하는 능력을 러프니스가 방해하기 때문에 인간이 적절한 러프니스를 가진 소리를 싫어하는 데는 그만한 진화론적 이유가 있다는 주장이다. "프랑스 사람들이 영어를 그리 좋아하지 않는 이유 중 하나도 바로 러프니스 때문입니다. 프랑스어는 굴절이 그다지 심하지 않지요. 각 음절은 지속 시간이 거의 비슷하고 소리의 크기나 세기도 매우 유사한 동등값인 셈입니다. 프랑스어는 마치 재봉틀 소리처럼 들립니다. 다다다다. 반면 영어는 강약이 매우 뚜렷하고 굴절이 심한 언어입니다. 영어의 음절에는 약한 음절과 강한 음절이 있습니다. 영어 대화를 들으면 소리가 머리 위에서 엄청나게 울리며 귀를 때려댑니다. 이것은 결국 러프니스와 연관됩니다. 프랑스인들은 예전부터 영어를 마치 머리 위에서 파리가 앵앵대는 소리 같다고 묘사했습니다."

자동차의 방음이 보다 철저해지고 행인들이 헤드폰을 끼거나 휴대폰을 귀에 대고 걷게 되자 사이렌 제조업체들은 사람이 사이렌 소리를 들을 수 있는 새로운 방법을 모색했다. 럼블러Rumbler라는 사이렌을 살펴보자. 럼블러는 커다란 총으로, 일반적인 사이렌과 다른 방식으로 작동한다. 럼블러 제조업체인 페더럴시그널 사의 이동 시스템 기술 책임자 폴 거게츠는 럼블러를 "일반적인 사이렌 제품과 함께 사용하는 보조장치"라고 소개한다. 단순히 신고 전화를 받고 출동할 때는 럼블러를 켜지 않는다. 아주 어려운 상황에서만 사용한다. 일반적인 사이렌으로는 사람들이 피하지 않을 경우를 위한 장치다.

이름에서 짐작했을 수 있겠지만 럼블러는 낮은 웅웅 소리rumble를 내기 때문에 유명하다. 럼블러는 차량의 앞부분 격자 모양 통풍구를 통해 소리를 내보내는데 이는 들린다기보다 느낄 수 있는 낮은 주파수의 소리다. 페더럴시그널 사는 이 소리를 이렇게 설명한다. "이 시스템은 침투력이 뛰어난 진동성 저주파수 음파를 내보내 자동차 운전자와 근처에 있는 행인 들이 소리를 느끼도록 합니다."

붕붕거리는 저음이 흘러나오는 차 앞에서 정지 신호를 받아 대기할 때 어떤 일이 일어날지 생각해보자. 그 저음 때문에 창문과 백미러가 흔들린다. 럼블러는 주변에 위치한 차에 이와 같은 효과를 내도록 제작되었다.

럼블러는 좀처럼 비키지 않는 차 때문에 고심하던 플로리다 고속도로 순찰대의 요청으로 탄생했다. 순찰대에서는 "일반적인 사이렌으로 사람들의 주목을 끌지 못할 경우를 대비한 색다른 유형의 사이렌"을 찾고 있었다고 거게츠는 말한다. "일반적인 사이렌의 경우

카오디오나 소음이 차단되어 조용한 차량 내 환경, 휴대전화 등과 경쟁해야 하지요. 럼블러는 다른 사람들의 주목을 끌 수 있는 또다른 방법을 제시합니다."

응급 상황에 보다 빨리 대응하기 위해서만 사람들의 주목을 끌어야 하는 것은 아니다. 사이렌은 EMS 요원들 역시 보호해준다. "이 일을 하면서 거의 세 번 중 한 번 꼴로 죽을 고비를 맞습니다." 데일은 사이렌을 작동시키고 경광등을 켜기 전에는 별로 응급구조 차량처럼 안 보이는 자신의 흰색 세단을 가리키며 말한다. 이 차에는 럼블러도 장착되어 있다.

오늘날에는 전국의 경찰차에 럼블러가 설치되어 있지만, 모두가 럼블러를 좋아하는 것은 아니다. 어떤 사람들은 솔직히 럼블러 때문에 너무나 짜증난다고 불평한다. '소음 공해에 대항하는 연합'인 노이즈오프NoiseOff의 한 전단지에서는 이렇게 지적한다. "사이렌은 최대 60미터 밖에서도 그 소리를 듣고 느낄 수 있습니다. 창문이 닫혀 있더라도 근처의 주택이나 아파트 안까지 쉽게 침투하지요…… 럼블러를 사용하면 새로운 형태의 도시 공해가 생기는 셈입니다. 도시 거주민들은 극심한 저주파 소음의 포로가 됩니다."

이러한 불만은 긍정적인 짜증이라는 모순을 낳는다. 아마 대부분의 사람들은 사이렌 소리 때문에 발생하는 약간의 짜증은 응급구조를 신속하게 받을 수 있는 사회에서 살기 위해 치르는 작은 대가라는 사실에 동의할 것이다. 그러나 긍정적인 짜증은 엇나가기 쉽다.

짜증의 강도가 약간만 더해지더라도 더이상 긍정적으로·받아들일
수 없다. 한마디로 짜증만 나는 것이다.

　한 축은 '효용성'을, 다른 축은 '짜증'을 나타내는 그래프를 생각해
보자. 짜증지수가 높고 효용성이 작은 사분면에 위치한 짜증 요소
에 대해 대부분의 사람들은 "필요 없습니다"라고 할 것이다. 짜증지
수가 낮고 효용성이 높다면? "환영합니다." 그러나 그 경계점을 찾
는 것은 생각만큼 간단하지 않다. 게다가 무엇이 유쾌하고 무엇이
불쾌한지에 대해서는 사람마다 의견이 다르고, 때때로 어떤 사물이
짜증나는지, 아니면 거부할 수 없을 만큼 매력적인지조차 판단할
수 없다.

2장

자극의 강도에 대한 고찰

사람들은 왜 첫맛이 그다지 좋지 않고 심지어 고통까지 유발하는 음식을 기꺼이 즐겨 먹을까? 그리고 이것은 짜증과 어떤 관계가 있을까? 짜증에 대해 연구하고자 한다면 무엇이 약간 불쾌한지 이해하는 데 많은 시간을 할애해야 하는데, 고추는 유쾌함과 불쾌함의 경계에 있다. 만약 왜 사람들이 특정한 사물에 불쾌감을 느끼는지 파악하고자 한다면, 고추는 매우 흥미로운 연구 대상이다.

▶▶▶ 크리스토퍼 콜럼버스가 아메리카 대륙에 도착한 직후, 이 유명한 탐험가는 홍미진진한 사실을 발견했다. 아메리카 대륙의 원주민들은 콜럼버스가 끔찍한 맛이라고 생각하는 향료를 요리에 넣었다. 이 향료는 맛이 없을 뿐만 아니라 입 안에 불이 나는 것처럼 매웠다. 콜럼버스는 사람들이 자발적으로 이 향료를 먹는다는 사실에 경악을 금치 못했다. "모든 사람이 이 향료가 몸에 매우 좋다고 생각하여 이 향료 없이는 식사를 하지 않는다." 콜럼버스는 1493년 1월 15일 일기[1]에 이렇게 썼다.

이 향료는 고추였다. 콜럼버스가 1493년에 신대륙 원주민들이 이 향료를 즐겨 사용하는 것을 보고 깜짝 놀랐다면, 고추가 폭넓게 재배되기 시작한 것이 고작 지난 5세기에 불과하다는 사실에는 아마도 큰 충격을 받았을 것이다. 지구의 전체 인구 중 약 3분의 1이 매일 다양한 형태의 고추를 섭취하는 것으로 추정된다.

사람들은 왜 첫맛이 그다지 좋지 않고 심지어 고통까지 유발하는 음식을 기꺼이 즐겨 먹을까? 그리고 이것은 짜증과 어떤 관계가 있을까? 펜실베이니아 대학교의 심리학자 폴 로진은 이를 매우 흥미로운 질문으로 여긴다. 로진의 도움을 받아 고추 먹기와 관련된 수수께끼를 먼저 풀어보자.

로진은 별난 주제를 즐겨 연구한다. 로진은 심리학자로서 자신의 경력 중 대부분을 사람들이 왜 특정한 사물에 혐오감을 느끼는지 연구하는 데 바쳤다. 정반대의 경우, 즉 사람들이 어떤 것에 매력을 느끼는지에 대해서도 관심을 가지고 있다. 로진은 1970년대 들어서 처음으로 고추가 왜 인기 있는가에 흥미를 느꼈다.

짜증에 대해 연구하고자 한다면 무엇이 약간 불쾌한지 이해하는 데 많은 시간을 할애해야 하는데, 고추야말로 유쾌함과 불쾌함의 경계에 있다. 우리가 어떤 음식을 맛있다고 묘사할 때는 일반적으로 모든 사람이 좋아할 만한 맛을 의미한다. 누구나 어떤 식당의 감자튀김이나 특정 아이스크림 가게의 선데가 입에서 살살 녹을 정도로 맛있다는 데는 동의한다. 어떤 사람은 매운 부리토를 맛있다며 무척 좋아하는 반면 다른 친구들은 똑같은 부리토를 전혀 맛있다고 생각하지 않을 가능성도 있다. 만약 왜 사람들이 특정한 사물에 불쾌감을 느끼는지 파악하고자 한다면, 고추는 매우 흥미로운 연구 대상이다.

로진의 말에 따르면, 고추를 먹는 것은 의문의 여지 없이 본질적으로 부정적인 경험이다. "어린아이들이 이 맛을 좋아하지 않는다는 증거는 무척 많습니다." 고추를 먹는 일부 문화권에서는 여성들이 고춧가루를 가슴에 대고 문질러 젖먹이가 젖을 떼는 데 이용하기도 한다.

증거에 의하면 인간은 대략 9천 년 전부터 고추를 먹기 시작했는데, 사람들이 왜 고추를 먹기 시작했는가에 대해서는 다양한 추측이 있다. 어떤 민족약리학자(이런 학문도 존재한다. 심지어 학회지도 있다)는 마야인들이 항균 목적으로 고추를 먹었다고 주장한다.[2] 최근 캐나다의 과학자들은 비록 식도와 위 내벽을 불타게 할지는 몰라도 고추에는 소화관 박테리아인 헬리코박터 파일로리를 억제하는 화학물질이 포함되어 있다고 발표했다.[3] 헬리코박터 파일로리는 위궤양과 연관된 박테리아이므로 이를 억제하는 고추는 몸에 유익하다고 할 수 있다.

그렇다면 사람들이 건강상의 이유로 고추를 먹을까? 로진은 "별로 그렇게 생각하지 않"는다. 기껏해야 정황상 증거가 있을 뿐이다. 2005년에 헬리코박터 파일로리와 궤양의 관계를 발견한 학자들에게 노벨상이 수여되었다는 사실을 고대문명기 사람들이 알았을 리 만무하다.

로진은 고추의 인기에 대한 다른 이론도 소개한다. "고추가 부패를 숨겨준다는 이론이 있습니다. 냉장고가 없었던 시절에는 음식에 고추를 뿌리면 부패한 것을 알아차리지 못했다는 주장이지요. 하지만 저는 그다지 설득력이 없다고 생각합니다."

고추에 다량의 비타민 A와 C가 함유되어 있다는 것도 사실이다. "하지만 입이 불타는 듯한 경험을 하지 않고도 충분히 더 좋은 방법으로 비타민을 섭취할 수 있습니다."

로진과 동료들은 사람들이 왜 고추에 열광하는지 알아보기 위해 1970년대에 멕시코의 오악사카 근처 산악지대의 한 마을을 방문했다. 이 마을 사람들은 아주 어린아이들을 제외하고는 거의 모두가 매일같이 어떤 형태로든 고추를 섭취했다. 물론 '고추를 먹지 않으면 디저트를 주지 않겠다'와 같은 조건이 붙어 있을 리는 만무했다. 이 점을 증명하기 위해 로진은 간단한 실험을 실시했다.

현지 시장에서는 셀로판 포장지로 싼 간식을 팔았다. 간식은 달콤한 것과 매콤한 것 두 종류였다. 달콤한 간식은 새콤한 과일에 설탕을 가미한 것이고, 매콤한 간식은 고추 간 것에 소금을 섞은 것이었다. 이 간식은 하나에 1센트로 부담 없는 가격이라 로진은 마을 전체에 나누어줄 수량의 간식을 산 뒤 아이들에게 선택권을 주었다. 달콤한 간식 또는 매콤한 간식. 다섯 살 이상의 아이들은 설탕과 과일로 만든 달콤한 간식보다 고추와 소금으로 된 매콤한 간식을 빈번하게 선택했다.

또한 로진은 고추를 삼킨 뒤에도 입안에 남아 있는 타는 듯한 느낌을 실제로 사람들이 좋아한다는 사실을 발견했다. 이런 즐거움은 입안에서만 한정된 듯하다. 눈에 고춧가루가 들어갔을 때 타는 듯한 느낌을 좋아하는 사람은 없었다.

동물은 인간처럼 고통을 통해서는 단순한 즐거움을 얻지 않는 것이 분명해보였다. 이를 증명하기 위해 로진의 팀은 마을의 돼지와 개에게 매콤한 소스에 적신 토르티야와 그렇지 않은 토르티야를 주었다. "마을 전체를 통틀어 매콤한 토르티야를 먼저 먹는 동물은 한 마리도 없었습니다."

많은 학자들은 사람들이 고추의 불타는 듯한 느낌을 참는 이유가 이 맛에 단련되었기 때문이라고 주장하기도 한다. 그러나 이러한 주장은 사람들이 왜 고추를 먹기 시작했는지에 대한 의문을 해결해주지 못한다. 여기서 '둔감화 이론'을 한번 짚어보자. 고추의 매콤한 맛을 내는 화학물질을 캡사이신이라고 부른다. "신경섬유가 캡사이신에 둔감해질 수 있다는 사실은 오랫동안 잘 알려져왔습니다." 데이비드 줄리어스의 말이다. 1997년에 줄리어스는 캡사이신에 반응하는 수용기를 찾아냈다.

줄리어스는 신경섬유가 반복적으로 캡사이신에 노출되면 신경섬유가 손상될 수 있다고 한다. 손상된 신경섬유는 시간이 지나면 회복되지만 일정 기간 동안에는 뇌에 신호를 보내는 신경의 능력이 떨어진다.

로진은 둔감화 이론 역시 사람들이 고추를 먹는 이유를 설명해주지 못한다고 생각한다. 물론 어느 정도 둔감해질 수도 있지만, 둔감화가 발생한 뒤에도 사람들은 고추를 선호한다. "고추에는 뭔가 긍정적인 특징이 있는 것이 틀림없습니다. 그렇지 않으면 둔감화가 일어난 다음에 중화반응이 일어날 테니까요."[4] 다시 말해 둔감화 이론은 사람들이 어떻게 고추를 참아낼 수 있는가만 설명해줄 뿐, 왜 고추를 즐겨 먹는 건지는 설명해주지 못한다.

로진의 주장을 뒷받침하는 네 가지 실험적 증거가 있다. 로진은 연구를 통해 고추의 타는 것 같은 느낌을 감지할 수 있는 한계점을 측정했다. 만약 둔감화 가설이 맞다면 고추를 많이 먹는 사람들은 타는 것 같은 느낌을 감지하는 한계치가 다른 사람보다 훨씬 높아야 할 것이다. 이에 로진은 고추를 많이 먹는 한 멕시코 마을 사람들의 한계치를 구해, 고추를 훨씬 적게 먹는 펜실베이니아 대학교 학생들의 한계치와 비교했다. 두 집단의 한계치는 아주 미미하게 차이났을 뿐이었다.

두번째 증거로, 고추를 좋아하는 펜실베이니아 대학생들은 그렇지 않은 학생들보다 한계치가 높아야 했다. 그러나 이 경우에도 차이는 극히 적었다.

세번째 증거로, 고추를 무척 좋아하는 사람들은 타는 것 같은 느낌을 감지하는 한계점이 높아야 하지만, 로진은 맛에 대한 선호도와 한계치 사이에 별다른 관계가 없음을 증명했다.

그리고 마지막으로, 만약 여러분이 평생 매일같이 고추를 먹는다면, 나이가 듦에 따라 한계치는 높아져야 한다. 하지만 그렇지 않았다.

로진은 고추 수수께끼에 대한 해답을 소위 '감성의 역전hedonic reversal'에서 찾는다. 처음 먹을 때 고약한 맛이었던 음식도 시간이 지나면 기분좋은 맛으로 변한다. "두뇌 속의 뭔가가 부정적인 평가를 긍정적인 평가로 바꿔놓습니다."

이런 현상은 단순히 고추에만 국한되지 않는다. 로진은 이것을 긍정적인 마조히즘이라고 알려진, 보다 일반적인 현상의 원인이라고 주장한다. 우리는 본질적으로 부정적인 일을 하기를 좋아한다. 예를 들어 사람들은 눈물을 흘리면서도 슬픈 영화를 즐겨 본다. 또한 사람들은 저질스러운데도 불구하고 저급한 농담을 좋아한다. 심지어 통증을 좋아하는 사람도 있다. 어떤 사람들은 오랫동안 고통과 즐거움을 동시에 경험했다.

"도대체 인간이란 얼마나 괴상한 종입니까?" 로진은 이런 질문을 던진다. 일례로 사람들은 머리가 쭈뼛해질 정도로 무서운 체험을 하기 위해 줄을 서고 돈까지 지불하며 롤러코스터를 탄다. "개가 롤러코스터를 탄 다음 한 번 더 타려고 표를 사는 광경을 상상할 수 있습니까? 제가 알기로는 본질적으로 부정적인 경험을 추구하는 종은 인간이 유일합니다."

로진은 감성의 역전이라는 현상이 실제로 일어난다고 확신하지만, 왜 그런 현상이 일어나는지에 대해서는 그다지 확신하지 못한다. 하지만 이론은 세워놓았다. "사람들은 자신이 체감하는 것과 실제 상황이 다르다는 것을 안다는 사실에서 즐거움을 얻습니다." 롤러코스터를 탈 때는 두려움부터 즐거움, 심지어 흥분까지 느끼는데, 실제로 심각한 위협을 받는 것은 아니라는 사실을 알기 때문에 그렇다. "슬픈 영화를 보면서 울고 즐길 수 있는 것은 실제로는 슬프지 않다는 사실을 알기 때문입니다. 여러분의 몸은 슬프다는 느낌에 속아 반응하지만 머리로는 실제로 자신에게 슬픈 일이 일어나지 않는다는 것을 알고 있습니다. 이러한 차이가 즐거움의 원천이 됩니다. 인간에게만 나타나는 현상이지요."

만약 여러분이 고추를 좋아한다면 고추 수수께끼가 이보다 훨씬 간단한 문제라고 생각할지도 모른다. 단순히 고추가 맛이 좋기 때문이라고 말이다. 매운 소스 중에서 특별히 선호하는 브랜드가 있거나, 매운 고추 중에서 가장 좋아하는 품종이 있을지도 모른다. 이것은 풍미가 중요한 요소임을 시사하는 것처럼 보인다. 본질적으로 부정적인 부분, 즉 혀가 타는 것 같은 느낌은 어쩌면 여러분에게 전혀 매력이 없는지도 모른다.

켄터키 주에 위치한 루이빌 대학교의 심리학 및 커뮤니케이션학

교수인 마이클 커닝엄도 이에 동의한다. "감성의 역전은 까다로운 문제입니다. 저는 부정적인 경험에 긍정적인 감정이 혼재되어 있다고 생각합니다."

커닝엄은 롤러코스터를 예로 들어 이렇게 설명한다. "롤러코스터를 타면서 멋진 경치를 즐길 수 있습니다. 속도감도 느낄 수 있지요. 하지만 공포가 가장 두드러진 반응인지는 모르겠습니다. 가장 강한 반응은 유쾌함이고, 약간의 두려움이 공존한다고 생각합니다." 한편 어떤 사람들은 아드레날린이 분출될 때 기쁨을 느낀다.

커닝엄은 슬픔의 긍정적인 측면도 지적한다. "슬픔은 여러 가지 일을 자연스럽게 전체적인 시야로 바라볼 수 있게 해줍니다. 생각하는 속도를 늦추고 재평가하게 되므로 긍정적인 측면이 있다고 할 수 있습니다."

고추에 대해서도 커닝엄은 입이 타들어갈 것처럼 매운 고추라 하더라도 단순히 통증만을 주지는 않는다고 한다. 어딘가 기분좋은 맛이 존재한다는 것이다. 그렇지 않으면 사람들이 고추를 먹을 리 없을 테니 말이다. "타는 것 같은 느낌을 준다고 해서 혀에 황산을 떨어뜨리는 사람은 없습니다. 누군가 그렇게 했다는 이야기를 들어본 적도 없고요."

감성의 역전 배경에 깔린 원칙이 일종의 '러너스 하이(runner's high, 격렬한 운동 후에 맛보는 도취감— 옮긴이)'라는 현상일 가능성도 있다. 우리 두뇌가 배출하는 어떤 화학물질은 우리 몸에 모르핀이나 다른 아편계 진통제처럼 작용한다. 여러 연구를 통해 오랫동안 달리기를 한 뒤 우리 몸이 이러한 화학물질을 보다 왕성하게 분비한다는 사실이 증명되었는데, 이러한 화학물질은 고통스럽거나 극도로 감정적인 경험에 대한 대응으로 배출될 수도 있다. 감성의 역전은 마라톤을 마친 뒤 느낄 수 있는 도취감에 도달하는 지름길인지도 모른다. 아니면 벽에 머리를 부딪히는 남자에 대한 우스갯소리와 관련될지도 모른다. 왜 벽에 머리를 부딪히느냐고 묻자 그 남자는 이렇게 대답했다. "이렇게 하다가 멈추면 너무 기분좋거든요."

감성의 역전이라는 원칙은 보편적으로 적용되지는 않는다. "메스꺼움은 아무도 좋아하지 않는 몇 가지 부정적인 느낌 중 하나입니다." 이렇게 말하지만, 로진 역시 확실한 이유를 모른다. 메스꺼움이 진짜로 나쁜 일 때문에 불가피하게 일어나거나 나쁜 일을 겪은 이후에 일어나기 때문이라고 가정해볼 뿐이다. 로진은 이렇게 말했다. "메스꺼움을 느낀다는 것은 대부분 뭔가 잘못되었다는 증거입니다. 마사지를 받을 때처럼 고통을 느끼더라도 실제로는 몸에 아무런 이상이 없는 경우가 있지요. 하지만 메스꺼움은 뭔가 잘못되고 있다는 상당히 믿을 만한 증상입니다."

예일 대학교의 심리학자 폴 블룸은, 안전하기만 하다면 인간은 그 자극을 즐길 수 있기 때문에 고통스러운 자극이 인간에게 즐거움을 준다는 데 로진과 의견을 같이한다. 즉 영화나 고추가 우리를 실제로 위협하지 않는다는 가정에서는 말이다. 공포영화나 매운 고추는 우리에게 러브스토리만큼이나 강렬한 감정을 불러일으킨다. 감성의 역전은 우리의 일반적인 안정상태와 감정의 강렬함이 어느 정도 거리를 둘 때만 작용하는지도 모른다. 아마도 그렇기 때문에 짜증은 감성의 역전과 별 관계가 없는지도 모른다. 본질적으로 짜증은 그다지 강렬한 감정이 아니다. 가벼운 짜증이 날 때 무슨 즐거움이 있겠는가? 별 특색 없는 음식을 먹을 때의 즐거움과 비슷할 것이다. 멜 브룩스는 이와 같은 맥락에서 유명한 말을 남겼다. "내가 손을 베이면 그건 비극이다. 하지만 누군가가 길을 걷다가 뚜껑이 열린 하수관에 떨어져 죽는다면, 그건 코미디다."

만약 짜증이 가벼운 감정이라면, 그 가벼움을 어떻게 측정할 것인가? 어느 정도여야 강렬한 감정이라고 할 것인가? 분야를 막론하고 과학 연구의 진행에 있어서 핵심 관건은 측정이다. 특정한 광물은 어느 정도 단단한가? 화합물은 몇 도에서 어는가? 이산화탄소가 공기 중으로 어느 정도 배출되는가? 특정한 준성(準星, 블랙홀이 주변 물질을 집어삼키는 에너지에 의해 형성되는 거대 발광체—옮긴이)의 적색편이red shift는 무엇인가? 쥐가 미로를 빠져나가는 데는 시간이 어느 정도 걸리는가? 정확한 측정은 과학 발전의 핵심이다.

짜증 연구처럼 새로운 과학 영역을 개척하는 데 있어서는 측정을 위한 수단을 개발해야 한다는 점이 가장 어렵다. 짜증계라는 것은 존재하지 않으며(비록 대부분의 사람들이 짜증 레이더를 보유하고 있지만), 충분히 검증된 인성 검사표도 없다. 특정한 사물이나 사람이 왜 그렇게 짜증을 유발하는지 보다 잘 이해하기 위해서 과학자들은 두 가지 종류의 질문에 대한 답을 얻을 수 있는 방법을 찾아내야 한다. 어떤 사람 또는 사물이 얼마나 짜증을 유발하는지, 그리고 특정한 사람이 자신의 환경에서 사물이나 다른 사람에게 얼마만큼 짜증을 내는지 말이다.

린다 바터셕은 두번째 문제에 관심을 두었다. 플로리다 대학교의 심리학 교수인 바터셕은 세계 전역에서 강연 활동을 활발히 펼치고 있다. 바터셕은 또한 심리과학협회 회장직을 역임했으며 미국 국립과학원 회원이기도 하다. 두 단체 모두 본부가 워싱턴 D.C.에 위치하기 때문에 바터셕은 플로리다의 게인즈빌과 워싱턴을 자주 왕복한다.

게인즈빌에서 워싱턴까지 국내선 비행기로 이동하려면 샬럿에서 환승을 해야 하는데, 뼈아픈 경험을 통해 바터셕은 짧은 대기 시간 동안 샬럿에서 연결편으로 갈아타기가 좀처럼 쉬운 일이 아니라는 사실을 알게 됐다. "게인즈빌에서 출발하는 비행기는 언제나 연착됩니다." 무척 짜증나는 상황이지만 예측이 가능하기 때문에 바터셕은 연결편을 놓쳐도 크게 개의치 않는다.

바터셕은 플로리다 대학교의 미각 및 후각 연구센터에 몸담고 있다. 그녀는 경력의 상당 부분을 사람들이 어떻게 맛을 느끼는지 연구하는 데 할애했다. 1980년대에는 보통 사람들보다 훨씬 미각이 민감한 사람들을 발견하여 그들에게 '슈퍼테이스터supertaster'라는 이름을 붙였다. '일반적인' 사람들은 약간 쓰다고 느끼는 음식도 슈퍼테이스터들에게는 참을 수 없을 만큼 쓴 음식이 된다. 슈퍼테이스터의 발견을 계기로 바터석이 최근 10년간 집중적으로 연구해온 문제가 부각되었다. 바로 '미각처럼 주관적인 것을 어떻게 측정해야 다른 사람과 유의미한 비교가 가능할까?'이다. 무엇이 "매우 짜다" 또는 "약간 달다" "조금 쓰다"라는 것은 어떤 의미인가? 여러분이 이런 말을 할 때는 무슨 뜻인지 안다고 생각하겠지만, 만약 여러분이 슈퍼테이스터라면 같은 말도 의미가 전혀 달라진다.

맛은 감성적인 경험이라고 부르는 경험의 범주에 해당한다. 일반적으로 이런 감성적인 경험은, 감지하거나 느낄 수는 있지만 물리적인 방법으로 정확하게 측정할 수는 없는 특성이다. 예를 들어 식품화학자는 특정한 음식에 포함된 염화나트륨의 양을 알려줄 수 있고, 음식에 들어 있는 염화나트륨의 양에 따라 음식의 염도는 달라진다. 하지만 맥도날드의 바닐라 트리플 셰이크 약 6백 그램 컵에는 중간 크기의 감자튀김보다 더 많은 양의 염화나트륨이 들어 있다. 그럼에도 불구하고, 맥도날드의 바닐라 트리플 셰이크에 대해 다른 불만은 있을지언정, 너무 짜다고 불평하는 사람은 거의 없을 것이다.[5]

이 외에도 다양한 경험들이 부분적으로만 물리적인 측정치에 의존한다. 소리의 크기, 빛의 밝기, 누군가를 사랑하는 정도는 모두 가장 작은 수치를 1, 가장 큰 수치를 9로 하여 1부터 9까지의 척도로 나타낼 수 있다. 하지만 과연 사랑에 있어서 남성의 '9'가 여성의 '9'와 같을까? 어떤 사람들은 그렇게 생각하지 않을 것이다.

고통 역시 감성적인 경험으로 간주할 수 있다. 물론 망치로 못을 내려치다가 실수로 빗맞혀 엄지손가락을 때렸을 때, 엄지손가락에 가해지는 힘의 양은 측정할 수 있다. 이때 "1부터 9까지의 척도 중에서 어느 정도의 고통을 느낍니까?"라는 질문을 받으면, 아마도 9라고 대답할 것이다. 그렇다면 이 9의 고통과 여성이 아이를 낳을 때 경험하는 9의 고통을 어떻게 비교할 것인가?

전통적으로 경험의 강도는 각 개인을 기준으로 정한다. 흔히 병원에서는 진통제를 처방해야 할지 판단하기 위해 환자들에게 통증이 얼마나 심한지를 1부터 9까지의 척도로 나타내보라고 한다. 만약 여러분의 고통이 7이었는데 코데인(codeine, 진통제의 일종—옮긴이)이 든 타이레놀을 먹고 통증이 3으로 떨어졌다면 이것은 유의미한 측정방법이다.

그러나 사람들 간의 고통을 비교하려고 하면 문제가 발생한다. 바터섹의 연구에 따르면, 절대적인 기준으로 볼 때 여성이 남성보다 통증을 더 잘 참아낸다. 아마도 남성이 출산처럼 고통스러운 경험을 하지 않기 때문인 듯하다. 따라서 만약 병원에서 진통제를 투여하는 통증의 척도가 4라면, 여성은 남성보다 더 큰 통증을 경험해야만 통증을 덜어줄 약을 받을 수 있게 된다.

바터섹은 짜증을 어떻게 측정할 수 있는지에 대해 고민했다. 짜증을 측정하는 데도 고통이나 사랑, 맛을 측정하는 것과 똑같은 문제가 발생한다. 회의에 참석하기 위해 워싱턴 시내로 향하기 전 워싱턴 공항에서 간단한 점심을 먹으면서 바터섹은 말한다. "샬럿에서 비행기를 갈아탈 때 일이 생각나네요. 워싱턴행 비행기를 기다리는 동안 제 옆에 서 있던 여성에게 물었지요. '유독 다른 것보다 더 짜증나는 일이 있습니까?'"

그 여성은 "물론 그렇다"고 답했다. 바터섹은 짜증이라는 감각에 다양한 강도가 있다는 자신의 생각을 재확인해보고 싶었기 때문에 옆 사람에게 이런 질문을 던졌다고 했다. 어떤 일은 다른 일보다 더욱 심한 짜증을 유발한다. 이것은 짜증이라는 경험의 매우 중요한 특징이다. "그 여성에게 뒤이어 이렇게 물었지요. '인생에서 가장 화났던 일과, 가장 짜증났던 일을 생각해보세요. 어느 쪽이 더욱 강렬한 감정인가요?' 그 여성은 '당연히 화가 났을 때지요'라고 답했습니다." 바터섹은 다양한 강도의 짜증 그리고 분노처럼 다른 감각과 짜증을 비교할 수 있는 능력, 이 두 가지 요소가 짜증의 척도를 개발하는 데 큰 도움을 줄 것이라고 한다. 바터섹은 짜증의 척도를 개발하는 일에 착수할 계획이다.

왜 짜증의 척도를 개발해야 할까 하는 의문에 바터섹은 이렇게 주장한다. "왜냐하면 짜증 또한 감성적인 경험이기 때문입니다." 그렇다면 사람들 간의 비교를 통해 짜증을 측정 가능하다는 의미다. 바터쇽의 기본적인 접근방식은 감각적인 척도를 실제로 측정 가능한 대상과 연관 짓기 위해 노력하는 것이다. 예를 들어 사람들에게 평생 본 것 중 가장 밝은 빛이 무엇인지 물어보면, 대부분의 사람들은 햇빛이라고 대답할 것이다. 이때 햇빛은 물리적으로 측정 가능한 빛이고, 전 세계 누구에게나 동등하게 적용된다.

그다음에는 가장 큰 행복을 느꼈을 때를 가장 밝은 빛을 보았을 때와 비교해 1부터 100까지의 척도 중 어디에 해당하느냐고 물어본다. 좀 이상한 질문일지도 모르지만 본질적으로 주관적인 것을 객관적인 것, 즉 햇빛과 비교하기 위함임을 잊지 말자. 만약 여러분이 느낀 가장 행복한 순간의 감정이 햇빛의 수치와 비교해 65밖에 되지 않지만, 나는 95라고 답했다면, 나의 가장 행복한 감정이 여러분의 감정보다 더 강렬한 셈이다. 행복을 비교하기 위해서 우리는 주관적인 척도를 조정해야 한다.

만약 바터쇽이 1백 명을 대상으로 실험한다면 남성과 여성의 행복지수도 비교 가능하다. 모두 햇빛을 기준으로 상대적으로 수치를 나타냈기 때문이다. 뚱뚱한 사람이 마른 사람보다 더 행복한지도 측정 가능하다. 이러한 비교가 유의미한 이유는 모두 절대적인 기준치를 바탕으로 하기 때문이다.

바터쇽은 연구 대상을 훈련시켜 음식의 맛에 대한 감각과 소리의 크기를 비교하도록 하는 식의 척도 개발 방법도 실험중이다. 바터셕은 연구 참가자들에게 이렇게 말했다. "어떤 소리에 0부터 9까지의 척도 중 9를 주고 어떤 음식에 9를 준다면, 그 음식을 좋아하는 정도가 소리의 크기와 같다는 뜻입니다." 마찬가지로 만약 여러분이 어떤 음식을 그다지 좋아하지 않는다면, 이것은 거의 들리지 않는 작은 소리와 동격이 될 것이다.

처음에는 많은 실험 참가자들이 소리의 크기와 맛의 정도를 비교하는 것은 말도 안 된다고 생각했지만, 바터셕은 적어도 이론상으로는 이 두 가지가 비교가 가능하다는 사실을 쉽게 보여주었다. 처음에는 거의 알아차리기 힘들 정도로 소량의 소금이 든 물을 한 모금 맛보게 한 다음, 너무 시끄러워서 이가 덜덜 떨릴 정도로 큰 소리를 들려주었다. "그러고는 물었지요. '이 두 가지의 강도가 비슷합니까?' 실험 참가자들은 말했어요. '물론 다르죠.' 그다음에는 엄청나게 짠 소금물을 한 모금 마시게 한 뒤 아주 조용한 음악을 들려주고 이렇게 물었습니다. '이 두 가지는요? 강도가 비슷한가요?' 참가자들은 말했지요. '아니요.' 이런 과정을 통해 참가자들은 맛과 소리를 비교할 수 있다는 점을 이해했습니다."

소리는 정교하게 교정한 장비로 측정할 수 있다. 1이 간신히 들을 수 있는 소리이고 10이 견딜 수 있는 가장 큰 소리라고 해보자. 사람들에게 자신이 뭔가를 좋아하는 정도를 소리의 척도와 연관 지을 수 있게 한다면, 한 사람의 선호 척도 5를 어떻게 다른 사람의 선호 척도 5와 비교할 수 있는지에 대해 유의미한 분석을 시작할 수 있다.

짜증에 대한 분석을 위해 바터셕은 본인이 진행하고 있던 또다른 실험을 동원했다. 바터셕은 식물생물학자인 해리 클리와 손잡고 사람들이 왜 토마토를 좋아하는지 측정하는 연구를 진행해왔다. 바터셕은 특히 이 연구를 통해 수확량이 많아 농부들이 선호하면서도 맛도 좋아 소비자들이 좋아하는 토마토 품종을 개발할 수 있도록 클리를 돕고자 한다.

이 특정한 사례에서 바터셕은 나이, 체중, 성별, 그 밖의 몇 가지 인구통계학적 변수에 대한 정보를 수집한 뒤, 실험 참가자들에게 가장 큰 즐거움을 느낄 수 있는 한 가지에 100점을 주도록 부탁했다. 참고로 말하자면, 대부분의 사람들은 섹스에 100점을 주지 않았다. 대다수가 사랑하는 사람과 함께 있는 것이나 뭔가 특별한 것을 창조하는 일 등에 100점을 매겼다. 그리고 나서 참가자들에게 살면서 겪은 가장 불쾌한 경험에 −100점을 매기게 했다. 사랑하는 사람의 죽음, 무척 고통스러운 부상, 출산의 고통 등이 이에 해당했다. 그다음으로 바터셕은 참가자들에게 가장 좋아하는 음식을 어느 정도 즐기는가, 가장 재미있다고 생각했던 일은 무엇인가, 자신이 들은 최고의 강의는 무엇인가(실험 참가자의 상당수는 대학생이었다), 먹어본 것 중 최고의 토마토는 무엇인가 등의 질문에 점수를 매기도록 했다. 마지막으로 가장 짜증났던 경험과 가장 화났던 경험에도 점수를 매기도록 했다.

예비 결과는 상당히 만족스러웠다. 바터셱은 "짜증과 분노가 상당히 다르다는 것이 점수 분포로 분명하게 나타났습니다. 이것만으로도 짜증이 분노의 일종이 아니라고 주장하기에는 충분할 겁니다"라고 평했다.

일반적으로 여성들은 가장 짜증났던 경험의 강도를 남성들보다 낮게 평가했다. 체질량지수와 짜증 사이의 관계는 더욱 놀라웠다. 바터셱은 체중이 많이 나가는 사람들은 정상 체중이나 체중이 적게 나가는 사람들보다 짜증을 더 많이 내는 경향이 있음을 발견했다. 물론 분명한 차이가 있다고 확신하기 위해서는 보다 많은 실험 대상을 동원해야겠지만 말이다.

바터셱은 아마도 슈퍼테이스터가 다른 사람보다 강렬한 최대치의 분노, 짜증을 느꼈다는 점에 가장 흥미를 느꼈을 것이다. 이는 슈퍼테이스터가 동시에 슈퍼필러(superfeeler, 일반인보다 감정에 보다 민감한 사람들을 나타냈다—옮긴이)일 수도 있음을 시사한다. 이는 매우 중요한 의미를 지닐 수도 있다. 바터셱은 누군가가 슈퍼테이스터인지를 판단하는 데 사용되는 절대적 기준과 똑같은 기준을 특정한 사물이 얼마나 짜증을 유발하는지에 대한 사람들의 경험을 비교하는 데 사용 가능하다는 개념을 탐구중이다.

원리는 이렇다. 어떤 사람이 슈퍼테이스터인지 아닌지는 혀에 용상유두茸狀乳頭가 얼마나 많은지를 조사함으로써 사실상 확실하게 판단할 수 있다. 용상유두에 들어 있는 미뢰味蕾는 신경을 통해 뇌로 전

달할 수 있도록 음식의 화학성 성분을 신호로 바꾸는 역할을 한다. 용상유두가 많으면 많을수록 맛에 더욱 민감해진다. 태양에서 나오는 광자$_{光子}$의 개수를 셀 수 있듯이 용상유두의 개수도 측정 가능하다. 그렇기 때문에 바터셱은 용상유두의 개수가 짜증 같은 감각을 수치화하기 위한 중요한 열쇠임을 증명할 수 있기를 바란다. 바터셱은 궁극적으로 과학자들이 비교할 수 없는 척도를 사용하는 짜증나는 습관에서 벗어날 수 있기를 바란다.

바터셱은 사람들이 얼마나 강렬하게 짜증을 느끼는지 이해하기 위해 노력한다. 다른 한편으로 어떤 학자들은 무엇이 가장 강렬한 짜증을 유발하는지, 그리고 왜 그런지 알아내기 위해 노력중이다.

칠판을
긁는 손톱

소리는 단순히 말해 시간에 따른 압력의 변화다. 압력의 변화가 심할수록 소리는 더 커진다. 그러나 소리를 단순히 진동의 합계라고 볼 수는 없다. 블레이크는 주파수 성분을 무작위로 섞으면 그 자체로 소음이 된다고 설명한다. 마치 주파수를 돌릴 때 라디오에서 나오는 치익치익 하는 소리처럼 말이다. 블레이크의 말에 따르면, 칠판을 손톱으로 긁는 소리에 포함되어 있는 모든 주파수는 잡음에도 존재할 수 있지만 그 배열방식이 다르다.

►►► 랜돌프 블레이크는 시각 전문가다. 블레이크는 거의 평생 동안 심리학과 시각의 교차 지점을 연구해왔다. 현재 밴더빌트 대학교의 심리학과 교수인 블레이크는 두뇌의 어떤 부분이 다양한 종류의 시각적 정보를 처리하는지에 대해 관심을 갖고 연구중이다.

1986년으로 거슬러올라가면, 블레이크는 당시 걸음마 단계에 불과했던 이미지 처리라는 과학 분야를 연구했다. 적목현상 자동 보정은 생각하지도 말자. 심지어 포토샵조차 출시되기 전이다. 디지털 이미지 조작을 위해서는 직접 컴퓨터 프로그램을 개발해야 했다. 자신의 프로그래밍 접근방식을 시험하기 위해 블레이크는 우선 소리로 시작했다. 소리는 빛과 마찬가지로 다양한 주파수와 진폭을 가진 복잡한 파형으로 구성되어 있지만, 빛보다 단순하고 분석하기가 쉬웠기 때문이다.

블레이크는 짜증나는 소리를 분석 대상으로 삼았다. 그는 특정한 주파수가 본질적으로 짜증을 유발하는지 궁금했다. 고막이 찢어질 만큼 음량이 크다면 어떤 소리든 짜증나기 마련이다. 그러나 어떤 소리들은 심지어 음량이 크지 않은데도 즉각적인 짜증을 유발하기로 유명하다. 아마도 가장 악명 높은 것이 칠판을 손톱으로 긁는 소리일 것이다. 블레이크는 왜 그런지 궁금했다. 도대체 무엇 때문에 이 소리가 그토록 많은 사람에게 불쾌감을 주는 것인가?

1단계, 지속적으로 칠판을 손톱으로 긁는 소리를 내는 장치를 만든 다음 사람들이 이 소음을 매우 불쾌해한다는 사실을 확인한다. "에이스라는 철물점에 가서 끝이 세 가닥으로 갈라진 정원 손질 공구와 슬레이트 한 장을 구입했습니다." 블레이크는 트루 밸류 페이스메이커True Value Pacemaker 경작기를 슬레이트의 표면에 대고 천천히 긁으면 "칠판을 손톱으로 긁는 소리와 진저리나도록 비슷한 소리가 난다"는 사실을 알게 되었다. 블레이크와 동료들은 이 같은 글을 『인지 및 정신 물리학Perception and Psychophysics』이라는 학회지에 기고했다.[1]

학자들은 당시 블레이크가 일하던 노스웨스턴 대학교의 청각 연구실에서 Teac A-3300S 오픈 릴식 테이프 녹음기(1986년의 일임을 잊지 말자)와 AKG 어쿠스틱 CK 4 마이크를 사용해 인위적으로 만든 손톱 소리를 녹음했다. 몇 가지 다른 불쾌한 소음의 목록 또한 작성했다. 스티로폼 조각 두 개를 서로 문질렀다. 금속으로 된 부품을 흔들었다. 의자를 질질 끌어 바닥을 긁는 소리가 나게 했다. 믹서를 작동시켰다. 끼익 소리가 나는 금속 서랍을 여러 번 반복해서 여닫았다. "다소 면역이 생긴다는 점은 인정해야겠군요. 이 연구를 준비하면서 제가 견뎌야 했던 것처럼 이런 유의 소리를 계속해서 듣다보면 소리가 주는 부정적인 느낌은 사라지지 않더라도 경험의 강도가 다소 누그러집니다." 완전한 면역은 불가능하다. 블레이크는 이렇게 토로했다. "심지어 요즘에도 칠판을 손톱으로 긁는 이야기를 듣는 것만으로도 소름이 돋습니다."

2단계, 이러한 소리를 들을 사람을 찾은 뒤(블레이크는 "억지로 강요하지는 않았습니다"라고 주장한다) 불쾌감을 유발하는 정도에 따라 소리에 순위를 매기도록 했다. 이 일은 약 20~30분 정도 걸렸다. 그다음으로는 참가자들에게 그 소리가 기분좋은 소리와 기분 나쁜 소리 사이의 어디쯤에 존재하는지 점수를 매기도록 했다.

종소리가 가장 반응이 좋았지만, 경쟁했던 다른 소리들에 비해 적극적인 선호라고 보기는 어렵다. 참가자들은 나무를 긁는 소리나 스티로폼을 비비는 소리에 매우 좋지 않은 반응을 보였다. 그러나 불쾌한 소리 중에서도 바로 정원 손질 도구를 슬레이트에 긁는 소리, 즉 칠판을 손톱으로 긁는 소리를 가장 불쾌해했다.

기분좋은 소리에서 기분 나쁜 소리까지, 다양한 소리에 대해 점
수를 매긴 전체 순위는 다음과 같다.

1. 종소리

2. 자전거 타이어가 돌아가는 소리

3. 물이 흐르는 소리

4. 열쇠를 짤랑거리는 소리

5. 순음(pure tone, 완전히 단일한 주파수의 소리—옮긴이)

6. 연필깎이 돌아가는 소리

7. 금속 부품을 흔드는 소리

8. 백색소음(white noise, 텔레비전이나 라디오의 주파수가 맞지 않을
   때 나는 것과 같은 소리—옮긴이)

9. 압축 공기의 소리

10. 믹서 모터가 돌아가는 소리

11. 의자를 질질 끄는 소리

12. 금속 서랍을 여닫는 소리

13. 나무를 긁는 소리

14. 금속을 긁는 소리

15. 스티로폼 두 조각을 서로 비비는 소리

16. (정원 가꾸는 도구로) 슬레이트를 긁는 소리

3단계, 손톱 긁는 소리의 음향적 성질을 분석해 그 소리가 왜 그토록 짜증을 유발하는지 설명 가능한 핵심적인 음향적 특징을 찾는다.

소리는 단순히 말해 시간에 따른 압력의 변화다. 압력의 변화가 심할수록 소리는 더 커진다. 금속으로 된 정원 가꾸는 도구로 슬레이트의 표면을 긁으면 두 표면 사이의 마찰로 진동이 일어난다. 이 진동이 압력의 변화다. 소리의 주파수는 1초간 얼마나 자주 압력의 변화가 일어나느냐에 따라 달라진다. 주파수가 높을수록 1초당 압력의 진동은 더 잦고, 주파수가 낮을수록 압력의 진동은 줄어든다. 우리는 높은 주파수를 고음으로 인지한다.

그러나 소리를 단순히 진동의 합계라고 볼 수는 없다. 블레이크는 주파수 성분을 무작위로 섞으면 그 자체로 소음이 된다고 설명한다. 마치 주파수를 돌릴 때 라디오에서 나오는 치익치익 하는 소리처럼 말이다. 블레이크의 말에 따르면, 칠판을 손톱으로 긁는 소리에 포함되어 있는 모든 주파수가 잡음에도 존재할 수 있지만 그 배열방식이 다르다. 시간이 흐르면서 소리를 구성하는 음파의 가장 높은 부분과 가장 낮은 부분이 서로 어떤 관계로 나타나느냐에 따라 손톱 긁는 소리의 삐걱, 끼익, 끽끽거리는 특징이 생겨난다.

이것은 마치 요리와 같다. 재료의 비율과 재료를 넣는 순서가 마리나라 소스(토마토, 마늘, 향신료로 만든 이탈리아식 소스—옮긴이)와

블러디 메리(보드카와 토마토주스를 섞은 칵테일—옮긴이)의 차이를 낳는다. 주파수를 재료로 비유해본다면 이와 똑같은 원리가 소리에도 적용된다.

블레이크는 도대체 어떤 주파수가 소리를 망치는가에 의문을 가졌다. 블레이크는 신호 처리를 통해 소리의 구성 요소를 파악하고 소리를 구성하는 주파수의 비율과 주파수가 어느 정도 수준으로 추가되었는지 등을 밝혀냄으로써 이 문제에 대한 해답을 찾는 돌파구를 마련할 수 있었다.

어떤 주파수가 불쾌함을 유발하는지 이해하기 위해 학자들은 구성 요소를 제거하는 소거법을 시도했다. 특정한 주파수를 하나씩 제거해나간다면, 어느 시점에서 불쾌함을 주지 않는 소리가 될까?

블레이크는 높은 주파수가 문제의 근원이라는 가설을 세웠다. 손톱을 긁는 소리를 어떻게 묘사할 것인지 생각해보자. 머릿속에 새된, 날카로운, 예리한 같은 형용사가 떠오를 것이다. 이러한 형용사는 부정적인 느낌을 주며, 높은 소리가 불쾌함을 준다는 사실을 시사한다. "직감적으로 우리는 매우 높은 주파수를 제거하면 소음의 불쾌함이 사라질 것이라고 생각했습니다."

하지만 블레이크를 비롯한 연구자들의 예상은 빗나갔다. 블레이크는 필터로 높은 소리를 제거했지만 이상하게도 소리는 여전히 짜증스럽기 그지없었다. 물론 소리는 달라져서 보다 낮은 소리가 되었지만 실험 참가자들은 여전히 불쾌하다고 말했다.

결국 실험 결과, 중간 범위의 주파수를 제거했을 때만 불쾌감이 덜한 소리로 변한다는 사실이 밝혀졌다. 짜증을 유발하는 주파수는 일상적으로 접하는 500~2000헤르츠(헤르츠$_{Hz}$는 주파수. 이 경우에는 1초당 압력의 변화를 측정하는 과학적 단위다)였다. 이러한 주파수는 가청 주파수 대역의 정가운데 위치한다. 인간의 가청 주파수 대역은 20헤르츠에서 20000헤르츠까지이며, 귀가 노화함에 따라 가청 주파수 대역은 낮아진다.[2]

모든 귀는 기본적으로 같은 방식으로 작동한다. 귀를 깔때기라고 생각해보자. 음파(압력의 진동)는 공기를 통해 이동하며, 이도$_{耳道}$를 따라 내려가 통로의 맨 끝에 있는 막으로 된 관문인 고막에 흡수된다. 진동은 고막을 달팽이관과 연결하는 작은 뼈를 타고 이동한다. 달팽이관은 마치 달팽이 껍데기처럼 생긴 빈 관이다. "달팽이관을 펼쳐보면 사실상 막으로 분리된 긴 관입니다." 뉴욕 대학교의 신경과학자 조시 맥더모트의 설명이다. "관의 각 부분이 서로 다른 주파수에 민감합니다. 고막에 가까운 부분은 높은 주파수에 반응하고, 가장 멀리 떨어진 부분은 낮은 주파수에 민감하지요."

여기까지는 모든 과정이 기계적이다. 압력의 진동이 귓속의 막을 흔들어 유모$_{有毛}$세포로 들어간다. 막의 표면에는 유모세포가 가득 분포되어 있다. 이 청각 수용기는 뻣뻣하게 일어나는 머리카락처럼 작은 세포기관이 세포벽에서 불쑥 튀어나와 있기 때문에 유모세포라 부른다. 이러한 유모세포의 섬모를 부동섬모$_{不動纖毛}$라고 부르는데 길이가 대략 5미크론 정도로, 인간의 머리카락 너비의 20분의 1에 해당하는 아주 작은 기관이다. 하지만 작지만 매우 중요한 기관이다. 이 부동섬모는 막의 흔들림을 감지하는 역할을 담당한다. 유모세포는 이러한 물리적인 신호를 전기 파동으로 변환해 두뇌에 전달하는 놀라운 일을 수행한다. 유모세포가 압력 진동을 전기적 신호로 변환하면 그 다음에는 이 신호가 중뇌에 있는 피질 하부 영역에 전달되며 뒤이어 시상과 피질까지 도달한다. "그러고는 우리가 이해하지 못하는 수많은 일들이 일어납니다." 맥더모트의 말이다.

모든 소리를 똑같이 들을 수는 없다. 인간의 귀는 특정한 주파수를 선호하는 경향이 있다. 긁는 소리가 짜증을 유발하도록 하는 데 가장 큰 역할을 하는 주파수는 인간의 귀가 가장 민감하게 반응하는 주파수 범위 중에서도 아래쪽 끝에 해당한다. 2000헤르츠에서 5500헤르츠 사이의 주파수는 다른 소리보다 더 작은 경우에도 감지 가능하다. 연구에 따르면, 3000헤르츠 정도가 이도의 자연스러운 공명 주파수라고 한다. 주파수가 3000헤르츠인 신호가 귀를 통과하면 이도의 모양 때문에 자연히 그 소리가 증폭된다는 의미다.[3]

데이비드 휴런은 이렇게 이야기했다. "따라서 3000헤르츠의 소리는, 1000헤르츠 소리의 4분의 1보다 강도가 약하더라도 들을 수 있습니다. 여기에 한 가지 재미있는 점이 있습니다. 우리는 인간이 내는 다양한 소리를 녹음하고, 그중에서 무슨 소리가 3000헤르츠 근처의 에너지를 가장 많이 가지는지 찾아보았지요. 답은 비명이었

습니다. 남성이나 여성, 아이를 막론하고 마찬가지입니다. 남성은
비명을 지르면 가성으로 넘어갑니다. 남성 역시 소리를 지를 때는 여
성이나 아이와 같은 영역에서 최대 에너지를 내기 마련입니다. 결국
인간이 가장 먼 거리에서도 감지할 수 있는 소리는 인간의 비명 소리
입니다. 우리는 인간의 비명에 가장 민감합니다." 휴런은 이 주파수
범위의 소리를 들으면 "다른 일을 하다가도 주의력이 흐트러집니다"
라고 설명을 덧붙였다. 중간 범위의 주파수를 제거했을 때 손톱 긁는
소리의 불쾌함이 다소나마 사라진 이유도 이로써 설명 가능할지 모
른다. 소음 가운데 인간이 가장 민감하게 반응하는 에너지를 제거하
자 보다 쉽게 무시할 수 있게 되는 것이다.

맥더모트는 2000헤르츠에서 5000헤르츠 범위에 귀가 가장 취약
하다고 지적한다. "큰 소리를 많이 듣는 경우, 대부분 이 범위에서
청력 저하가 일어납니다. 적어도 이 범위에서 맨 처음 문제가 발생
하지요." 맥더모트는 이러한 주파수를 인간이 싫어하는 이유가 귀
를 보호하기 위한 반응일 가능성도 있다고 덧붙인다. 귀를 보호하
기 위해서라는 주장은 왜 손톱 긁는 날카로운 소리에 우리가 그토
록 진저리를 치는지에 대한 하나의 가설이다. 청력을 합리적으로
보호하기 위해서 청력에 손상을 주는 소리를 혐오하도록 진화하는
것이다.

랜돌프 블레이크는 또하나의 가설을 제시한다. 어떤 소리는 우리
가 싫어하는 것을 연상시키는데, 이것이 짜증의 요인을 부분적으로

설명해줄지도 모른다.

만약 여러분이 짜증나는 소음에 민감하다면, 제아무리 자제력이 뛰어난 사람이라도 짜증나는 소리에는 면역되어 있지 않다는 사실에서 자신감을 얻자. 예를 들어 2009년 1월 마크 리버비츠 기자가 뉴욕타임스에 기고한 일화를 떠올려보자.

이달에 버락 오바마 대통령이 하원의장인 낸시 펠로시를 비롯한 다른 의원들과 회의중일 때 수석보좌관 람 이매뉴얼이 초조하다는 듯이 손가락 관절을 꺾기 시작했다. 오바마 대통령은 이매뉴얼의 시끄러운 버릇에 대해 불평을 했다. 어느 시점이 되자 이매뉴얼은 마치 귀찮게 구는 남동생처럼 오바마 대통령의 왼쪽 귀에 손을 가져다 대고 일부러 큰 소리로 몇 차례 관절을 꺾었다.[4]

관절 꺾는 소리를 들으면 심지어 대통령도 짜증을 낸다. 도대체 왜일까? 여기에는 몇 가지 이론이 있다. 우선 몸에서 나는 소리는 불쾌감을 유발한다는 이론이다. "혐오감은 보편적인 반응입니다." 샐퍼드 대학교 음향연구센터의 음향 전문가이자 웹 연구 프로젝트인 '고약한 소리BadVibes'를 통해 전 세계에서 가장 끔찍한 소리를 찾고 있는 트레버 콕스의 말이다. 콕스는 인터넷에 다양한 소리를 올린 뒤 그것이 얼마나 불쾌한지 순위를 매기도록 했다. 네티즌들은 거의 50만 표를 행사했고, 인간의 몸에서 나는 역겨운 소리가 가장 높은 순위를 기록했다. 구토 소리가 세계에서 가장 끔찍한 소리로 뽑혔던 것이다(기억할지 모르겠지만, 메스꺼움을 느끼면 좋은 일이 일어날 리가 없다고 앞서 결론내린 바 있다. 구토는 그야말로 '절대 좋을 리가 없는 일'이라는 말에 꼭 맞아떨어진다).

인간이 토하는 소리를 왜 싫어하는지는 어렵지 않게 이해할 수 있다. 데이비드 휴런은 "인간의 몸과 어떤 관계가 있기 때문에 짜증을 유발하는 소리가 적지 않습니다. 누군가 구역질하는 소리를 듣거나 무엇이든 병과 관련된 소리를 들으면 당연히 이에 대해 조심하게 되거나 불쾌해집니다"라고 말했다. 아마도 우리는 일종의 방어 기제로 역겨운 소리를 싫어하는지도 모른다. 생존을 돕기 위해, 병들게 하는 것들을 피하기 위해 그럴 가능성도 있다. 손가락 관절을 꺾는 것은 전염병은 아니지만 신체와 관련된 다른 소음에 대한 혐오감의 연장선상에서 불쾌해질 수도 있다.

이매뉴얼이 대통령의 귀에 대고 관절을 꺾었을 때, 이 행동이 짜증스러운 이유 중 하나는 그가 일부러 짜증을 유발했기 때문이다. "소리 이면의 의도 역시 커다란 영향을 미칩니다." 휴런의 설명이다. 소음을 내는 사람의 의도에 따라 소리가 유발하는 짜증이 커지기도 하고, 작아지기도 하는 듯하다. 휴런은 이를 '인지중첩Cognitive overlay'이라고 부른다. 인지중첩은 "이것이 무엇인가?"를 넘어서 "이것 때문에 기분이 어떤가?"로 이어지는 신호 분석의 일부다.

'왜 람이 내가 짜증낼 행동을 하는 것일까? 도대체 뭐가 문제라서 공공장소에서 저런 행동을 해야 한다고 생각하는 것일까? 왜 내 말에 반발해야 한다고 생각하는 사람을 수석보좌관으로 뽑았을까? 손가락 관절 꺾는 소리에 왜 이렇게 배신감을 느낄까?' 이러한 인지 중첩이 오바마를 몇 배나 짜증나게 만들었을 수도 있다.

이러한 생각의 소용돌이는 중립적인 소리, 즉 뚝 하고 간신히 들릴 정도의 소리를 불쾌한 소리로 바꿔놓을 수 있다.

칠판을 손톱으로 긁는 소리는 그 어떤 인지중첩 없이도 짜증을 유발하는 듯하다. 그렇다면 사람들은 왜 이 소리에 즉각적으로 부정적인 반응을 보일까? 그저 우리가 인식하지 못할 뿐, 구역질과 마찬가지로 칠판을 손톱으로 긁는 소리도 뭔가 나쁜 것을 연상시키는지도 모른다.

"이 소리에 자동으로, 거의 본능적으로 반응했기 때문에 우리는 이 소리가 뭔가 자연계에서 일어나는 본질적으로 혐오스러운 일과 닮지 않았나 궁금했습니다." 블레이크와 동료들이 쓴 글이다. 이들은 도서관에 가서 소리의 주파수 분석 사진이 가득 실린 책들을 뒤져 블레이크가 재현해낸 긁는 소리와 비슷한 주파수의 소리가 있는지 살폈다. "한 가지 소리가 우리의 눈길을 끌었습니다. 영장류가 내는 경고하는 울음소리였습니다."

보다 구체적으로 말하자면 정원용 도구로 슬레이트를 긁는 소리와 일부 원숭이종이 포식자가 나타났다는 신호를 보낼 때 내는 울음소리가 상당히 비슷했다.

결국 블레이크와 그의 동료들은 이를 증명해내지는 못했지만, 블레이크는 칠판을 손톱으로 긁는 소리에 대한 보편적인 혐오 반응이 영장류의 경고가 심각한 상황을 의미하던 오랜 옛날부터 진화과정을 통해 전해 내려오지 않았나 의문을 품었다. "이 소리가 원래 가지고 있던 기능적인 중요성과 관계없이 인간의 두뇌는 이 으스스한 소리에 여전히 강한 반응을 보인다"는 것이 학자들이 내린 결론이었다.

칠판을 손톱으로 긁는 소리가 진화적으로 우리의 두뇌에 각인되어 있는 원시적 공포를 일깨운다는 주장에 학계는 어떻게 반응했을까? 블레이크는 "대부분 무시했다"고 말했다. 그러나 일부 학자들의 관심을 끄는 데는 성공했다. 발표된 지 20년이 지난 2006년, 이 논문은 비로소 인정을 받았다.[5] 블레이크와 논문의 공저자들은 과학계의 가장 이상한 발견에 수여되는 이그노벨상Ig Nobel Prize을 받았다.

뭔가를 관찰하여 신뢰할 수 있는 결과를 얻어내는 것은 왜 그런지 증명하는 것보다 쉽다. '왜'를 알기 위해서는 연구에 연구를 거듭하여 쌓인 엄청난 양의 데이터가 필요하다. 이런 과정을 통해 가설이 이론으로 발전한다. 칠판을 손톱으로 긁는 소리에 대한 인간의 반응이 영장류의 경고하는 울음소리나 청각 보호와 관련되는지, 아니면 어느 쪽과도 관련 없는지 누가 알겠는가? 이 수수께끼에 대해서는 많은 연구가 진행되지 않았지만, 그렇다고 이 문제가 사라진 것은 아니다.

목화머리타마린은 이상하게 생긴 영장류다. 목화머리타마린은 평평한 얼굴에 (퍼그와 원숭이의 혼혈을 상상해보자) 머리에는 흰색 털이 부채처럼 솟아나 있다. 목화머리타마린은 몸집이 작아서 몸무게가 평균 450그램 정도밖에 나가지 않는다. 이 동물은 네 발로 걸으며 서식지는 아마존이다. 그리고 이들은 음악을 듣지 않는다. 이것이 조시 맥더모트의 연구에서 핵심 요소였다. 현재 뉴욕 대학교에 재직중인 신경과학자 맥더모트는 음악을 연구한다. 맥더모트는 왜 우리가 특정한 유형의 음악을 좋아하는지에 대해 폭넓게 관심을 가지고 있다. 어떤 생물학적 요소가 관련된 것일까? 원숭이들도 같은 선호도를 보일까?

"물론 원숭이를 대상으로 실험할 때는 그들에게 무엇을 좋아하는지를 물어볼 수가 없지요. 원숭이의 선호도를 측정하기 위한 또다른 방법을 찾아내야 합니다." 맥더모트의 말이다. 해결책은 미로였다. 하버드 대학교에 재직하던 시절, 맥더모트와 동료들은 끝이 두 개로 갈라진 V자 모양의 나무틀을 만들었다. 그리고 나무틀 양쪽 끝에 스피커를 놓았다. 원숭이는 자유롭게 미로를 뛰어다닐 수 있었다. 타마린을 왼쪽 길에 놓았을 때는 왼쪽 스피커에서 한 가지 소리가 났다. 타마린이 오른쪽 길로 이동하면 왼쪽 스피커가 꺼지고 오른쪽 스피커가 다른 소리를 냈다. "타마린이 이 미로 안에서 위치를 바꿈에 따라 듣는 음악을 통제할 수 있다는 점이 관건이었습니다." 맥더모트의 설명이다. 보상으로 먹이는 제공하지 않았다. 유일한 보상은 소리의 변화였다.

맥더모트는 연구를 통해 원숭이가 불협화음보다 협화음을 선호하는지 여부를 확인하고자 했다. 협화음이라는 영어 단어 consonance는 '함께'를 나타내는 라틴어 'com'과 '소리를 내다'라는 'sonare'에서 유래한 것으로, 안정된 느낌을 준다고 표현하는 경우가 많다. 불협화음은 그 반대다. 서구 음악에서 불협화음은 통증, 슬픔, 갈등을 나타낸다. 이렇게 생각해보자. 대부분의 댄스 음악은 협화음이고, 대부분의 블루스 음악은 불협화음 요소를 약간 가지고 있다. 초기 비틀스 음악은 대부분 협화음이지만 후기 비틀스 음악은 초기보다 불협화음 경향이 강하다. 헤비메탈은 아마도 일반적으로 듣는 음악 중 불협화음적 특성이 가장 강한 음악 장르일 것이다.

미로의 한쪽 끝에서는 두 음으로 된 협화음이 흘러나왔다. '도'와 한 옥타브 위 '도'로 구성된 화음, '도'와 '솔'로 구성된 5화음, 또는 '도'와 '파'로 구성된 4화음 등이었다. 다른 쪽에서는 단2도, 3온음, 단9도 등과 같은 불협화음이 나왔다. 원숭이들은 협화음과 불협화음 사이에서 어떤 선호도도 보이지 않았다. 반면 하버드 대학교의 학생들은 협화음을 선호하는 경향이 뚜렷했다.

음악에 대해 연구하는 실험이었지만, 맥더모트는 목화머리타마린이 칠판을 손톱으로 긁는 소리에 어떤 선호도를 보이는지도 궁금했다. 맥더모트는 한쪽 길에 손톱 긁는 소리를 틀고 다른 쪽에는 백색소음을 틀었다.

목화머리타마린은 백색소음과 긁는 소리 사이에서도 뚜렷한 선호도를 보이지 않았다. 그러나 음량에 대한 선택권을 주자 큰 소리로 백색소음이 나오는 쪽보다는 백색소음이 작게 나오는 미로에서 더 많은 시간을 보냈다.

이 발견은 블레이크의 영장류 경고 울음소리 이론과 상충된다. 목화머리타마린은 손톱 긁는 소리에 그다지 개의치 않는 듯했고, 이는 적어도 이 영장류가 손톱 긁는 소리에 반감을 가지고 있지 않음을 의미했다. 맥더모트는 인간이 칠판을 손톱으로 긁는 소리를 왜 싫어하는지에 대한 또다른 설명을 제시했다. 그 소리는 귀에 거칠게 느껴진다. 러프니스, 즉 앞에서 파리가 붕붕거리는 소리나 프랑스어에 비해 퉁명스러운 영어 발음을 설명했던 이 개념은 음향학에서는 음량, 진폭, 초당 변화 등을 나타내는 기술적 용어로 쓰인다.

데이비드 휴런은 칠판을 손톱으로 긁는 모습이나 정원용 도구로 슬레이트를 긁는 광경을 고속카메라로 살펴본다면 이해할 수 있을 것이라고 설명한다. "일단 손톱이 표면을 움켜쥐고, 계속해서 손을 아래로 움직이면 손톱이 칠판에 박혔다가 갑자기 쭉 미끄러지면서 다음 위치로 갑니다." 휴런은 이를 "멈추었다 미끄러지면서 나는 소리"라고 부른다. 이렇게 하면 매우 예측하기 힘든 변화무쌍한 소리가 난다. 조시 맥더모트는 이에 대해 "한동안은 휘파람 소리처럼 들리다가 아주 거친 소리로 변하는데, 사람들은 이 소리에 가장 거부감을 보이는 경향이 있습니다"라고 말했다.

기타 연주자들은 러프니스를 울림beating으로 이해한다. 기타를 조율할 때는 일반적으로 줄의 다섯번째 프렛(fret, 기타와 같은 현악기의 핑거보드 위에 붙여놓은 가늘고 긴 금속 조각—옮긴이)을 누르고 다음 줄을 퉁긴다. 두 음이 약간 어긋나면 '워우워우'처럼 음량이 올라가고 내려가는 소리를 듣게 된다. 이것은 각각 파형의 고점과 저점이다. 음높이가 서로 가까워짐에 따라 울림의 속도는 느려지고, 두 개의 음높이가 완벽하게 일치하면 멈춘다. "사람들은 보통 이것을 거칠다고 부르지 않습니다. 그저 비트라고 하지요." 맥더모트의 말이다. 음높이가 점점 멀어지기 시작하면 비트 주파수도 증가하고, 소리는 거칠게 들리기 시작한다. 맥더모트의 설명에 따르면, 두 음의 주파수 차이가 20헤르츠 이상 벌어지면 더이상 워우워우 하는 소리를 들을 수 없고, 이것이 바로 거친 소리다. 비트가 75~100헤르츠로 올라가면 거친 느낌은 사라진다. 거친 소리로 분류되기에는 너무 빨라지는 것이다.

러프니스가 짜증을 유발한다는 것은 과학적으로 증명된 사실이다.[6] 예를 들어 자동차 제조업체들은 자동차의 불쾌한 소리를 최소화하는 방법을 찾기 위해 많은 연구를 진행해왔다. "어떤 소리가 불쾌감을 주는지 그렇지 않은지를 결정하는 중요 요인 중 하나는 진폭의 포락선이 얼마나 매끄러운지 여부입니다." 맥더모트의 말이다. 포락선은 시간에 따라 소리의 진폭이 변하는 모양이다. 거친 포락선은 그다지 곡선처럼 보이지 않는다. 그보다는 아코디언 모양을 닮았다. 음량이 빠르게 오르락내리락하여 아코디언의 모양처럼 되는 경우, 이 소리는 사람들에게 불쾌감을 주는 경향이 있다. 칠판을 손톱으로 긁는 소리가 짜증을 유발하는 요인 중 하나도 이와 관련될지 모른다. 매우 거친 소리이기 때문이다.

우리가 왜 거친 소리를 좋아하지 않는가에 대한 확실한 대답은 없다. 맥더모트는 "왜 소리의 러프니스가 불쾌한 것으로 간주되는지, 그 이유를 파악하기란 쉽지 않습니다. 우리가 아는 한 러프니스는 귀에 해를 미치지는 않기 때문입니다"라고 말한다. 데이비드 휴런은 우리가 거친 소리를 좋아하지 않는 이유로, 우리가 어떤 소리를 들을 때 환경에서 정보를 얻어내기 위해 집중하는데 거친 소리는 다른 소리를 듣는 데 방해되기 때문이라는 의견을 펼친다.

손톱 긁는 소리의 수수께끼는 풀리지 않았지만 집중력 저하, 거친 소리, 귀의 보호, 적응된 혐오감 등 이와 관련된 단서는 분명 어느 정도 도움이 된다. 이러한 단서들은 왜 특정한 소리가 본질적으로 불쾌감을 주는지, 왜 이러한 소리가 많은 사람에게 짜증을 일으키는지 설명하기 위한 이론이다.

4장

스컹크의
공격

아마도 모든 짜증 요소 중에서 가장 교활한 요소는 냄새일 것이다. 냄새는 소리를 내지 않는다. 냄새를 알아챌 즈음이면 이미 늦다. 또한 냄새는 강력한 힘을 가지고 있다. 기분 좋은 냄새를 맡으면 즉시 할머니의 부엌이 연상되거나 웅덩이에서 즐겨 수영하던 기억이 떠오르기도 한다. 안타깝게도 기분 나쁜 냄새 역시 똑같은 효과를 나타낸다.

▶▶▶ 아마도 모든 짜증 요소 중에서 가장 교활한 요소는 냄새일 것이다. 냄새는 소리를 내지 않는다. 냄새를 알아챌 즈음이면 이미 늦다. 또한 냄새는 강력한 힘을 가지고 있다. 기분좋은 냄새를 맡으면 즉시 할머니의 부엌이 연상되거나 웅덩이에서 즐겨 수영하던 기억이 떠오르기도 한다. 안타깝게도 기분 나쁜 냄새 역시 똑같은 효과를 나타낸다.

단순히 고약한 냄새가 다가온다는 사실만으로 4.5킬로그램의 북슬북슬한 작은 동물이 4백 킬로그램의 곰을 물리칠 수 있다는 사실을 고려해보면 강력한 악취가 얼마나 엄청난 효과를 발휘하는지 짐작할 수 있다. 이 문제를 잠시 생각해보자. 호저는 진화과정에서 아주 날카로운 가시로 온몸을 덮었지만 여전히 스컹크의 가장 큰 무기만큼의 효과를 발휘하지는 못한다. 스컹크는 고약한 냄새로 숲을 호령한다. 스컹크가 내뿜는 연무형 스프레이는 치명적이지는 않지만 짜증을 일으킨다. 극심한 불쾌감을 유발하기 때문에 스컹크보다 훨씬 크고, 힘이 세고, 빠른 포식자들을 포함한 거의 모든 생명체를 접근 불가하게 할 수 있다. 스컹크에게 짜증을 유발한다는 것은 생존을 의미한다.

스컹크는 그야말로 엄청난 불쾌감을 준다. 만약 기르는 개가 스컹크의 공격을 받은 적이 있다면 이를 절감할 것이다. 스컹크 냄새는 너무나 고약하기 때문에 개를 목욕시키기도 전에 그 냄새가 집안의 모든 물건에 스며들어버린다. 애완동물의 털을 전문으로 손질하는 사람들조차도 개의 털에 밴 스컹크 냄새를 완전히 제거하지 못한다. 이제 완전히 사라졌겠지 하고 생각할 때마다 고약한 냄새가 다시 나타난다. 며칠 동안 (개가 아니라) 여러분이 스컹크나 개 근처에 갔을 때 입었던 옷을 입고 외출할 때마다 사람들은 이렇게 말할 것이다. "스컹크 냄새 안 나? 어디서 아주 희미하게 스컹크 냄새가 나는 것 같은데 말이야."

스컹크가 내뿜는 액체는 일종의 피자 기름처럼 보인다. 기름기가 많으며 주황빛을 띠는 노란색 액체다. 스컹크는 항문샘에서 냄새나는 물질을 분비하는데, 포식자가 있는 방향을 향해 쏨으로써 무기로 사용한다. 흰담비, 긴털족제비, 밍크, 족제비 등을 포함한 다른 육식동물들도 냄새나는 기름을 분비하지만, "스컹크처럼 적을 향해 조준하고 내뿜는 능력은 없다"고 스컹크 전문가mephitologist 제리 드래구는 설명한다.

심지어 스컹크는 냄새나는 액체를 내뿜기 위한 특수한 항문 유두가 진화과정에서 생겨나기도 했다! "스컹크는 위협을 느끼면 이 유두로 적을 겨냥한 다음 마치 물총처럼 발사합니다." 제리 드래구는 스컹크 전문가로서 경력을 쌓는 동안 이미 여러 차례 스컹크의 냄새나는 분비물 세례를 받았다. 스컹크 전문가는 스컹크과科에 대한 연구를 하는 사람을 일컫는데 스컹크과에 속하는 동물은 스컹크가 유일하다.

심지어 스컹크들도 자신들의 분비물에서 나는 고약한 냄새를 싫어하는 것 같다고 드래구는 말한다. 또한 이 냄새는 스컹크 전문가의 길을 고려하는 모든 사람에게 장애물로 작용한다. 드래구는 스컹크의 분비물 냄새를 맡을 수 없었기 때문에 이 분야를 연구 대상으로 선택했는지도 모른다.

스컹크 분비물을 용감하게 연구한 몇 안 되는 화학자 중 한 명인 윌리엄 우드는 이 불쾌한 악취 때문에 스컹크 분비물에 대한 연구의 진보가 더딘지도 모른다고 주장했다. 『화학교사들Chemical Educator』이라는 잡지에 실린 「스컹크 방어 분비액 연구의 역사」라는 기사에서 우드는 이렇게 썼다. "스컹크와 그 방어 분비액은 천연물을 연구하는 화학자들을 매료시킴과 동시에 쫓아버렸다. 신대륙에

서식하는 족제비과의 아과_{亞科}인 스컹크과에 속한 동물이 분비하는 화학물질은 너무나 고약하기 때문에 이를 연구하려는 화학자가 거의 없다."[1]

학자 본인이 이 악취를 기꺼이 참아낼 의사가 있더라도 동료나 이웃 들은 그렇지 않을 수 있다. 독일의 과학자이자 스컹크 분비액 분야의 개척자인 O. 뢰프 박사는 1870년대에 텍사스를 탐험했다. 이때 일에 대해 뢰프 박사는 편지에 이렇게 썼다. "화학적 구성성분을 밝혀내기에 충분한 양의 스컹크 분비물을 수집할 기회가 여러 차례 있었지만, 모든 동료가 내 몸에 밴 악취를 도저히 참을 수 없다고 반발했습니다. 뉴욕으로 돌아온 뒤 수집해온 얼마 안 되는 표본으로 몇 가지 화학 실험을 시작했는데, 대학 전체가 '스컹크다! 스컹크가 여기 있어!'라고 외치며 발칵 뒤집히는 바람에 연구를 중단할 수밖에 없었습니다."

흄후드라는 환기시설이 널리 사용되는 오늘날에도 스컹크 분비액을 연구하면서 동료들에게 불쾌감을 주지 않기란 어렵다. 훔볼트 주립대학교에 몸담고 있는 우드는 스컹크 분비액의 화학적 구성성분을 알아내려고 노력했다. 그렇게 하려면 표본을 수집해야 했다. "죽은 스컹크를 길에서 찾아낸 다음 실험실로 가져와 화학물질이 들어 있는 관에 주사기 바늘을 찔러넣어 분비물을 꺼냈습니다. 약간의 분비물을 꺼내고 나면 죽은 스컹크는 악취를 풍깁니다. 그러면 그 시체를 비닐봉지에 담아서 창밖으로 던진 다음 밖으로 나가서 그 봉지를 회수합니다. 건물 전체에 스컹크 냄새가 배지 않도록 하기 위해서지요." 우드는 냉담하게 말한다.

사방이 막힌 연구실의 공기를 빨아들여 밖으로 내보내는 역할을 하는 일종의 오븐팬과 같은 흄후드는 우드의 실험실에서 악취가 나지 않도록 하는 데 매우 효과적이었다. 오염된 공기가 어딘가 다른 곳으로 가야 했다는 게 문제였다. 흄후드로 빠져나간 공기는 대개 건물의 맨 꼭대기를 통해 나간다. 이 때문에 우드는 캠퍼스 내 자기 연구실에서 바람이 부는 방향에 누가 있는지 알게 되었다. "학장이 전화를 걸어와 이렇게 말하더군요. '자네, 지금 스컹크 연구중인가?' 그후로 학교에서 스컹크 연구하는 것을 그만두었습니다."

우드는 화학생태학에 관심이 있었기 때문에 스컹크 연구를 시작했다. 화학생태학은 화학물질이 자연상태에서 어떻게 메시지를 전달하는지 연구하는 학문이다. 우드는 생물체가 의사소통을 위해 사용하는 화학적 신호인 페로몬의 연구를 출발점으로 약 35년 전부터 이 학문이 시작되었다고 말한다. 우드는 아프리카에서 진드기와 체체파리가 의사소통을 위해 화학물질을 사용하는 방식에 대한 현장 연구를 실시했다. 코스타리카에서 개미 연구도 했다. 그러나 박사학위 취득 후 코넬 대학교에서 연구하면서 스컹크의 악취에 흥미를 갖게 되었다. "스컹크가 확실한 화학적 방어무기를 가지고 있다는 사실은 누구나 압니다. 그래서 연구 대상으로 삼게 되었습니다."

우드는 등줄무늬스컹크가 약 일곱 가지 휘발성 악취 성분을 가지고 있음을 밝혀냈다. 스컹크 분비액의 정확한 화학 구성성분은 종에 따라 다르다. 그러나 어떤 경우에나 싸이올Thiol이라는 황을 포함한 분자 때문에 악취가 생긴다. 수은에 반응하는 성질 때문에 메르캅탄Mercaptan이라고 부르던 이 화학물질은 황화수소와 비슷한 화학구조를 가지고 있다. 황화수소는 썩은 달걀, 해수 소택지, 구취 등의 악취를 유발하는 유독성 화합물이다.

황화수소H_2S는 한 개의 황 원자와 두 개의 수소 원자로 이루어져 있다. 여기서 수소 원자 한 개를 탄소 원자로 교체한 것이 바로 싸이올이다. 탄소 사슬의 길이에 따라 싸이올의 속성은 결정된다. 우드는 "탄소가 여덟 개 이상인 긴 사슬로 이루어진 싸이올은 더이상 악취가 나지 않습니다. 악취가 나는 것은 매우 짧은 탄소 사슬을 가진 싸이올이지요"라고 설명한다. 메테인싸이올은 탄소가 하나뿐인 가장 단순한 형태의 싸이올이다(예를 들어 CH_3SH). "메테인싸이올 및 연관된 화합물은 살아 있는 생명체가 부패하면서 생성됩니다." 올버니 시에 위치한 뉴욕 대학교의 화학자이자 『마늘 및 기타 파속 식물—전통과 과학Garlic and Other Alliums: The Lore and The Science』의 저자인 에릭 블록의 말이다.[2] "메테인싸이올은 끔찍하고, 지독하고, 고약한 악취를 냅니다."

그러나 무엇 때문에 어떤 냄새는 고약한 악취가 되고, 어떤 냄새는 달콤한 향기가 되는지 아직 밝혀지지 않았다. 냄새가 나는 과정에 대해서 우리가 아는 사실은 다음과 같다. 공기 중에 떠다니던 분자가 우리의 콧구멍으로 빨려들어간 뒤 약 7센티미터 위쪽으로 이동하여 마침내 후각상피olfactory epithelium라는 물결진 조직에 도달한다. 냄새는 이 막에서 2백만 개의 후각 수용기를 만나 착륙한다. 간단하게 말해서 냄새 분자가 수용기 안에 갇히면서 신경을 자극하면 신경이 뇌로 신호를 보낸다는 뜻이다.

인간은 약 1만 개의 서로 다른 냄새를 맡을 수 있다고 알려져 있다. 인간이 어떻게 다양한 냄새를 감지하는가에 대해서는 서로 다른 모양의 수용기를 가지고 있어서 여러 가지 냄새 분자가 각기 다른 수용기와 결합한다는 이론이 가장 보편적이다. 브라운 대학교에서 냄새를 전문으로 연구하는 심리학자 레이철 허즈는 자신의 저서 『욕망을 부르는 향기The Scent of Desire』에서 이렇게 적었다. "서로 다른 냄새는 후각상피에 있는 후각 수용기를 서로 다른 배열으로 활성화시켜 후신경구olfactory bulb의 신경세포의 발화 패턴을 특정하게 생성합니다. 이렇게 되면 후신경구에서 일어나는 이 특정한 발화 패턴이 우리가 어떤 냄새로 지각할지를 결정합니다. 가령 망고의 냄새는 스컹크 냄새와 다른 패턴으로 신경세포를 활성화합니다."[3] 우리의 두뇌는 이렇게 이뤄진 패턴을 '스컹크 냄새다, 우웩' 또는 '망고 냄새네, 맛있겠다'로 해석한다.

매우 일반적인 방식으로 냄새를 인지하는 과정을 설명했지만, 무엇이 특정한 냄새에 대한 우리의 선호도를 결정하는가 하는 문제는 보다 논란의 여지가 있다. 누구나 보편적으로 스컹크 분비물을 싫어한다는 점에 대해, 우드와 블록은 분자에 대한 인간의 이러한 혐오감은 방어적인 것이고, 스컹크는 이를 십분 활용하지 않았나 하는 이론을 세웠다.

"싸이올과 특정한 질소 화합물은 단백질로 구성된 생명체의 부패와 밀접하게 연관됩니다. 식품이 부패할 때는 박테리아가 존재하기 때문이지요. 그러한 박테리아는 독소를 사용할 수 있습니다. 일반적으로 고등동물은 상한 먹이를 감지하고 피할 수 있습니다. 그리고 부패 여부는 코로 감지하지요." 블록의 설명이다. 아마도 부패한 음식에 대한 이런 민감도는 진화과정에서 선호되는 특징이었을 것이다. "부패와 관련된 분자의 냄새를 잘 감지하는 동물이 후각이 발달하지 않은 동물보다 생존 가능성이 높습니다." 이는 단순히 냄새를 맡는 능력만을 말하는 것이 아니다. 만약 블록의 이론이 옳다면, 그 냄새를 불쾌해하는 생명체의 생존 확률이 더 높을 것이다.

우드 역시 비슷한 이론을 제시하지만, 우드의 이론은 싸이올과 황화수소의 연관관계에 기반을 두고 있다. 황화수소 역시 농도가 낮아도 인간이 쉽게 감지할 수 있는 화합물이다. 황화수소는 산소가 없는 곳에서 발견되는 경우가 많다. "산소로 호흡하는 동물은 산소가 없는 영역을 피하고 싶어합니다. 따라서 황화수소를 찾아내는 인간의 수용기는 매우 정교하게 발달해 있지요." 우드의 설명에 따르면, 스컹크는 황화수소와 비슷한 기본 구조를 가진 화학물질이 든 분비물을 내뿜어 이 민감도를 이용하도록 진화했을지 모른다. 두 이론 모두 스컹크가 뭔가 해로운 것을 나타내는 냄새를 감지하는 우리의 진화된 민감도를 이용한다고 주장한다. 그렇기 때문에 스컹크 분비물이 놀랍다. 분비물 자체는 그다지 해롭지 않지만 해로운 뭔가를 떠올리게 한다. 짜증나기 그지없는 일이다.

일반적으로 뭔가가 짜증을 유발할 때는 이유가 있기 마련이다. 그 이유가 즉각적으로 분명하게 드러나지 않는 경우에도 말이다. 흔히 볼 수 있는 작은 생선인 큰가시고기를 연구하던 네덜란드의 과학자 니콜라스 틴베르헌의 연구실에서 일어난 사건을 한번 살펴보자. 1973년에 틴베르헌과 콘라트 로렌츠, 카를 폰 프리슈는 동물 행동에 대한 연구로 노벨상을 받은 바 있다. 틴베르헌은 연구실의 탱크에서 큰가시고기를 길렀다. 매일 아침 11시경이면 이 큰가시고기들은 행동이 매우 불안해 보였다. 평상시에는 물탱크 내의 해초 사이를 조용히 헤엄치다가도, 11시만 되면 뭔가 두려워하는 것처럼 물탱크 안을 정신없이 헤엄쳤다. 틴베르헌은 한동안 이 이상한 행동을 고찰한 결과, 물고기가 불안한 행동을 보이는 시간이 우편 배달 차량이 도착하는 시간과 일치한다는 사실을 깨달았다. 이상 행동을 보인 물고기들은 창문 옆 물탱크에 들어 있었는데 이들은 창문을 통해 새빨간색의 트럭이 도착하는 광경을 보고 불안해했다.

몸에 약간 붉은 기운이 도는 큰가시고기는 싸움을 좋아한다. 큰가시고기들은 이 빨간 트럭만 보고도 짜증을 내며 싸울 태세를 갖춘 것이 분명했다. "우리는 큰가시고기가 있는 방에서 대부분의 빨간색 물건을 없앰으로써 우편 배달 차량과 같은 반응을 다시는 일으키지 않도록 노력했지요." 스탠퍼드 대학교의 유전학자 데이비드 킹즐리의 설명이다. 우편 배달 차량은 물고기들에게 아무런 위협도 가하지 않지만 일반적인 자극이 매우 독특한 반응을 일으켰다. 매우 흥미로운 사실이었다.

킹즐리는 왜 인간이 커다란 두뇌, 직립보행할 수 있는 능력, 비교적 털이 적은 신체 등의 특징을 갖게 되었는지 유전적 변화를 추적하기 위해 노력중이다. 인간의 진화를 이해하기 위해 킹즐리는 물고기를 연구했다. 킹즐리는 환경이 바뀌면 새로운 유형이 나타난다고 본다. 이 견해는 찰스 다윈이 에콰도르 해안에서 약간 떨어진 갈라파고스 군도에 서식하는 핀치(finch, 참새목의 작은 조류―옮긴이)의 부리를 연구한 뒤 내린 결론 중 일부이기도 하다. 각 섬의 생태계는 약간씩 달랐고, 핀치의 부리는 그들이 서식하는 섬의 생태계에 독특하게 적응해 있었다. 이 때문에 킹즐리는 최근에 억지로 새로운 환경에 적응해야 했던 종을 찾고자 했다. 물론 여기서는 어디까지나 진화론적인 관점에서의 최근을 의미한다. 이에 큰가시고기가 이상적인 후보임이 드러났다.

큰가시고기의 몸통 길이는 대략 5~7.5센티미터 정도다. 이들은 일반적으로 대양에 서식하지만 매해 봄이면 번식을 위해 해안으로 이동한다. 1만 5천 년 전, 바다에서 서식할 때의 큰가시고기들은 모두 비슷한 모양이었다. 그러다가 빙하기가 끝나 빙하가 녹기 시작하자 수많은 개울, 호수, 해안가의 하구퇴적지가 새롭게 생겨났다. 모두 큰가시고기의 서식지가 될 수 있는 장소였다. 제각각인 새로운 환경에 큰가시고기는 어려움을 겪었다. 각 환경은 서로 다른 색의 물과 식물군을 갖췄기 때문에 큰가시고기는 포식자의 눈에 띄는 것을 피하기 위해 제각각의 천연색을 갖춰야 했다. 다양한 포식자들에게 잡힐 가능성을 낮추기 위해 뼈대로 된 갑옷을 변화시키는 등 방어기전 또한 다양하게 발달시켜야 했다. 어떤 지역에서는 단순히 몸의 크기를 좀더 불리는 것만으로도 큰가시고기가 별 문제없이 자랄 수 있었다.

킹즐리는 이런 모든 변화를 일으킨 유전자를 찾아내고자 했다. 이러한 유전자의 연구를 통해서 비교적 균일한 환경에서 새로운 도전을 야기하는 다양한 새 환경으로 이동하는 과정에서 인간의 신체를 큰가시고기처럼 변화시킨 유전자를 추적할 수 있으리라고 여겼기 때문이다. 인간의 조상이 아프리카를 떠났던 대략 10만 년 전 인간의 신체에 이러한 변화가 일어났다. 적도 근처의 뜨거운 태양에서 멀어지면서 우리는 그 햇빛으로부터 피부를 보호해주던 멜라닌 색소의 일부를 잃었다. 기후가 추워지자 체모도 굵어졌고 체격도 다부지게 변했다. 심지어 먹는 음식도 변했기 때문에 새로운 종류의 소화효소도 필요해졌다.

킹즐리는 다양한 모양과 색깔을 지닌 큰가시고기를 전 세계에서 수집했다. 유전자를 찾아내기 위해 완두콩을 이종교배했던 그레고어 멘델처럼 킹즐리는 큰가시고기를 이종교배하여 연속적인 세대를 통해 관심 있는 유전자를 추적했다. 킹즐리는 스탠퍼드 의과대학 지하실에 113리터짜리 수조 열두 개를 놓고 물고기를 길렀다.

니콜라스 틴베르헌의 우편 배달 차량 이야기는 너무 그럴싸해서 출처가 불분명한, 좀처럼 믿기지 않는 이야기처럼 들린다. 하지만 앨런 앤더슨은 이것이 사실이라고 주장한다.

과학기자이자 작가인 앤더슨은 언론계에 몸담기 전에 동물행동학으로 박사학위를 받았다. "저는 1972년부터 1976년까지 니콜라스와 옥스퍼드 실험실에서 함께 일했지요. 니콜라스는 헤이그에서 자랐는데 그때 즐겨 한 것이 동네 시냇가에서 큰가시고기를 잼 병에 담아와 집에서 관찰하기였다고 이야기해주었습니다."

틴베르헌이 네덜란드 레이던 대학교의 동물학과에서 일하던 1934년경, 틴베르헌과 요스트 테르 펠크베이크라는 학생은 큰가시고기의 붉은색에 호기심을 가졌다.

"봄철이 되면 수컷 큰가시고기는 배와 목이 밝은 빨간색으로 변해 '혼인색nuptial colors'을 띠고 자신의 영역을 보호합니다. 수컷은 영역 안에 둥지를 만들고 암컷에게 구애해 은색을 띤 둥지로 안내합니다. 만약 암컷이 둥지 안으로 들어가서 알을 낳으면 수컷은 암컷을 뒤따라가 알을 수정시킵니다. 그다음에 수컷은 약탈자(다른 큰가시고기인 경우가 많다)로부터 알을 보호하고 새끼를 지킵니다." 앤더슨의 말이다. 큰가시고기는 자신의 영역에 들어오는 모든 수컷을 공격한다. "니콜라스는 레이던 대학교의 연구실 창문을 따라 큰가시고기가 들어 있는 수조를 설치했습니다. 그중 하나에는 혼인색으로 변한 수컷이 한 마리 들어 있었지요. 펠크베이크와 니콜라스는 이 수컷이 마치 정신 나간 듯 머리를 아래로 하고 자신의 영역에서 침입자를 몰아내기 위해 독특한 수직 자세를 주기적으로 취하는 것을 발견했습니다. 심지어 다른 수컷이 근처에 없는 경우에도 그랬습니다. 이 수컷은 창문 쪽을 향해 공격을 취했고, 두 사람은 머지않아 밝은 빨간색 우편 배달 차량이 우편물을 배달하기 위해 창문을 지나갈 때마다 수컷이 그런 동작을 보인다는 사실을 깨달았습니다." 앤더슨은 이렇게 이야기했다.

이에 펠크베이크와 틴베르헌은 빨간색 물체를 보여주는 것만으로도 큰가시고기를 도발해 공격을 유도할 수 있음을 증명하는 유명한 일련의 실험을 진행했다. "틴베르헌과 동료들이 진행한 이 초기 실험들은 '신호자극sign stimuli' 및 '생득적 해발 기구(innate releasing mechanisms, 동물이 태어나면서부터 가진 선천적인 행동양식이 표현될 때, 그 행동을 일으키는 변화나 환경을 의미—옮긴이)'라는 이론으로 이어졌습니다." 앤더슨의 말이다. 최근에는 빨간색만으로는 모든 수컷에게 짜증을 유발할 수 없지만 일단 한 마리가 동요하면 다른 수컷들도 이에 동참할 가능성이 있다는 주장이 제기되었다. 빨간색이 수컷 큰가시고기를 동요시킨다는 점은 그다지 놀랍지 않을 수 있다. 스페인 투우장에서 투우사 역할을 맡은 사람이라면 빨간색이 일종의 짜증을 이끌어내는 색이라는 사실을 익히 알고 있을 것이다.

스컹크 분비물 냄새를 맡으면 인간은 썩은 음식을 떠올리며, 빨간색 우편 배달 차량은 물고기에게 싸움을 이끌어내고, 칠판을 손톱으로 긁는 소리는 비명 소리를 연상시킨다. 이런 짜증 유발 요인에는 뭔가 공통점이 있을지도 모른다. 이런 불쾌감은 생존을 위해 진화되어온 회피반응과 연관된다. 짜증 요소들은 인간이 피하도록 설계되어 있는 뭔가를 연상시켜, 강력한 반응을 이끌어낸다. 어찌보면 진짜 위협과 그 위협을 흉내내는 것을 구별하지 못하는 착각 현상이라고 할 수 있다.

레이철 허즈는 스컹크에 대한 진화 이론을 믿지 않는다. 사실 허즈는 인간이 냄새에 대한 선호도가 전혀 없이 태어난다고 생각한다. 허즈는 자신의 주장을 『욕망을 부르는 향기』에서 자세히 설명했다. 그는 인간이 어떤 냄새를 좋아하고 싫어하는가는 전적으로 학습에 의한다고 주장하는데 스컹크 분비물에 대한 혐오감도 여기에 포함된다. "깜짝 놀랄 만한 주장이라는 사실은 잘 알고 있습니다."

썩은 달걀 냄새를 맡고 구역질 반응을 보이지 않는다는 것은 상상하기 어렵지만, 허즈는 갓난아이들은 이 악취에 거부반응을 보이지 않는다고 한다. 어린아이들은 바나나 냄새와 대변 냄새 사이에서 별다른 선호도를 보이지 않는다. 젖먹이들은 마늘 냄새가 나는 우유를 선호한다는 사실이 증명되기도 했다. 허즈는 스컹크 분비물 냄새를 좋아한다. 허즈는 자신이 스컹크 분비물 냄새를 좋아하는 것은 어린 시절의 경험 덕분이라고 한다. 날씨 좋은 어느 여름날 허즈는 엄마와 함께 외출했는데, 스컹크 분비물 냄새가 공중에 퍼지자 그의 엄마는 "냄새 참 좋지 않니?"라고 외쳤다. 허즈는 그 이후 스컹크 분비물 냄새를 좋아하게 되었다. 황화합물을 전문으로 연구하는 에릭 블록도 스컹크 분비물 냄새에 이와 비슷한 애틋함을 느낀다. "저는 스컹크 냄새를 그리 개의치 않습니다. 그 냄새를 맡으면 제가 한 연구가 떠오르기 때문이지요."

일부 싸이올은 적은 양으로 존재할 경우 화학자가 아닌 사람들에게도 매우 기분좋은 향기가 된다. 블록은 "싸이올도 아주 좋은 향기로 느낄 수 있습니다"라고 말한다. 예를 들어 방금 개봉한 커피 원두는 특정한 싸이올 덕분에 아주 좋은 향기가 난다. "아주 낮은 농도의 메테인싸이올을 포함한 싸이올류는 와인의 풍미와 향에 매우 중요한 역할을 합니다. 싸이올의 농도가 높아지면 사람들은 지독한 냄새, 고약한 냄새, 쓰레기 냄새 등으로 인식하게 되지요." 냄새의 경우에도 강도가 중요한 듯하다.

허즈는 감지 역시 중요하다고 말한다. 모든 인간이 똑같은 냄새 수용기를 갖지 않으며, 모든 사람이 같은 냄새를 맡는 것은 아니라는 의미다. 각자의 수용기가 다르기 때문에 개인별로 특정한 냄새에 민감하게 반응하기도 한다. 예를 들어, 스컹크 냄새가 특히 극심하게 불쾌하다면, 싸이올에 민감한 수용기를 더 많이 가지고 있기 때문인지도 모른다. 어떤 사람은 다소 강하다고 느끼는 냄새라 하여도 그 냄새에 반응하는 수용기를 더 많이 가진 사람에게 구역질을 유발할 수 있다. "강도는 밀접하게 관련됩니다. 가장 좋아하는 음악이라도 귀가 얼얼할 정도로 요란하게 울려대면 불쾌하기 마련이지요." 허즈의 설명이다. 허즈는 이런 현상이 냄새에 대한 반응에 선천적인 차이가 있기 때문에 일어난다고 설명한다.

허즈는 특정한 냄새에 대한 판단이 원래 그 냄새를 좋아하는지, 싫어하는지보다는 전후 맥락과 보다 크게 연관된다고 주장한다. 허즈는 냄새에 대한 인간의 인식에 연상작용이 어떤 영향을 미치는지 연구했다. 허즈와 율리아 폰 클레프는 『지각Perception』이라는 잡지에 매우 재미있는 연구를 소개했다. 그들은 여든 명의 대학생에게 몇 가지 '모호한' 냄새를 맡게 한 뒤 어떤 기분이 들었는지 평가하도록 했다.[4] 실험을 여러 차례 거듭했는데 그때마다 각 냄새에 다른 이름을 붙여놓았다. 예를 들어 한 실험에서는 제비꽃잎에 '신선한 오이'라고 이름을 붙였다가 다른 실험에서는 '흰곰팡이'라고 지칭했다. 송유에는 '크리스마스 트리'라는 이름을 붙여놓기도 하고, '스프레이 소독약'이라는 이름을 붙이기도 했다. 진짜 걸작은 아이소발레르산isovalertic과 뷰티르산butyric acid를 일대일로 섞은 화학혼합물이었는데 이를 한 실험에서는 '파르메산 치즈', 다른 실험에서는 '구토물'

이라고 이름을 붙였다.

학자들은 어떤 이름을 붙여놓았느냐에 따라 사람들이 어떤 냄새를 불쾌하게 받아들이는지, 아니면 기분좋게 받아들이는지에 큰 차이가 나타난다는 사실을 발견했다. 파르메산 치즈 냄새라고 생각한 경우에는 강한 선호도를 보였지만, 구토물 냄새라는 이름이 붙은 경우에는 똑같은 냄새라도 혐오감을 보였다. 이는 냄새에 대한 인간의 선호도가 학습과 전후 맥락에 따라 크게 좌우된다는 허즈의 이론에 부합한다. 스컹크 분비물에 대해서 허즈는, 어떤 서식지에 적합하도록 특별히 적응한 몇몇 동물은 선천적인 후각반응을 가지고 태어나는 듯하다고 주장한다. 그러나 인간은 특화종specialists이 아닌 일반종generalists이기 때문에 그 동물들과 다르다는 것이다. 인간은 특정한 냄새를 피하도록 설계되어 있다기보다 해당 냄새가 나쁜지 좋은지 재빨리 학습하는 능력이 더 뛰어나다는 논지다.

허즈는 대부분의 사람들이 스컹크 분비물 냄새를 싫어하는 것은 그 냄새가 물리적으로 자극성이 있어서일지도 모른다고 한다. 냄새마다 그와 연관된 특정한 느낌이 있다. 멘톨은 시원하다. 암모니아는 타는 듯하다. 스컹크 분비물은 통증을 유발한다. 냄새와 연관된 이러한 느낌은 인간의 코와 눈에 분포된 신경세포가 감지한다. 생양파 근처에서 눈물을 흘리는 것도 이러한 수용기의 작용이다. 허즈는 스컹크 분비물에 든 암모니아나 싸이올 같은 화합물을 접하는 경우 냄새를 감각과 구분하지 않는다고 한다. "실제로 혐오감을 유

발하거나 불쾌감을 주는 것은 자극성이지만, 우리는 그냥 '냄새'가
고약하다고 말하지요."

스컹크 분비물의 농도가 진해지면 더욱 위협이 된다. 우드와 드
래구의 말에 따르면, 스컹크 분비물을 맞은 개들이 숨을 거두었다
는 보고가 있다. 스컹크 분비물이 개의 폐를 덮어버려 발생한 경우
로, 냄새보다는 분비물의 농도와 더 관련된 듯하지만 말이다. 인간
도 스컹크의 희생양이 된 적이 있다. 1881년 블랙스버그에 있는 버
지니아 농업기계대학의 W. B. 콘웨이 박사는 『버지니아 월간 의학
Virginia Medical Monthly』에 짓궂은 장난의 희생양이 된, 한 불운한 사람
의 이야기를 소개했다. 남자 대학생 몇 명이 "스컹크 향수 57그램을
확보하여 병에 담았다"고 콘웨이는 말한다. 이 학생들은 희생자의
방에 들어가서 그를 움직이지 못하게 한 다음, 병에 담긴 스컹크 향
수 냄새를 직접 맡도록 강제했다. "희생자가 흡입한 양이 어느 정도
인지는 확실찮았습니다. 그러나 제가 그에게 갔을 때는, 의식이 전
혀 없었고, 근육이 전부 이완되어 있었으며, 사지는 아주 차가웠습
니다. 동공은 정상, 호흡도 정상, 맥박은 65, 체온은 34.4도였습니
다. 그 상태에서 그는 한 시간이나 깨어나지 않았습니다." 혼수상태
와 비슷한 증상을 치료하기 위해 콘웨이는 "짧은 간격을 두고 소량
의 위스키를 입으로 투여했는데, 위스키를 삼키게 하는 데도 다소
어려움을 겪었습니다." 위스키를 어느 정도나 마셨는지는 알 수 없

지만 약 한 시간 후 소년은 깨어났다. 우리는 이를 통해 다른 많은 짜증 유발 요인과 마찬가지로 스컹크 분비물은 일반적으로 불쾌감을 유발하지만, 그 농도가 높아지면 불쾌감 이상의 더욱 심각한 반응을 일으킬 수 있다는 교훈을 얻을 수 있다.

우리가 스컹크 분비물을 혐오하는 이유가 그 자극성 때문이든, 문화적 맥락 때문이든 아니면 진화의 영향 때문이든, 짜증을 유발하는 정도는 그다지 변하지 않는다. 왜 짜증이 나는지 상관없이 어쨌든 짜증이 난다. 이렇게 짜증이 나는 이유 중 하나는 이러한 화학물질에 대한 인간의 민감도 때문이다. 우리의 코는 10억분의 10분자가량의 비교적 농도가 낮은 스컹크 분비물 냄새도 감지할 수 있다.

왜 우리가 이렇게 농도가 낮은 싸이올을 감지해낼 수 있는지는 확실치 않다. 싸이올과 인간의 코에 있는 수용기가 결합하는 방식과 관련짓는 한 가지 이론이 있다. 블록의 말이다. "효소와 기질 (substrate, 효소의 촉매작용에 의해 화학반응을 일으키는 물질—옮긴이)에 전통적인 자물쇠와 열쇠 모델을 적용할 경우, 아주 낮은 농도의 황화합물이 효소의 빈 공간에 특별히 잘 맞아 들어갈 이유가 없습니다. 싸이올과 효소가 잘 결합되도록 어떤 화학적인 과정을 촉발하지 않는 한 지극히 낮은 농도에서도 싸이올 감지가 가능한지에 대해서는 간단히 설명할 수 없습니다." 제기된 이론 중 하나는 금속이 후각적 결합을 돕는다는 것이다. "구리와 같은 금속은 황과의 결합력이 엄청나게 높습니다. 스컹크 분비물에 들어 있는 2-퀴놀린싸이올2-quinolinethiol이라는 매우 고약한 냄새가 나는 화합물이 금속과 매우 강력하게 결합된다는 것이 단순한 우연일까요?" 블록의 말이다. 인간의 후각 수용기에서 금속은 마치 풀처럼 기능을 하여 분자가 수용기에 보다 단단하게 붙게끔 돕는다.

일단 이렇게 수용기에 정착한 분자는 의심의 여지 없이 다시 빠져나오기 어렵다. 이로 인해 후각 피로 현상이 일어난다. 코에 분포된 수용기가 신호를 보내는 일에 지쳐버리는 것이다. 신경세포는 신호 송신을 멈추고, 두뇌는 이것을 해당 냄새가 사라졌다는 뜻으로 받아들인다. 화학자 폴 크레바움은 이런 원리에서 사람들이 토마토주스가 스컹크 분비물 냄새를 제거해준다고 생각한다고 말한다. "토마토주스에 스컹크 냄새를 쫓아주는 성분은 전혀 들어 있지 않습니다. 그저 미신일 뿐이지요. 애완동물을 토마토주스로 씻기고 나면 스컹크 냄새에 너무 오래 노출되기 때문에 후각 피로가 발생합니다." 토마토주스의 냄새가 다른 수용기에 정착하여 이 수용기가 새로운 신호를 쏘아올리는 셈이다. 스컹크 냄새가 토마토 냄새에 가려지는 것이다.

토마토주스로는 스컹크 냄새를 제거할 수 없지만, 폴 크레바움은 유용한 다른 방법을 발견했다. "황화아연의 알갱이에 산으로 흠집을 내는 프로젝트를 진행하고 있었는데, 그 과정에서 부산물로 황화수소 기체가 생겨났습니다. 생성되는 이 수소 폐기물을 흡수할 방법이 필요했지요." 이 황화수소 기체에서는 고약한 냄새가 났다.

사람들은 불평하기 시작했다. 해결책은 화학반응이었다. 알칼리성인 과산화수소는 고약한 냄새가 나는 이 분자를 다른 물질로 변형시켰다. 동료가 기르던 고양이가 스컹크에게 공격을 받은 뒤, 크레바움은 스컹크 분비물에도 이 해결책이 효과를 발휘하지 않을까 생각했다. 싸이올 분자는 황화수소와 같은 모양이었기 때문이다. "그래서 좀더 순한 용액을 만들어 동료에게 주었습니다." 이 방법은 효과적이었다. 자신이 유용한 발견을 해냈음을 깨달은 크레바움은 『화학 및 공학 뉴스*Chemical and Engineering News*』에 이 내용을 기고했고, 이 이야기는 「연구실에서 발견한 방법으로 스컹크 공격을 받은 애완동물의 냄새 제거」로 기사화되었다.[5] 그후 시카고트리뷴이 다시 이 이야기를 다루었으며, 그다음은 잘 알려진 바다. 현재 이 해결책은 크레바움의 웹사이트에 공개되어 있다.[6]

스컹크 냄새를 없애는 방법은 다음과 같다. 3퍼센트의 과산화수소와 비누, 베이킹소다를 섞은 용액으로 스컹크 분비물 공격을 받은 애완동물을 씻긴 뒤 물로 헹군다. 이 방법은 산화과정 때문에 효과를 발휘한다. 싸이올과 반응한 과산화수소는 냄새가 훨씬 덜한 이황화물을 생성한다. 만약 이 반응이 계속되면 싸이올의 황기에 산소가 추가되어 이황화물이 설폰산*sulfonic acid*으로 변한다. 블록은 연구실에서도 악취를 제거하기 위해 산화제를 사용하기도 한다.[7] "연구실에서 싸이올을 많이 다루기 때문에 산화제를 사용합니다. 배수구로 싸이올이 씻겨내려가기만 해도 건물 다른 곳에서 문제가 발생합니다. 배수로에도 통풍구 등이 있기 때문이죠. 과산화물을 사용할 수도 있지만 표백제가 훨씬 효과적입니다. 애완동물에게 표백제를 사용하기도 그렇고, 농축된 과산화수소를 사용하기도 다소 꺼려지겠지요. 그러나 3퍼센트 정도의 농도라면 안전합니다."(과산화물을 사용하는 방법이지만 크레바움에게 애완동물의 털이 표백되었다고 불평한 사람은 별로 없었다.)

크레바움은 애완동물에게서 스컹크의 기름진 분비물을 씻어내기 위한 용액으로 비누와 베이킹소다를 사용할 것을 제시했다. 크레바움의 말에 따르면, 베이킹소다는 설폰산을 중화시킬 뿐 아니라 분비물에 든 냄새가 고약한 또다른 화합물을 보다 온화한 물질로 변환시키는 데 도움이 된다. 싸이오아세테이트Thioacetate는 싸이올에 아세트산이 결합한 것이다. "가장 고약한 냄새가 나는 황화합물은 언제나 황이 있는 쪽에 수소가 달려 있고, 다른 쪽에는 탄소 몇 개가 달려 있습니다. 이 수소를 제거한 뒤 그 자리에 아세트산을 붙이면 일종의 일시적인 결합상태가 됩니다. 물을 만나면 다시 분해되어 싸이올이 형성되기 때문이지요." 그렇기 때문에 개가 스컹크 분비물 공격을 받고 몇 달이 지나도 물에 젖으면 다시 스컹크 냄새가 난다. 싸이오아세테이트가 싸이올로 가수분해되면서 악취가 되살아나는 것이다. 크레바움은 이러한 화학물질이 "스컹크 분비물의 영향이 오래 지속되도록 만드는 역할을 한다"고 말한다. 베이킹소다는 pH를 올리므로 싸이오아세테이트가 아세트산과 싸이올로 분해되는 작용을 촉진시키고, 그후 싸이올을 다시 산화시킬 수 있다.

크레바움의 사례는 짜증 유발 요인을 효과적으로 제거한 보기 드문 성공 사례다. 단돈 3달러의 마법 용액이 짜증나는 스컹크 분비물을 중화시키고 이를 보다 온화한 물질로 바꿔놓는다.

5장

불쾌한 벌레

어쩌면 여러분은 다음과 같은 경험을 한 적이 있을 것이다. 사람들이 꽉 찬 극장에서 빈 자리를 찾고 있다. 몇 분간 자리를 찾아 헤맨 후 마침내 빈자리에 앉는다. 다음날 친구들이 어제 극장에서 왜 아는 척하지 않았느냐고 묻는다. 친구들은 여러분에게 손을 흔들었고, 여러분은 그쪽을 똑바로 보았지만 친구들을 알아보지 못했다.

▶▶▶　　　　　　　　　동료인 NPR(National Public Radio,
비영리로 운영되는 전미 공공 라디오 방송—옮긴이)의 과학 특파원 크
리스토퍼 조이스가 자신이 짜증나는 상황에 대해 이야기해주었다.
조이스는 자신이 다른 사람보다 더 심각한 유의 짜증을 느낀다고 생
각한다. 기르는 애완동물이 다른 사람의 애완동물보다 더 예측 불가
능하게, 더 오래, 더 불쾌하게 집적거리기 때문이 아니다. 그보다는
짜증에서 벗어나 휴식을 취해야 할 때 짜증이 난다는 것이 문제였다.
조이스는 잠을 잘 때 짜증이 난다.

　하루종일 짜증이 나더라도 잠자리에 들면 시끄러운 이웃이나 개, 주

변을 날아다니는 모기 또는 울퉁불퉁한 침대를 제외하면 일상적인 짜증의 지뢰밭에서 탈출할 수 있지요. 하지만 저는 아닙니다.

아니고 말고요. 잠자리에 들면 악몽과도 같은 짜증이 시작됩니다. 저는 비슷한 꿈을 반복해서 꿉니다. 세부적인 내용은 변하지만 설정은 언제나 같습니다. 저는 어딘가 중요한 곳에 가려고 노력합니다. 비행기를 타야 하지만 시간이 얼마 없습니다. 회의나 수업시간에 맞춰서 가려는 상황에서 화장실을 찾아 헤맵니다. 당연히 응급상황이지요. 그중 가장 고약한 것은 아름다운 여인과 약속이 있을 때입니다. 그럴 때가 제일 짜증나요.

매번 뭔가 문제가 생겨 원하는 곳에 도착하지 못합니다. 운전을 하다가 길을 잃지요. 택시운전사가 점심을 먹겠다며 차를 멈추었다가 사라져버립니다. 고속도로에서 사고가 발생합니다. 공중화장실이 고장나서 수리중입니다. 지진이 나서 차에서 내려서 걸어야 한 적도 있습니다(아마도 이때 여성을 만나는 꿈을 꿨던 것 같습니다).

처음에는 열심히 다른 길을 찾으려고 안간힘을 씁니다. 제 꿈이니 만큼 결국 책임은 저에게 있으니까요. 다른 택시를 부르거나 다른 비행기를 예약해보지만 무슨 수를 쓰더라도 가망이 없다는 사실을 곧 깨닫게 되지요. 저는 좌절, 또 좌절합니다. '죄송합니다. 날씨가 좋지 않아 비행기가 결항입니다. 앞에서 도로공사를 하고 있습니다. 다리를 통과할 수 없습니다. 우회하십시오.'

지금까지 꿈속에서 인력거, 나무로 만든 카누 등을 이용해 전쟁터,

아마존 우림지대, 티베트의 산악지대를 포함한 많은 곳을 여행했습니다. 쓸려 내려간 다리나 술 취한 버스운전사, 뇌물을 찔러줄 때까지 며칠이라도 기다릴 골초 세관원도 알고 있지요. 제 무의식은 펠트천에 핀으로 꽂아놓은 나비 표본처럼 여행자를 꼼짝하지 못하게 만드는 사건들로 가득합니다.

결국 저는 지쳐서 현실을 수용하는 단계에 도달합니다. 어차피 목적지에는 도달하지 못할 것입니다. 다시 꿈을 꾸고 있고, 잠을 자는 중이라는 것, 그리고 내 머릿속 어딘가에 사는 그 망할 녀석이 일부러 이런 짓을 한다는 것을 깨닫습니다. 제가 잠을 자는 사이 각본을 쓰는 거죠. 아무리 똑똑한 해결책을 떠올려도 언제나 그 녀석이 한 수 위일 겁니다. 제가 할 수 있는 일은 아무것도 없지요. 그 나쁜 녀석이 바로 저이니까요…… 스스로에게 정말 짜증이 납니다. 짜증이 난다고요.

이제 가야겠네요…… 비행기를 타야 하거든요.

도대체 무슨 일이 일어나는 걸까? 크리스는 자신의 목표를 성취할 수가 없다. 그는 어딘가에 도달하려고 노력하고 있다. 지금까지는 물리적으로 불쾌한 요소에 대해 설명했지만, 이것은 완전히 새로운 범주의 불쾌함이다. 뭔가가 여러분을 방해하는 것이다. 왜 교통체증이 짜증을 유발하는지 생각해보자. 교통체증은 예측할 수 없으며 몇 센티미터씩 앞으로 나갈 때마다 다음 모퉁이를 돌면 정체가 풀릴 것이라는 희망을 갖게 한다. 그러나 교통체증에서 가장 중요한 측면, 즉 여러분의 반응에 영향을 미치는 요소는 얼마나 심각한 교통체증이냐가 아니라 여러분이 얼마나 급하게 목적지에 가야 하는가이다. 짜증 유발 요소가 여러분의 길을 완전히 가로막지는 않는다. 대부분의 경우에는 목적지로 가는 길을 더 힘들게 만들 뿐이다. 미시간 대학교 정신의학 및 심리학과 교수인 랜돌프 네스의 말이다. "여러분이 뭔가를 하거나 뭔가를 만들고자 할 때 짜증이 나는 경우가 많습니다. 케이크를 구우려는데 갑자기 달걀이 없다는 사실을 깨닫습니다. 얼마나 짜증나는 일입니까! 밖으로 나가서 달걀을 구해와야 하니까요. 여러분이 원하는 일을 하는 데 장애가 생기는 것이지요. 여러분과 목표 사이에서 버티고 서서 방해하는 것은 아니지만 여러분이 원하는 일을 하거나 원하는 것을 성취하려고 할 때 그것은 집중력을 흐트러뜨리는 역할을 합니다. 저는 이것이 바로 짜증의 정의라고 생각합니다."

정신을 산만하게 하는 파리, 물 떨어지는 소리 때문에 잠을 설치게 하는 수도꼭지, 목적지에 도착하는 데 방해되는 교통체증, 글과 그림이 일치하지 않는 설명서, 운송중 손상으로부터 보호하기 위해 장난감의 온갖 부분을 상자에 고정시켜놓아 생일이나 크리스마스에 선물로 받은 장난감을 좀처럼 조립하지 못하게 만드는 고정끈 등 짜증 유발 요인은 어떤 방식으로든 여러분이 하고자 하는 일을 더디게 한다. "도로에 놓인 커다란 바위가 아닙니다. 그보다는 이동중에 많은 비가 내리는 것과 비슷하지요. 단지 목적지에 도달하는

과정을 더욱 어렵게 만드는, 짜증나는 훼방에 불과합니다." 네스의
말이다.

조이스도 스스로 지적했듯이 잠을 자는 시간은 최고의 공상을 펼
수 있는 기회이기 때문에 더더욱 짜증을 느꼈다. 꿈에서라면 아무
런 어려움 없이 비행기를 몰거나, 여성을 쟁취하거나, 화장실에 갈
수 있어야 하는데도 잠재의식이 자꾸 목표를 좌절시킨다. 심지어
잠을 자는 동안에도.

항공승무원으로 근무하는 것은 매우 짜증나는 일이다. 일부 업무
는 승무원들을 좌절시키기 위해 특별히 설계된 것처럼 보인다. 승
무원들은 아주 짧은 시간 내에 많은 승객들에게 서비스를 제공해야
한다. 북미 대형 항공사의 베테랑 승무원 세라의 말이다. "그렇기
때문에 저는 상당히 빠른 속도로 주문을 받고 음료를 따릅니다. 그
러나 가끔 이런 일이 일어납니다. 커피를 주문한 승객에게 커피를
가져다주면서 '크림이나 설탕 넣으시겠어요?'라고 묻지요. 그 승객
은 도무지 결정을 못 내립니다. 그러면 저는 그 바보 같은 승객이 커
피에 크림과 설탕을 넣어서 마시는 것을 좋아하는지 아닌지를 기억
해내는 동안 그 앞에서 기다리지요. 아마 그 승객은 일생 동안 커피
를 만 잔은 마셨을 겁니다. 크림과 설탕을 넣을지 말지 결정하는 것
이 도대체 왜 어렵죠?" 그때 일을 떠올리는 것만으로도 세라는 약
간 짜증이 날 지경이다.

짜증은 삶의 일부분이다. 피할 수도 없고, 어디에나 존재한다. 대부분의 경우 우리가 최선을 다함에도 불구하고 짜증은 우리를 약올리고, 우리의 판단력을 흐리게 하고, 눈앞에 당면한 일에서 집중력을 흐트러뜨린다.

그러나 짜증에 굴복하면 매우 끔찍한 결과가 초래되는 직업이 있다. 자신이 탄 비행기의 조종사가 폭풍우 속에서 착륙을 시도하는 동안 찰싹거리며 파리를 잡기를 바라는 사람은 없을 것이다. 신경외과의사가 수술실의 형광등에서 나는 성가신 소음에 버럭 화를 내기를 바라지 않을 것이다. 또한 요리사가 여러분의 식사에 곁들일 소스에 고춧가루를 넣고 있는데 짜증난 웨이터가 요리사를 귀찮게 구는 일도 달갑지 않을 것이다.

짜증에 대해서는 두 가지 극단적인 대응방법이 있는 듯하다. 하나는 전력을 다해 맞서 싸우는 것, 즉 햄릿의 말대로 "하고많은 세상의 고통과 맞싸워 이겨 그것들을 끝장내버리는 것"이다. 쩌렁쩌렁 울리도록 큰 소리로 음악을 듣고 있는 옆자리에 앉은 멍청이의 헤드폰을 확 벗겨버리는 경우, 대응한다는 말은 적절한 표현이 아닐지도 모른다. 카타르시스가 보다 적합한 표현일 것이다. 하지만 일단 행동을 취하고 나면 더이상 짜증스럽지 않는다는 의미에서는 대응이라고 볼 수 있다.

또 한 가지 극단적인 방법은 짜증을 유발하는 요소에 조금도 개의치 않는, 짜증에 초월한 상태가 되는 것이다. 심지어 결과가 그다지 중대하지 않더라도 사람들에게 짜증을 초월하는 요령을 익히도록 요구하는 특정한 직업이 있다. 이러한 기술에서 뭔가 교훈을 얻을지도 모른다. 이러한 유의 직업을 가진 사람들이 일상적인 짜증을 차단하기 위해 사용하는 기술을 활용함으로써 우리도 이들처럼 짜증을 초월할 수 있을지 모른다.

만약 여러분이 야구팬이라면 조바 체임벌린이 크리스토퍼 조이스의 악몽 같은 경험을 했다는 말이 무슨 뜻인지 단번에 이해할 것이다. 체임벌린이 겪은 일은 아름다운 여성과 어떻게 해도 만날 수 없는 조이스가 꾼 악몽의 스포츠 버전에 해당한다.

그날 클리블랜드는 10월치고는 드물게 따뜻해서, 경기가 시작되었을 때 수은주가 27.2도를 가리키고 있었다. 이것은 이야기에 흔히 등장하는 단순한 배경 지식이 아니다. 10월답지 않게 따뜻한 날씨였다는 사실이 이 이야기에서 매우 중요하다. 이리 호에서 불어오는 미풍이 뉴욕 양키스와 클리블랜드 인디언스 간에 벌어진 2007 아메리칸리그 디비전 시리즈 2차전이 열리는 제이컵스필드의 홈베이스 쪽을 향했다. 인디언스는 그 전날 밤 열린 디비전 시리즈 1차전에서 열네 개의 안타로 12점을 뽑으며 양키스를 처참하게 눌렀다.

그러나 2차전은 양상이 달랐다. 양키스의 노련한 투수 앤디 페티트는 6회까지 여섯 개의 안타를 허용했지만 인디언스의 공격을 어찌어찌 무실점으로 막아내고 있었다. 클리블랜드의 투수 파우스토

카모나는 컨디션이 훨씬 좋아 6회까지 딱 두 개의 안타만 허용했는데 그중 하나가 양키스 중견수 멜키 카브레라에게 맞은 솔로홈런이었다.

1대 0으로 앞선 7회에 페티트는 마운드에 섰다. 첫번째 타자인 라이언 가코가 쳐낸 파울 공을 1루수가 잡아 아웃되었다. 그다음 클리블랜드의 유격수 조니 페랄타가 2루타를 쳤고, 다음 타자인 좌익수 케니 로프턴이 볼넷을 얻어 역전 주자까지 베이스에 진출했다. 양키스의 감독 조 토르는 투수 교체 시기가 되었다고 생각했다. 토르는 불펜에 신호를 보내 젊은 천재 투수 조바 체임벌린의 등판을 지시했다.

체임벌린은 당시 고작 스물두 살에 불과했다. 메이저리그 경기에는 19경기만 등판했을 뿐이지만, 강속구를 던지는 이 신인 선수의 활약은 놀라웠다. 정규 시즌 동안 양키스 마운드에서 24회 동안 체임벌린은 일흔여덟 명의 타자를 상대했는데 그중 서른네 명을 삼진 아웃시켰으며 자책점은 고작 1점이었다. 타자가 거의 손댈 수 없는 까다로운 공을 가진 체임벌린을 많은 사람이 차세대 슈퍼스타로 여겼다. 따라서 토르는 도박을 걸어보기로 결심했다. 떠오르는 슈퍼스타가 양키스의 리드를 지킬 수 있는지 보고자 했다.

체임벌린에 대한 토르의 신뢰는 충분히 근거가 있어 보였다. 체임벌린은 인디언스의 대타자 프랭클린 구티에레즈를 공 세 개로 삼진 아웃시켰다. 뒤이은 타자에게도 고작 공 두 개를 던져 필드 오른

쪽으로 뜬공을 유도하여 아웃카운트를 잡아냈다. 7회가 끝났을 때 점수는 여전히 1대 0이었다. 그러나 8회 초 체임벌린이 다시 마운드에 섰을 때, 그는 그야말로 역사적인 짜증에 직면했다. 엄청난 벌레 떼가 제이컵스필드를 습격했던 것이다.

연합통신에 따르면 이 벌레는 깔따구라는 이름의 각다귀와 비슷한 종류였다고 한다. 이들은 아마도 키로노무스플루모수스 Chironomus plumosus라는 이름을 가진 물지 않는 깔따구이거나 그와 매우 비슷한 종이며, 역시 물지 않는 키로노무스아텐바투스Chironomus attenuatus였을 것이다. 연합통신 기자는 이를 분명히 밝히지 않았다. "물지 않는 깔따구는 몸집이 작고(0.3~1.27센티미터), 연약하며, 모기와 비슷해 보이지만 날개에 비늘이 없다"는 것이 오하이오 주립대학교 공개 자료표에 실린 깔따구와 각다구에 대한 설명이다. 설명은 이어진다. "성충은 등이 굽었으며, 갈색, 검은색, 주황색 또는 회색을 띠고, 기다란 주둥이가 없으며 수컷은 솜털 같은 더듬이를 가지고 있다."

확대경을 사용할 수 있었더라도 체임벌린은 이 순간만큼 깔따구의 솜털 같은 더듬이나 비늘이 없는 날개를 감상할 기분이 아니었을 것이다. 체임벌린의 머릿속에는 사방천지에 이 벌레들이 날아다닌다는 생각뿐이었다. 이 깔따구들은 사람을 물어 가렵게 하는 식으로 짜증을 유발하지는 않았지만 엄청난 떼로 몰려와 성가시게 굴었다. "아마도 수백만 마리는 되었을 겁니다." 오하이오 주립대학교의 곤충학자 데이비드 덴린저의 말이다. 10월까지 깔따구떼를 보는 일은 드물었지만, 경기장이 이리 호와 가까웠고 경기가 열리던 즈음 날씨가 따뜻했기 때문에 벌레떼의 공격이 일어났을지도 모른다.

"기본적으로 짝짓기를 하는 벌레떼입니다. 무리 중 대다수는 아마 짝을 찾는 수컷이었을 겁니다. 그러면 암컷이 무리에 들어와서 짝짓기를 하죠. 그런 다음에는 그리 오래 머물지 않습니다." 덴린저의 말이다.

야구선수들 역시 수컷들이 파티를 마치고 눈치껏 떠나주기를 바랐지만 안타깝게도 그렇게 되지 않았다. 양키스의 1루수 더그 민트키에비치는 "타석에 서 있는 동안 벌레가 코 안으로 들어왔습니다"라고 했다. 어떤 각도에서 촬영해도 깔따구가 선수들의 온몸을 덮고 있는 것처럼 보였기 때문에 시청자들조차 텔레비전을 제대로 쳐다보기 힘들 정도였다. 마치 성경에 등장하는 곤충떼의 공격처럼 보였다.

야구는 몇 인치 차이로 많은 것이 결정되는 인치의 게임으로 잘 알려져 있다. 작은 흰색 공이 최대 시속 160킬로미터로 휙 소리를 내면서 타자 곁을 지나가는 야구는 밀리초의 경기이기도 하다. 사실 메이저리그 공식 규칙에서는 투수가 마운드에서 몸에 착용할 수 있는 것을 매우 엄격하게 규정해 흔들리는 소매로 부당하게 타자의 집중력을 흐트러뜨리지 못하게 되어 있다. 또한 투수 뒤쪽의 경기장 한가운데, 즉 타자시선보호벽batter's eye이라고 불리는 공간은 언제나 검은색으로 되어 있고, 관중은 그쪽에 앉을 수 없어 타석에서 1백 미터 떨어진 곳에서의 움직임이나 색깔이 타자의 시야를 방해하지 않도록 규정되어 있다. 그러나 이날은 대자연이 타자의 시야를 발정난 곤충으로 우글우글하게 가득 채운 셈이었다.

누구도 이 상황을 달가워하지 않았다. 양키스 내야수들은 모자와 글러브를 휘두르며 날아다니는 깔따구를 쫓아내려고 했다. 클리블랜드 타자들도 불편하기는 마찬가지였다. 아마 깔따구들도 체임벌린과 같은 덩치 큰 신참내기가 얼른 자리를 비켜줘 구애를 계속할 수 있기를 바랐을 것이다.

체임벌린은 특히 짜증스럽고 불편해 보였다. 동료인 민트키에비치는 "조바의 등, 목, 온몸이 벌레로 덮여 있었습니다"라고 증언했다. 심판도 조바의 구세주가 되어주지는 않았다. "약간 성가신 일일 뿐이었지요. 예전에도 벌레가 경기장에 들어온 적이 있었습니다. 제가 심판을 시작했을 때부터 벌레와 모기를 보아왔죠." 주심 브루스 프뢰밍은 이렇게 말할 뿐이었다. 프뢰밍에게는 그저 약간 성가신 일이었을지도 모른다. 그러나 안타깝게도 깔따구의 공격을 받은 체임벌린은 있는 대로 부아가 치밀어올랐다. 체임벌린은 그래디 사이즈모어에게 연속으로 볼을 던져 볼넷을 내주었다. 그다음 타자인 아스드루발 카브레라에게는 폭투를 던져 그사이에 사이즈모어는 2루로 진루했다. 뒤이어 카브레라는 희생 번트를 댔다. 사이즈모어는 3루까지 갔다. 트래비스 해프너가 쳐낸 직구를 수비수가 잡았을 때는 희망이 보이는 듯했지만, 체임벌린은 그다음 타자인 빅터 마티네즈에게 다시 폭투하고 말았다. 사이즈모어가 홈으로 들어오면서 경기는 동점이 되었다.

인디언스는 결국 11회까지 가는 접전 끝에 승리를 거두었고, 이 경기는 공식적으로 벌레 경기Bug Game로 알려지게 되었다. "벌레 때문에 짜증이 났지만 견뎌내야 했습니다." 경기 종료 후 짜증난 체임벌린이 남긴 말이다.

마크 아오야기는 덴버 대학교의 스포츠 심리학자로, 짜증을 견디는 것이 말처럼 쉽지 않은 일임을 알고 있다. 마크의 말에 따르면, 뭔가 짜증을 유발하는 요인을 의식적으로 무시하기란 한마디로 불가능하다. 따라서 다른 접근방식을 취해야 한다. 아오야기는 체임벌린의 경우에 대해 "벌레에 집중하지 않을 수가 없었다"고 말했다. 즉, 체임벌린이 벌레를 신경쓰지 않으려고 노력하면 할수록 더욱 벌레를 신경쓸 수밖에 없었다는 이야기다. 이때 해결책은 뭔가 다른 일에 집중하는 것이라고 한다. 아오야기는 체임벌린의 경우에는 "타자, 경기, 상황, 포수의 글러브 등 모든 관련 변수에 집중하면 됩니다. 벌레에 신경쓰지 않기 위해 뭔가를 차단하려고 노력하는 것이 아니라 현상황과 관련된 다른 대상에 관심을 쏟았어야 합니다".

어떤 의미에서 아오야기는 심리학자들이 말하는 무주의 맹시inattentional blindness를 효율적으로 사용해야 한다고 주장하는 셈이다.

여러분이 뭔가 다른 것에 집중하는 경우 말 그대로 코앞에 있는 대상도 놓칠 수 있다는 것이 요지다. 이 주제를 다룬 유명한 논문에서 일리노이 대학교의 대니얼 사이먼스는 무주의 맹시를 이렇게 묘사했다.

어쩌면 여러분은 다음과 같은 경험을 한 적이 있을 것이다. 관객이 꽉 찬 극장에서 빈자리를 찾고 있다. 몇 분간 자리를 찾아 헤맨 후 마침내 빈자리에 앉는다. 다음날 친구들이 어제 극장에서 왜 아는 척하지 않았느냐고 묻는다. 친구들은 여러분에게 손을 흔들었고, 여러분은 그쪽을 똑바로 보았지만 친구들을 알아보지 못했다.[1]

무주의 맹시가 얼마나 강력한 효과인지 증명하기 위해 사이먼스와 그의 동료 크리스토퍼 차브리스는 여섯 명이 서로 농구공을 주고받는 동영상을 제작했다. 학술 연구와 관련된 동영상으로는 무척 드물게 인터넷에 널리 퍼진 영상이므로 여러분도 이미 보았을지 모른다. 이 동영상에서 여섯 명 중 세 명은 흰색 셔츠를, 다른 세 명은 검은색 셔츠를 입고 있다. 흰색 셔츠를 입은 선수들은 흰색 셔츠를 입은 다른 선수들에게만 공을 패스하고, 검은색 셔츠를 입은 선수들도 마찬가지다. 여섯 명은 서로 공을 주고받으면서 계속해서 자리를 바꾸므로 누가 누구에게 패스하는지 추적하려면 집중해야 한다. 보다 익숙할 법한 예로 바꾸어보자면 호두껍데기 세 개 중 하나에 완두콩을 넣고 마구 자리를 바꾸는 동안 어떤 호두껍데기 아래에 완두콩이 들어 있는지 추적하는 게임과 비슷하다.

사이먼스는 실험 참가자들에게 동영상을 보면서 흰색 셔츠를 입은 선수들이 몇 번이나 서로에게 공을 패스하는지 세도록 했다. 동영상은 상당히 단순하게 시작되어 선수들이 몸을 움직이면서 패스하고, 다시 위치를 바꿔가면서 패스하는 식으로 진행되었다. 그러나 20초 후, 고릴라 복장을 한 여성이 화면 오른쪽에서 등장해 걸음을 멈추고 카메라 쪽을 바라보며 주먹으로 가슴을 쿵쿵 치고는 화면 왼쪽으로 사라진다. 그동안 선수들은 계속 몸을 움직이며 패스한다.

50초간의 동영상이 끝난 뒤, 사이먼스는 실험 참가자들에게 고릴라를 보았는지 물었다. 일반적으로 실험 참가자의 50퍼센트 정도가 "무슨 고릴라요?"라고 반문했다. 패스 횟수를 세라는 지시 없이 동영상을 다시 보여주고 나서야 실험 참가자들은 고릴라를 알아챘다. 이번에는 모든 사람이 고릴라를 본다. 처음에는 왜 고릴라가 '전혀 눈에 보이지 않았는지' 믿지 못할 정도다. 놓칠 수 없을 정도로 너무나 분명히 등장하기 때문이다. 그렇다면 왜 어떤 사람은 고릴라를 보지 못할까? 그리고 이것이 짜증에 대응하는 것과 무슨 연관이 있을까?

사람들이 왜 고릴라를 보지 못하는가에 대해 사이먼스는 "주의력 집중 없는 의식적 지각은 없기 때문"이라고 설명한다. "뿐만 아니라 무주의 맹시의 수준은 주어진 주요 업무의 난이도에 따라 달라집니다."

스포츠 심리학자 벤저민 콘미는 사이먼스가 제시한 무주의 맹시 개념의 한 형태를 벌레 게임에서 체임벌린이 처한 상황에 적용했다. 콘미는 선수들에게 "임무 달성과 밀접하게 관련되는 현재의 특정한 측면에만 완전히 몰입해야" 한다고 조언한다. "체임벌린의 경우에는 투수로서 공을 던지는 것이 이에 해당하지요. 여러분은 운동선수가 자신이 어디에 있는지조차 거의 잊어버릴 정도로 현재 하는 일에 몰두하기를 바랄 겁니다. 경기에 너무나 집중해서 다른 것은 생각조차 하지 않는 것이지요." 그러나 벌레가 경기장에 나타났을 때, 이 벌레들은 체임벌린의 의식에 개입했다. "체임벌린은 자신이 어디에 있는지, 어떤 활약을 하고 있는지, 이 곤충들이 자신의 투구 준비에 어떠한 영향을 미칠지 인식하게 됩니다." 체임벌린을 다시 정상 컨디션으로 돌려놓기 위해서는 "그 상황에서 한 발짝 벗어나 다시 경기에 집중하도록 지시해야 했습니다. 그 상황에서 체임벌린이 할 수 있는 일은 아무것도 없었거든요. 벌레를 쫓는 스프레이도 소용없었지요. 그렇다고 심판이 휴식시간을 줄 리도 없었고요. 저라면 체임벌린에게 이렇게 다짐해보라고 시켰을 겁니다. 다음 3, 4구는 완벽하지 않을지 몰라. 하지만 형편없는 공을 던질 필요는 없잖아".

비록 벌레들 때문에 짜증나는 상황이지만 그렇다고 체임벌린이 갑자기 무능한 투수가 되지 않는다는 점이 중요하다. 체임벌린은 여전히 훌륭한 선수였다. "체임벌린은 그 점에 집중해야 했습니다. 체임벌린은 그해 자신이 얼마나 좋은 투구를 하는지는 전적으로 자신의 손에 달렸다는 것을 깨달아야 했지요. 곤충들은 체임벌린의 통제 밖에 있는 요소였기 때문에 그는 그저 묵묵히 견뎌내면서 능력이 닿는 한 최선을 다해 실력을 발휘해야 했지요."

쉬운 말처럼 들리지만 연결편 비행기를 놓쳤을 때도 과연 그렇게 할 수 있을지 다시 생각해보자. 뭔가를 스스로 통제할 수 없다는 사실 자체가 여러분을 미치게 만든다. 모든 것이 여러분의 머릿속에 들어 있다. 여러분만이 뭔가 대책을 세울 수 있다.

이 상황에서 콘미가 사용했을 법한 또다른 접근방식으로 소위 인지적 재구성cognitive restructuring이라는 것이 있다. "저라면 이렇게 말했겠지요. '조바, 이걸 기억하라고. 세상에서 제일 어려운 일 중 하나가 바로 야구공을 치는 거야. 이 날아다니는 것들이 분명히 타자의 시야도 방해할 거라고. 타자 눈앞에서 왔다갔다 하잖아. 어떤 공을 던져도 절대 못 칠 거야.'"

벌레 게임 이야기를 마치기 전에 한 가지 이야기를 덧붙이겠다. 모든 곤충학자가 그렇다고는 할 수 없지만, 보통 사람들이 벌레bugs와 곤충insects을 혼동할 때 상당수의 곤충학자가 짜증을 낸다. 물지 않는 깔다구인 장수깔따구는 벌레가 아니다. "모든 벌레는 곤충이지만 모든 곤충이 벌레인 것은 아닙니다." 미국곤충학회 웹사이트에 실린 말이다.[2] "영어로 진짜 벌레라고 부르는 노린재는 반시류목에 속하며, 각다귀, 날벌레, 모기, 파리 등이 이에 해당한다.

곤충학자 데이비드 덴린저는 젊었을 적에는 사람들이 벌레라는 단어를 잘못 사용하면 그때마다 짜증이 났다고 한다. 이제 나이가 든 덴린저는 비전문가들이 벌레와 곤충을 서로 같은 뜻으로 사용한 다는 사실을 받아들인다. "저는 별로 개의치 않습니다."

클리블랜드 인디언스 또는 그 팬들이 깔따구 공격을 배후조종하지 않은 이상, 조바 체임벌린의 비극은 보험약관에 명시되어 있는 불가항력 또는 다윈이 『종의 기원On the Origin of Species』에 적었던 자연현상이라고 볼 수 있다.[3] 그러나 자신이 뭔가를 통제할 수 없다고 해서 모든 사람이 그런 것은 아니다.

스포츠에서나 삶에서나, 여러분의 집중력을 흐트러뜨리기 위한 특수한 목적으로 의도적으로 도발하는 경우가 있다. 이것이 바로 경기중에 상대방을 모욕적인 말로 도발하는 '트래시 토크trash talk'의 미학이다. 콘미는 다소간의 우위가 승패를 결정지을 수 있는 상황에서 운동선수들이 조금이나마 우위를 더 확보하기 위해서 보편적으로 트래시 토크를 시도한다고 말한다. 이 트래시 토크는 매우 다양한 형태를 띠지만 모든 트래시 토크의 공통 목적은 상대방의 집중력을 흐트러뜨리고 짜증을 유발하는 것이다.

어떤 선수들은 단순히 상대방의 주의력을 산만하게 하려고 한다. "어떤 선수들의 경우, 아주 익살맞고 사교적이며 재미있는 농담을

함으로써 상대 선수가 경기에서 훌륭하게 활약할 수 있도록 해주는 기술에 집중하지 못하도록 합니다." 그 자체로는 짜증나는 말이 아니지만, 옆에서 쉴새없이 말을 걸면서 경기가 진행되는 동안 슬슬 짜증을 돋우는 경우가 있다. 콘미는 자신이 아는 축구선수 중에는 수비하던 선수에게 경기가 시작할 때부터 줄곧 치즈에 대해 이야기한 선수가 있다고 했다. "그 선수는 이렇게 말하지요. '당신 치즈 좋아해? 나는 좋아하는데. 어떤 치즈가 좋아? 나는 체다치즈가 좋더라고.' 이런 식으로 계속 말하는 거죠. 이런 이야기가 90분 동안 계속된다고 생각해보세요! 다른 선수를 모욕하기 위해 트래시 토크를 하는 선수들도 있지요. 상대 선수의 본능적인 공격성을 이끌어내고 그를 자극해서 더이상 참지 못하게 만듭니다."

이 마지막 범주에 해당하는 사람이 마르코 마테라치다. 마테라치의 모욕적인 욕설을 들은 세계 정상급 축구선수 중 한 명은 충격적으로 분노를 폭발시켰다. 그리고 전 세계 사람들이 이 광경을 생중계로 지켜보았다.

이 장면은 2006년 월드컵 결승전, 이탈리아 대 프랑스의 경기에서 일어났다. 마테라치는 이탈리아인들의 영웅이었다. 마테라치의 희생양은 지네딘 지단이었다. 프랑스와 알제리에서 모두 지단을 자국민이라고 주장했지만, 키가 큰 이 미드필더는 프랑스 국가대표팀을 선택했다. 지단은 두 차례의 월드컵 결승전에서 골을 넣은 네 명의 선수 중 하나다. 강인하고, 키가 크고, 창의력이 뛰어난 지단은 축구계의 슈퍼스타였다. 1998년에 지단은 프랑스 국가대표팀을 이끌고 브라질을 상대로 승리를 거두었다. 그러나 2002년에는 부상 때문에 대표팀에서 큰 활약을 못 했다. 그해 프랑스는 단 한 골도 득점하지 못한 채 토너먼트 첫 라운드에서 탈락하고 말았다. 2004년 지단은 국가대표팀 은퇴를 결심했다.

2006년 프랑스 국가대표팀 감독은 당시 서른네 살이었던 지단에게 다시 한번 국가대표팀에 합류해달라고 부탁했다. 이는 상당히 현명한 행보였다. 지단은 대표팀을 결승까지 이끌었던 8년 전과 똑같은 마법을 보여주었다. 스페인과의 중요한 경기에서 지단은 한 골을 어시스트했고, 본인 역시 한 골을 넣었다. 그리고 준준결승전에서 브라질을 상대로 결승골을 어시스트했다. 결승전이 열리기도 전에 지단은 월드컵 최고 선수에게 수여되는 골든볼을 받았다.

2006년 월드컵 결승전은 7월 9일 베를린 올림픽 경기장에서 열렸다. 프랑스와 이탈리아 모두 강팀이었다. 두 팀 모두 숨막힐 듯이 압박하는 수비진과 화려한 스트라이커를 자랑했다. 프랑스가 기선을 잡아 골대를 맞고 튀어나온 페널티슛을 골문 안으로 꽂아넣으며 선취점을 얻었다. 12분 뒤 마테라치가 안드레아 피를로의 코너킥을 헤딩하여 동점골을 넣었다. 그후 양 팀 모두 몇 차례 기회를 잡았지만 어느 쪽도 추가 골을 넣지 못했다. 정규 경기 시간이 끝났을 때 점수는 1대 1 동점이었다. 지단은 연장전에서 헤딩을 해 프랑스 쪽으로 승세가 기우는 듯했지만, 이탈리아의 골키퍼 잔루이지 부폰이 이를 골대 위로 쳐내며 막았다. 그후 시간이 조금 흐른 뒤 사건이 발생했다.

지단과 마테라치는 가까운 거리에서 경기장을 뛰어다니면서 서로 말을 주고받는 듯했다. 그러다가 몇십 센티미터 앞서가던 지단이 뒤돌아 서더니 엄청난 힘으로 마테라치에게 박치기를 하자 마테라치는 중심을 잃고 벌렁 뒤로 넘어지고 말았다.

주심은 이 장면을 못 봤지만 선심이 보았고, 텔레비전으로 지켜보던 전 세계 수억 명의 시청자들도 마찬가지였다. 이 장면에 대해 전달받은 주심은 지단에게 다가가서 주머니에서 레드카드를 꺼내 내밀었다. 레드카드는 경기장에서 퇴장을 의미했고 교체선수도 투입할 수 없었다. 그러나 이탈리아는 11대 10이라는 수적 우위를 활용하지 못했다. 경기는 결국 1대 1로 끝났지만 승부차기에서 이탈리아가 승리를 거두었다.

마테라치는 지단에게 무슨 말을 했을까? 경기중에 도대체 얼마나 오랫동안 지단을 성가시게 했을까? 왜 지단과 같은 백전노장이 그런 도발에 굴복했을까? "그 경기 동안 어떤 일이 일어났는지는 모릅니다. 마테라치가 얼마나 많은 말을 했는지 누가 알겠습니까. 사건이 일어난 게 연장전이었으니까 벌써 90분 이상 경기가 진행된 상태였지요. 마테라치는 경기 시작 1분 뒤부터 지단에게 모욕적이고 공격적인 말을 속삭였을 수도 있습니다. 결국 지단이 참을 수 없는 지경에 도달한 것이지요." 콘미의 말이다.

언론 보도에 따르면, 마테라치는 이탈리아의 텔레비전 채널 잡지인 『미소와 노래_Sorrisi e Canzoni_』에 자신의 이야기를 털어놓았다.

마테라치는 두 선수가 공을 잡으려고 옥신각신할 때 지단의 셔츠를 잡았다는 사실을 인정했다. 마테라치의 말에 따르면 지단은 이때 이렇게 말했다. "내 셔츠가 그렇게 가지고 싶으면 경기가 끝난 다음에 줄게." 이에 마테라치는 이렇게 응수했다고 한다. "그보다는 매춘부 같은 네 누이가 낫겠다."[4]

지단의 이야기는 달랐다. 엘페_El Pais_와의 인터뷰에서 지단은 마테라치가 자신의 어머니에게 모욕적인 말을 했다고 털어놓았다. "경기장에서 가끔 일어나는 일이지요. 이전에도 여러 번 겪어봤지만, 그때는 참을 수가 없었습니다. 변명은 아니지만 그때 어머니가 아프셨습니다. 병원에 계셨지요. 물론 사람들은 그 사실을 몰랐지만, 타이밍이 나빴던 겁니다."[5]

트래시 토크의 정확한 본질과 관계없이 이것은 분명 놀랄 만큼 효과적이다. 콘미는 세계적인 수준의 운동선수라면 그토록 빼어난 활약을 보이기 위해서는 반응속도가 빨라야 한다고 말한다. 그렇기 때문에 짜증을 낼 위험성이 더 높은 것인지도 모른다. "정상급 운동선수들은 아주 아슬아슬한 줄타기를 하는 중이나 마찬가지입니다. 만약 뭔가가 이들을 밀어뜨리거나 지나치게 이들의 심기를 건드리면, 폭력 또는 분노를 드러낸다는 것이 이 아슬아슬한 곡예의 문제점입니다."

콘미는 때때로 운동선수들이 이러한 모욕에 뭔가 대응해야 한다고 느낀다는 것을 알고 있다. "어차피 대응할 것이라면, 일단 그렇게 한 다음 최대한 빨리 현재 하는 일, 즉 경기에 집중해야 합니다. 어떤 경기든 관계없이 말입니다." 뭔가에 집중하는 것은 뒤따르는 차량의 짜증나는 운전자나 슈퍼마켓에서 흘러나오는 짜증나는 음악에 대응하는 데에도 도움이 된다.

안타깝게도 지단에게는 그렇게 분노를 표출한 뒤 더이상 집중할 경기가 주어지지 않았다. 그러나 어떤 의미에서 지단은 마테라치의 입을 다물게 한 데 대해 후련해할 것이다. 이것은 단순히 여러분과 여러분의 목표 사이에 뭔가 장애물이 있다는 유의 문제가 아니다. 스포츠의 전 분야에 걸쳐 상대 팀 및 그와 연관된 수많은 사람이 여러분의 목표 도달을 막기 위해 활발하게 활동하고 있다는 이야기다. 그 자체는 짜증을 유발하지 않는다. 그것이 원래부터 상대 팀의 역할이기 때문이다. 여러분은 상대 팀이 최대한 저항할 것이라고 기대하지만, 그렇다고 해서 깔따구떼가 거기에 동참하리라고 예상하지는 않는다.

성가신 클리블랜드 타자의 라인업은 예측 가능했을 것이다. 주위를 둘러싼 세상, 그리고 그 세상을 어떻게 헤쳐나갈 것인가에 대한 여러분의 기대치가 갑작스럽게 여러분의 합리적인 가정과 어긋날 때, 여러분은 짜증나기 시작한다.

6장

누가 이들의
치즈를 옮겼나?

사람들은 일반적으로 모든 사물이 제자리에 있는 것을 좋아한다. 찬장에 있는 통조림부터 책상 위에 놓인 파일, 경력부터 가족까지 정리하는 것은 인간의 타고난 성향이다. 모든 것이 뒤죽박죽이면 불만이 생긴다. 이러한 특성은 생물에게만 국한된 것이 아니다. 무생물도 모든 것이 제자리에 있는 것을 좋아하며, 특히 물질을 구성하는 원자의 경우에는 더욱 그렇다.

▶▶▶ 1년 365일, 메인 주의 바 하버에 위치한 잭슨 연구소에는 약 80만 마리의 생쥐가 살고 있다.

건물만 보아서는 알아채지 못할 것이다. 바 하버 중심가에서 3번로를 따라 운전하다보면 모습을 드러내는 전원풍의 연구소 단지에서 작고 흰 생명체가 나무 사이를 재빨리 지나가는 광경을 볼 수 있는 것은 아니기 때문이다. 주의깊게 공기의 냄새를 맡아보는 것으로 연구소 동물시설의 희미한 냄새를 느낄 수도 있지만 그게 전부다. 건물과 잔디밭으로 이루어진 이 단지는 작은 대학 캠퍼스 또는 중간 규모의 독립 연구시설(사실 잭슨 연구소는 여기에 해당한다)로 보일 뿐 수십만 마리의 설치류가 사는 곳 같지는 않다. 하지만 생쥐의 면역체계가 작동하는 방식부터 생쥐의 유전자가 이빨의 개수를 통제하는 방법, 무엇이 생쥐를 짜증나게 하는지 등 생쥐에 대해 궁금한 것이 있다면 잭슨 연구소를 찾아가는 것이 좋다.

잭슨 연구소는 C. C. 리틀로 더 알려져 있는 클래런스 쿡 리틀이라는 과학자가 1929년에 설립했다. 리틀은 보스턴의 유서 깊은 가문에서 태어난 흥미로운 인물로, 폴 리비어(Paul Revere, 미국 독립혁명 당시의 우국지사이자 은세공업자—옮긴이)의 직계 자손이기도 하다.

하버드 대학교 대학원 재학 시절 리틀은 이식된 장기의 거부반응 여부에 유전학이 매우 중요한 역할을 한다는 요지의 논문을 썼다. 이 논문은 『사이언스*Science*』지에 게재되었다.[1] 당시만 해도 언젠가 장기이식을 하게 될 것이라고 누구도 예상하지 못했지만, 리틀의 연구는 장기이식을 이해하는 데 밑바탕이 되었다.

리틀은 이십대 시절 동계교배한 생쥐의 품종을 개발하기도 했다. 특정한 동계교배 품종의 생쥐는 유전적으로 완전히 동일한 형질을 가지기 때문에 매우 유용하게 활용할 수 있다. 같은 품종의 생쥐끼리는 피부나 장기를 이식할 수 있으며, 이 경우 면역체계가 동일하기 때문에 거부반응이 일어나지 않는다. 동계교배 품종인 생쥐 여러 마리에게 특정한 약이나 치료법을 실험할 때 나타나는 개체 간의 차이는 유전 탓으로 볼 수 없다. 뭔가 다른 원인이 있는 것이다. 이렇게 유전학적으로 완전히 동일한 여러 개체를 활용할 수 있다는 사실은 학자들에게 너무나 다행스러운 일이다. 리틀이 개발한 생쥐의 동계교배 품종 중 일부는 오늘날까지 사용되고 있다.

1922년 서른세 살이라는 놀라울 정도로 젊은 나이에 리틀은 메인 대학교 총장이 되었고, 3년 후에는 미시간 대학교 총장이 되었다. 미시간 대학교에서 리틀은 사람들의 심기를 거스르는 데 상당한 능력을 보여주었다. 리틀은 산아제한(찬성), 안락사(찬성), 우생학(찬성)에 대한 자신의 견해를 거침없이 드러내 대학 관계자 및 운영위원 들의 분노를 샀다. 덕분에 몇 년 후 총장직에서 물러났다.

비록 리틀이 상사들의 심기는 거슬렀을지 모르지만 디트로이트의 부유한 기업가들과 친분을 쌓는 데는 성공했다. 리틀은 미시간 대학교를 떠났을 때 생쥐유전학 연구소 설립 자금을 대도록 에드셀 포드와 허드슨 자동차의 사장 로스코 B. 잭슨을 설득하기도 했다.

오늘날 이 연구소에는 약 천이백 명의 과학자, 기술자, 행정직원이 근무중인데 이들 대부분이 어떤 형태로든 생쥐의 게놈 연구에 관여하고 있다. 연구소 과학자들이 80만 마리에 달하는 생쥐를 모두 사용하는 것은 아니다. 이곳에 있는 생쥐 중 상당수가 다른 연구소 학자들에게 공급된다.

이 연구소는 놀랄 만큼 보안시설이 철저한데, 대부분의 생쥐가 사는 건물은 다른 곳보다 보안이 더 삼엄하다. 과학자들은 도둑이 들거나 생쥐들이 도망치는 일은 걱정하지 않는다. 그보다 동물권

리운동가들이 연구소에 침입하여 시설을 파괴하려고 시도하는 일이 더 큰 걱정거리다. 연구소 관계자들은 설치류에게 해로울 수도 있는 질병을 가지고 있는 인간에게서 생쥐를 보호하기 위해서 이런 보안 조치를 취했다고 주장한다. 연구소에서는 1년에 한 번씩 생쥐를 볼 수 있도록 시설을 공개하는데, 이 행사는 소위 마우스 클리닉이라고 부른다.

연구소는 지난 50년간 2주 코스로 포유류 유전학 여름강좌를 주최해왔는데 마우스 클리닉도 그 일환이다. 전 세계의 유수한 유전학 학자들이 기꺼이 이 여름강좌에서의 강의 요청을 승낙한다. 잭슨 연구소가 포유류 유전학계에 몸담고 있는 동료 학자들과 어울릴 수 있는 좋은 장소이며, 바 하버가 여름에 무척 아름답기 때문이다 (하지만 여름 끝자락이 되면 비가 내리고 안개가 끼는 날이 며칠이나 계속되기 때문에 2주간의 휴가를 모두 그곳에서 보낸다면 그렇게 유혹한 여행 안내 책자를 저주하게 될 것이다).

대학원생들과 최근에 학위를 취득한 박사들이 이 여름강좌에 참여하며, 마우스 클리닉은 전체 코스의 하이라이트다. 마우스 클리닉을 위해 연구소에서는 가장 흥미진진한 생쥐 품종의 사례 소개를 준비하고, 연구소의 과학자들은 참석자들에게 자신의 연구에 대해 설명한다. 마우스 클리닉은 연구소 건물 옆에 위치한 주차장에 세로 30미터, 가로 12미터의 거대한 천막을 쳐두고 그 아래에서 열린다. 그곳에는 약 스물네 개의 탁자가 놓여 있고 각 탁자 위에는 몇 개의 투명한 플라스틱 상자가 준비되어 있는데, 구두 상자보다 약간 큰 그 상자에는 각각 다른 품종의 생쥐가 들어 있다. 여러분은 상자 안에 들어 있는 생쥐를 쉽게 만날 수 있다. 갈색 생쥐가 있는가하면 흰색 생쥐도 있다. 심지어 어떤 생쥐는 자외선을 쬐면 몸이 녹색으로 빛나기도 한다.

생쥐가 한 마리씩 든 상자도 있고, 몇 마리씩 들어 있기도 하다. 클리닉에 있는 모든 생쥐는 한 가지 공통적인 특징이 있다. 폐기 다네만은 "이들은 그리 심기가 편하지 않습니다"라고 전한다. 다네만은 연구소에서 동물의학을 전문으로 하는 베테랑 수의사다. 다네만의 말에 따르면, 이 생쥐들이 화가 나 있는 데는 몇 가지 이유가 있다. 우선 생쥐는 탁 트인 공간을 싫어한다. 물론 천막을 쳐놓기는 했지만 천막에는 벽이 없다. 생쥐 입장에서는 거대한 야외공간 한가운데에 툭 떨어진 것과 다름없다.

"생쥐는 벽에 가까이 붙어 있거나 막힌 공간 안에 있으려고 합니다." 다네만의 말이다. 플라스틱 상자가 자신들을 보호해주어 직접적인 위협이 없다고 하더라도 탁 트인 공간에 나와 있다는 이유로 생쥐는 사실상 곤경에 빠져 있는 것이다. 생쥐보다 큰 거의 모든 육식동물이 맛 좋은 생쥐를 우적우적 먹어치울 준비가 되어 있기 때문이다. "밝은 빛을 들이대도 똑같은 현상을 볼 수 있습니다. 생쥐는 밝은 빛을 좋아하지 않습니다. 저는 이것도 같은 이유에서라고 생각합니다."

밝은 빛이 비치면 포식자들이 생쥐를 발견하기가 더 쉬워진다. 비록 직사광선은 들어오지 않지만 천막 안은 상당히 밝다. 일시적이고 예측하기 어려운 요소일지 모르지만 생쥐 입장에서는 불쾌함을 넘어 진짜로 위험한 상황이라고 생각할 수도 있다. 마우스 클리닉에서 생쥐의 심기를 거스르는 일은 이뿐만이 아니다.

생쥐는 깨끗하게 청소한 상자에 머무는 것을 싫어하는데, 여기에 나와 있는 상자는 티끌 하나 없이 깨끗하다. "인간은 냄새가 나기 시작하면 우리를 바꾸지만 생쥐는 그걸 싫어하지요. 생쥐는 상자를 덜 자주 갈더라도 약간 더 더러운 상태를 선호할 겁니다." 연구소를 대표하는 유전학자 중 한 명인 에바 아이허의 말이다.

아이허는 생쥐가 왜 상자를 바꾸는 것을 좋아하지 않는지 다른 이유도 소개한다. "제가 작은 집에서 사는 생쥐라고 가정해봅시다. 집 안을 다 정리해놓았습니다. 침실도 마련했고 침대도 정리해놓았지요. 화장실은 물론이고요." 생쥐는 같은 곳에서 소변을 보지만 대변은 아무데서나 보기 때문에 백 퍼센트 정확한 비유는 아니지만, 무슨 말을 하려는지 짐작될 것이다. 아무튼 깨끗한 새 우리가 심미적으로 인간에게는 보기 좋을지 몰라도 생쥐 입장에서는 며칠마다 자신의 세계를 통째로 다시 구축해야 하는 셈이다. 과연 그게 달갑겠는가?

아이허는 새로운 거주지로 이사하는 방식도 문제라고 지적한다. "갑자기 거대한 생물체가 자신의 몸을 들어올리지요. 그것도 꼬리를 잡아서 엉덩이는 하늘로, 머리는 땅을 향하게 잡습니다." 뿐만 아니라 보통 낮에 우리를 옮기는데, 생쥐는 야행성이라 낮에는 잠을 잔다.

이사는 사회적 혼란을 의미하기도 한다. "대여섯 마리의 수컷이 함께 지낸다고 가정해봅시다. 그 수컷 중 한 마리가 골목대장 역할을 하지요. 다른 모든 쥐들이 자신에게 굽실대도록 서열 정리를 마쳤습니다. 하지만 새로운 집으로 이사할 때마다 그 골목대장은 자신의 위상을 다시 정립해야 하기 때문에 여기저기 돌아다니면서 아무나 닥치는 대로 물지요." 아이허의 말이다. 재건설, 수면 방해, 사회적 불안 등은 생명을 위협하는 요소는 아니지만 혼란을 주는 요소이며, 생쥐들이 예상하는 바와 전혀 다르다.

이탈리아어에서는 "Come va코메 바(어떻게 지내)?"라는 질문에 잘 지내고 있는 경우 "Tutto a posto투토 아 포스토"라고 대답하기도 한다. 모든 것이 좋다는 의미의 말이지만, 보다 정확히 말하자면 모든 것이 제자리에 있다는 표현이다. 오전 11시 이후에 카푸치노를 마시면 큰일난다고 생각하는 이탈리아 같은 나라에서는(여러분은 우유가 오후의 소화를 방해한다는 사실을 몰랐을 수도 있다) 질서 있는 삶을 좋은 삶이라고 생각하는 것도 무리는 아니다.

이것은 단순히 이탈리아(또는 생쥐)만의 이야기가 아니다. 사람들은 일반적으로 모든 사물이 제자리에 있는 것을 좋아한다. 찬장에 있는 통조림부터 책상 위에 놓인 파일, 경력부터 가족까지 정리하는 것은 인간의 타고난 성향이다. 모든 것이 뒤죽박죽이면 불만이 생긴다.

이러한 특성은 생물에게만 국한된 것이 아니다. 무생물도 모든 것이 제자리에 있는 것을 좋아하며, 특히 물질을 구성하는 원자의 경우에는 더욱 그렇다. 그러나 때로는 물질이 서로 상충되는 힘을 만나 어떻게 원자를 배열해야 하는지 좀처럼 알 수 없는 경우가 있다. 좌절(물리학에서도 마찬가지다!)은 분명한 해결책이 없는 심오한 내부적 갈등이다.

물리학자 리언 발렌츠는 좌절 전문가지만, 좌절이라는 용어가 어디에서 유래했는지는 모른다. "시스템이 이렇게 상충되는 힘을 어떻게 해결해야 하는지 알아내지 못한 이론가들이 좌절했다는 의미인지, 상충되는 힘을 해결하는 방법을 알지 못해 물질이 좌절했다는 의미인지 잘 모르겠습니다." 좌절은 두 가지 차원에서 작용하는 듯하다.

유리와 플라스틱도 좌절하는 경우가 많지만, 샌타바버라 소재의 캘리포니아 주립대학에서 근무하는 발렌츠는 "좌절과 관련해서 가장 전형적인 사례로 살펴볼 수 있는 것은 자석"이라고 말한다. 좌절한 자석은 일반적으로 생각하는 자석과 전혀 다르다. 좌절한 자석은 심지어 아무것에도 달라붙지 않는다.

냉장고 문에 붙어 있는 식당 메뉴판에 가려진, 친구가 멕시코 여행에서 사다 준 솜브레로(챙이 넓은 멕시코 모자—옮긴이) 모양의 자석을 생각해보자. 엄밀히 말해 '강자성체(ferromagnet, 외부에서 강한 자기장을 걸어주었을 때 그 자기장의 방향으로 강하게 자화된 뒤 외부 자기장이 사라져도 자화가 남아 있는 물질—옮긴이)'에 해당하는 이 솜브레로 자석은 전자와 자석을 구성하는 원자 내에서 전자가 회전하는 방식 때문에 냉장고에 붙는다.

강자성체 내에서 모든 전자는 같은 방향을 바라보고자 한다. 나침반에 들어 있는 자석이 북쪽을 가리키려고 하는 것과 같은 이치다. "강자성체에서 각 전자스핀(electron spin, 전자가 가지고 있는 고유의 각운동량角運動量—옮긴이)은 옆에 있는 전자스핀과 나란히 늘어서려고 합니다. 이것을 각 전자가 서로 나란히 줄을 서도록 강요하는 일종의 힘이라고 생각할 수 있습니다." 발렌츠의 설명이다. 이러한 전자스핀의 배열이 축적되어 자석이 물건을 끌어당기는 힘 즉 자성을 갖게 된다.

이러한 자석에서 구성 요소를 어떻게 제자리에 놓을지 알아내는 것은 그다지 어렵지 않다. 적어도 특정한 온도에서는 그렇다. "모든 전자스핀 쌍의 에너지를 최소화할 수 있는 간단한 방법이 있습니다. 그 전자들이 모두 같은 축을 따라 정렬되도록 가리키기만 하면 됩니다." 발렌츠의 말이다. 각 전자스핀은 옆에 있는 전자스핀과 같은 방향으로 나아간다. 'Tutto a posto(모든 것이 제자리에 있다).' 솜브레로 자석은 좌절하지 않는다.

발렌츠의 설명에 따르면, 강자성체보다 훨씬 흔한 것이 바로 반강자성체(antiferromagnet, 자성체에서 원자가 가진 자기 모멘트가 서로 거꾸로 배열되어 자기화가 없는 물체—옮긴이)다. 반강자성체는 서로 다른 정렬을 하려고 한다. 반강자성체는 내부에 있는 전자스핀을 반대 방향으로 정렬시키려는 성향을 가지고 있다(그렇기 때문에 반강자성체는 물건을 밀어내거나 끌어당기지 않는다. 한 방향으로 향하는 축적된 힘이 없기 때문이다). 그리고 바로 이때 좌절이 발생한다.

전함의 옆쪽에 가지런히 나열된 핀처럼 원자가 일렬로 배열되어 있는 경우, 스핀을 서로 다르게 지정하기가 쉽다. 첫번째는 위쪽으로, 두번째는 아래쪽으로, 세번째는 위쪽으로, 네번째는 아래쪽으로. 그러나 원자가 삼각형으로 배열되어 있는 경우에는 확실한 해결책이 존재하지 않는다. 삼각형의 꼭짓점에 있는 전자가 위쪽으로 돌고 오른쪽 모서리에 있는 전자가 아래쪽으로 돌면 왼쪽 모서리에 있는 전자는 어떻게 해야 할까? 발렌츠는 이렇게 설명한다. "첫번째 전자스핀은 두번째 전자스핀과 역평행되고자 합니다. 이 경우 세번째 전자스핀은 입장이 난처해지지요. 첫번째 전자스핀과 역평행을 이루려고 하면 두번째 전자스핀과 평행하게 되어버리니까요. 이것이 물리학자들이 좌절이라고 부르는 것의 가장 간단한 사례입니다."

충돌하는 힘 때문에 분명한 해결책이 존재하지 않는 것이다. 모두의 요구를 충족시킬 방법이 없다. 정답은 없다. 발렌츠는 이렇게 말한다. "그래서 절충안을 찾게 됩니다. 일반적으로 절충안이라는 것은 하나가 아닙니다. 여러 가지 절충안이 있을 수 있고, 이는 이 작은 자성의 스핀들을 배열하여 에너지 측면에서 볼 때 거의 비슷한 효과를 낼 수 있는 방법이 여러 가지 존재한다는 의미입니다. 이런 상황은 그리 낯설지 않을지도 모릅니다. 여러 이해관계자들 간에 상당히 복잡한 문제의 타협점을 찾으려고 하는 경우, 어떤 것이 최선의 절충안인지 찾아내기가 쉽지 않지요. 좌절한 자석의 경우도 이와 마찬가지입니다."

일부 물질은 다른 물질들보다 더 심하게 좌절한다. 발렌츠는 좌절이 얼마나 심각한지 판단하려면 해당 물질이 서로 다른 온도에서 어떻게 행동하는지 관찰하라고 한다. 온도가 높으면 좌절한 물질은 좀처럼 결단을 내리지 못하고 하나의 절충안에서 다른 절충안으로 옮겨다니며 정착하지 못한다. 물질을 냉각시키기 시작해도 여전히 여러 가지 절충안을 순환한다면 이 물질은 좌절도가 높다고 판단한다. 얼마나 온도를 낮추어야 물질이 정착하는지 관찰하는 것이 바로 해당 물질의 좌절도를 측정하는 방법이다.

생쥐의 경우에도 다른 생쥐들보다 심하게 좌절하는 생쥐가 있다. 생쥐가 짜증을 내고 있는지는 금세 판단할 수 있다. "생쥐의 귀와 보디랭귀지를 보고 알아챌 수 있습니다." 벨린다 해리스의 말이다. 해리스는 생쥐조련사, 아니 공식적인 직함으로 말하자면 돌연변이 생쥐 관리 센터의 생체의학기술 전문가다. 해리스는 생쥐가 환경에 만족할 때는 쉽게 알아볼 수 있다고 말한다. "일반적으로 귀를 위로 세우고 주위를 둘러보며 가고 싶어하는 쪽을 코로 가리킵니다." 반면 짜증이 나면 "귀를 뒤로 붙이고 몸을 움찔거리거나 매우 불편한 환경에 처한 것처럼 행동합니다".

생쥐가 짜증나는 경우 똥을 싸는가 하는 질문에 다네만과 해리스는 공통적으로 "그렇다"라고 대답한다. 생쥐 전문가에게 묻고 싶은 또 한 가지 당연한 질문이 있다면, 생쥐가 고양이를 두려워하느냐일 것이다. 이번에도 당연하겠지만 대답은 "그렇다"이다. 아마도 이보다 놀라운 사실은 생쥐가 쥐를 두려워한다는 점일 것이다. "일반적으로 사람들은 생쥐를 단순히 쥐의 친척이라고 생각하지요. 하지만 쥐는 생쥐에게 위협이 됩니다. 둘은 포식자와 피식자의 관계입니다. 생쥐가 주변에서 쥐의 냄새를 맡는 경우 불안해하는 것을 볼 수 있습니다." 다네만의 설명이다.

미셸 커튼도 에바 아이허와 마찬가지로 사람들이 그들을 잡아서 옮기는 것을 생쥐들이 좋아하지 않는다고 한다. 커튼은 생쥐 연구 시설의 기술자이자 사실상 생쥐 행동 전문가다. 커튼은 천막의 바깥쪽 테두리 가까이에 놓인 탁자 뒤에 서 있다. 커튼이 가지고 나온 생쥐는 공식적으로 SOSTdc1이라고 불리는 품종이지만, 연구소의 모든 사람들이 이 품종에 속한 생쥐들을 샤키라고 부른다고 한다. 그 이유는 이 생쥐들의 재미있는 표현형 때문이다.

생물학자, 특히 유전학자와 잠시라도 이야기를 나눈 적이 있다면 아마 표현형Phenotype이라는 용어가 익숙할 것이다. 표현형은 기본적으로 동물의 외형을 말한다. 만약 과학자들이 "이 생쥐는 독특한 표현형을 가지고 있다"라고 말하면 단순히 "이 품종의 생쥐는 특이한 외형을 하고 있다"라는 말하는 것보다 두 배는 박식하고 공부를 많이 한 사람처럼 보일 것이다. 그런 이유에서 일반적으로 과학자들은 표현형이라는 용어를 고수한다.

표현형을 유전자형과 혼동해서는 안 된다. 유전자형은 생쥐의 유전정보를 구성하는 특정한 DNA 염기서열의 세트를 가리킨다. DNA 염기를 제거하거나 추가하여 생쥐의 유전자형을 바꾸면 표현형도 바뀌는 경우가 많지만, 언제나 그런 것은 아니다. 또한 독특한 표현형을 가진 생쥐는 유전자형도 독특한 경우가 많다. 항상 그런 것은 아니지만 흥미로운 표현형을 가진 생쥐를 연구하는 과정에서 과학자들이 특별한 특성과 관련된 유전학적 사실을 알게 되는 경우도 적지 않다.

샤키의 흥미로운 표현형은 여분의 이빨이 있다는 점이다.[2] 조숙하게 자라난 이빨을 보여주기 위해 커튼은 샤키 생쥐가 들어 있는 상자에 손을 넣어 한 마리의 꼬리를 잡아 들어올린다. 그다음 생쥐를 든 손을 낮춰서 생쥐의 앞발이 상자 뚜껑에 닿도록 한다. 안전한 지지대를 감지한 생쥐는 상자의 테두리를 잡는다. 그렇게 하여 잠깐 동안 한쪽 끝은 상자를 잡고 있는 생쥐의 앞발, 다른 한쪽 끝은 파란색 라텍스 장갑을 낀 커튼의 손으로 이루어진 일종의 생쥐 다리가 만들어진다. 이 자세가 되면 커튼이 나머지 한 손으로 생쥐의 목덜미를 잡고 머리를 돌리기가 더 쉬워진다. 커튼은 여러 번 연습한 것처럼 물 흐르듯 자연스럽게 이러한 동작을 해낸다.

생쥐의 입을 벌리면 원래 자리에 난 이빨들 사이에 비집고 난 여분의 작은 이빨을 어렵지 않게 볼 수 있다. 샤키 생쥐는 단순히 생쥐 진기명기 쇼에 등장시킬 법한 괴상한 품종을 만들기 위해 탄생시킨 것이 아니다. 과학자들은 샤키와 같은 돌연변이 품종을 이용하여 이미 치아를 형성하는 단계의 비밀을 풀어가고 있다. 언젠가 이러한 연구를 통해 올리브를 씹다가 깨진 어금니에 크라운을 씌우는 대신 새로운 어금니를 자라게 할 수 있다면 좋지 않겠는가?

과학자들은 생쥐를 통해 짜증의 유전학도 연구한다. 아마도 거의 대부분의 생쥐가 가끔씩 약간 짜증을 내겠지만 어떤 생쥐들은 상당히 자주, 그것도 심하게 짜증을 낸다. 아마도 유전 차이 때문일 것이다. 피어스(Fierce, '사나운'이라는 의미—옮긴이)라는 품종을 예로 들어보자. 엘리자베스 심프슨은 잭슨 연구소에서 연구하는 동안 이 품종을 개발했다. 현재 심프슨은 브리티시컬럼비아 대학교에 재직 중이다. 이 품종에 왜 피어스라는 이름이 붙었는지는 금세 알 수 있다. 일반적인 생쥐는 꼬리를 잡아 들어올리면 그저 가만히 매달려 있는다. 물론 약간 몸을 비틀기도 하지만 꼬리를 잡고 들어올리는 것은 생쥐를 잡는 방법 중에서도 상당히 안전한 편에 속한다. 반면 피어스 품종의 생쥐는 몸을 획 돌려서 자기 꼬리를 잡은 다음, 자신의 꼬리를 일종의 등산용 로프처럼 사용하여 감히 자신을 들어올린 사람을 물어뜯으려 한다.

이 생쥐들의 화를 돋우기 위해 반드시 그들을 들어올릴 필요는 없다. 생쥐들이 들어 있는 우리를 툭 치기만 해도 서로 물어뜯으며 아비규환이 된다. 심프슨은 연구실 전체를 쫓아다니며 이 생쥐들을 잡느라 애쓰지 않으려면 뚜껑을 열기 앞서 커다란 쓰레기봉지를 상자에 씌워야 한다는 사실을 배웠다. 상자의 뚜껑이 열리는 순간 피어스 품종의 생쥐가 마치 팝콘처럼 튀어 올라 자신의 우리를 뒤흔든 사람에게 뛰어올라 그를 물어뜯으려고 하기 때문이다.

이러한 생쥐에게 쉽게 짜증을 낸다고 할 수도 있다. 하지만 엘리자베스 심프슨은 그렇게 말하지 않는 쪽을 선호한다. 심프슨은 생쥐가 "짜증났다"라고 표현하는 것은 인간의 느낌이나 감정을 동물(또는 객체)에게 대입하는 의인화라고 하며, "과학자들은 의인화하지 않도록 노력해야 합니다. 학생들에게도 의인화를 삼가도록 가르칩니다"라고 이야기한다. 심프슨의 말에 따르면, 생쥐가 무엇에 짜증이 나는지 알 방법은 사실 없다. 생쥐에게 물어볼 수가 없기 때문이다.

그 점만 분명히 해둔다면 심프슨은 논의를 위해 피어스 품종의 생쥐가 쉽게 짜증을 내는 것처럼 보인다는 의견에 동의한다. 심프슨은 이러한 행동과 관련 있는 것처럼 보이는 유전자를 발견하기도 했다. 이 유전자에는 NR2E1이라는 기억하기 쉬운 이름이 붙었다. 이 유전자는 포유동물의 두뇌 발달에 중요한 역할을 하는 것으로 보이지만, 초파리(작은 뇌), 회충(아주아주 작은 뇌), 해면동물(아예 뇌가 없다)에게서도 발견된다. 해면동물도 짜증을 내는가라는 의문과 관계없이, 심프슨은 NR2E1 유전자가 없는 생쥐는 피어스의 표현형을 보인다고 말한다. 여기서 표현형이라는 용어가 다시 등장한다. 여기서의 표현형은 단순히 생쥐의 물리적 외형뿐만 아니라 행동적 특징까지 의미한다.

인간 역시 NR2E1 유전자의 일종을 가지고 있다. 건강한 인간의 NR2E1 유전자를 해당 유전자가 없는 피어스 생쥐에게 이식하면 피어스 생쥐의 지나치게 공격적인 행동이 사라져 보통 생쥐로 돌아간다. 인간에게 NR2E1 유전자가 없거나 돌연변이를 일으키면 어떻게 되는가? 심프슨은 이 의문에 대한 해답을 찾기 위해 노력중이다. 심프슨은 조울증 환자들의 경우 이 유전자가 손상되었을지도 모른다는 몇 가지 단서를 이미 확보했다.

심프슨의 말에 따르면, 피어스 품종은 인간의 행동과 관련된 유전자의 비밀을 풀어줄지도 모른다는 가능성 때문에 흥미로운 연구 대상이지만, 연구하기 쉽지 않은 품종의 생쥐라고 한다. 심프슨이 잭슨 연구소에서 이 생쥐들을 사육하기 시작한 지 얼마 되지 않아 연구실 기술자가 심프슨에게 와서 이렇게 토로했다고 한다. "그만 두겠어요. 도저히 이 생쥐로는 일을 할 수가 없군요." 심프슨은 "그 기술자가 왜 그렇게 말했는지 이해합니다. 이 생쥐들은 다루기도 힘들고, 사육하기도 힘들고, 연구하는 동안 여간 애를 먹이는 존재가 아닙니다. 기본적으로 이 생쥐들은 믿을 수 없을 만큼 짜증이 납니다"라고 토로했다.

생쥐가 짜증이 났는지를 단언하기는 불가능할지 모르지만, 적어도 심프슨은 짜증나는 생쥐를 만드는 방법은 아는 셈이다.

7장

절대음감의
공포

짜증나는 부분은 머릿속에서 구성한 생각, 즉 음악체계에 대해 학습하고 자신이 듣는 소리가 그 틀 안에 맞아떨어지기를 기대하는 생각이며, 이는 외적인 불쾌감을 의미한다. 반대로 여러분이 음악교육을 받았고 절대음감을 가지고 있다면 음정이 벗어난 음을 들었을 때 반드시 짜증이 나는데, 이는 본질적인 불쾌감을 의미한다. 적어도 절대음감을 가진 사람들 사이에서는 말이다.

▶▶▶   때로는 소리가 사람들을 짜증나게
하는데, 소리의 본질적인 특징 때문도, 개인적인 취향 문제도 아닌
경우가 있다. 문제는 바로 듣는 사람이다. 어떤 사람들은 특히 소리
에 민감하다. 앞 장에서 다루었던 린다 바터섹과 슈퍼테이스터를
기억하는가? 루시 피츠 기번을 슈퍼리스너superlistener라고 생각해보
자. 대부분의 초인적인 힘이 그렇듯 소리에 대한 민감도가 엄청나
다는 것은 꽤 좋은 능력처럼 들린다. 실제로 그런 힘을 가진 사람이
아닌 다음에야 말이다.

피츠 기번은 예일 대학교에서 학사학위를 받았다. 갈색 머리에
갈색 안경테를 쓴 그는 성격이 아주 느긋해 보인다. 시간제 근무로

일하는 예일 대학교 영국미술연구센터 사무실에 있는 스캐너를 묘사할 때를 제외하고는 말이다. 기번은 이 스캐너를 워털루 전투에서의 참패처럼 끔찍하다고 묘사한다. 이 스캐너는 시끄럽다. 일정한 소리를 내는 이 스캐너를 사람들은 자주 사용한다. 하지만 이것은 사소한 짜증처럼 보일 뿐, 재앙과도 같은 전투에서 패배한 것처럼 보이지는 않는다. 하지만 루시는 콧소리로 이 스캐너의 소리를 묘사하면서 그 음조를 회상하기만 해도 자동적으로 눈을 가늘게 뜨고 이마를 일그러뜨린다. "그 소리는 너무나 끔찍해요. 그 기계가 내는 소리는 내림 다 음입니다."

루시는 완벽한 음감을 가지고 있고 여러 해 동안 음악교육을 받았는데, 이것은 소리와 관련된 짜증에 치명적인 조합이다. 학자들이 절대음감이라고 부르는 이 완벽한 음감은 전통적으로 다른 음을 참조하지 않고 음을 정확하게 식별해낼 수 있는 능력을 의미한다. 즉 루시가 거리를 걸어갈 때면 대부분의 사람들이 소음으로 여기는 소리가 악보처럼 들린다는 뜻이다. 모든 윙윙거리는 소리, 웅웅대는 소리, 빵빵대는 소리가 음조와 연관되어 들린다. "컴퓨터의 팬이 돌아가는 소리나 전구에 불을 켰을 때 나는 웅웅거리는 소리 등 대부분의 물체는 움직이고 있을 때 일종의 배음(진동체가 내는 소리 중 원래 소리보다 큰 진동수를 가진 음—옮긴이)을 냅니다." 루시의 말이다. 대부분의 경우, 이러한 음들은 좀처럼 서로 음이 맞지 않는다.

뉴헤이븐 거리를 걷다보면 루시가 세상을 얼마나 다르게 받아들이는지 금세 드러난다. 커다란 푸른색 트럭이 하이 스트리트에 정차하고 있다. "내림 마 음입니다." 예일 대학교에서 가장 큰 식당인 '코먼스' 옆에 있는 횡단보도의 안내음은 약간 낮은 다 음이다. "이 소리가 제가 졸업한 고등학교에서 수업 시작을 알리던 종소리와 정확히 같은 음높이라고 확신합니다. 처음에 이 소리를 들었을 때, 마치 파블로프의 개처럼 '생물 수업에 들어가야 하는데'라고 고등학교 시절로 돌아간 듯 반응했거든요." 절대음감을 가진 사람은 음조에 대한 기억력 역시 빼어난 경우가 많다고 학자들은 말한다.

이렇게 강력한 능력에는 엄청난 짜증이 뒤따른다. 루시는 자신이 극단적인 경우는 아니라고 한다. "제 친구는 하루종일 만나게 되는 그 모든 소리 때문에 미치지 않도록 아침마다 방에 앉아서 명상을 해야 한다고 하더군요. 저는 그 정도는 아닙니다. 초조하거나 화가 나는 날이면 짜증나는 소리에 보다 더 신경을 많이 쓰게 되는 것 같습니다. 하지만 대부분의 경우 틀림없이 그런 소리를 차단할 겁니다. 감각기관을 통해 들어오는 모든 감각의 정보에 신경을 곤두세울 수는 없으니까 말이죠. 그러지 않으면 감각에 압도되어버릴 겁니다."

하지만 음이 맞지 않는 소리를 걸러내는 데는 어느 정도의 노력이 필요하다. 여러분이 대학 4학년생인 루시라고 상상해보자. 베네치아의 작곡가 프란체스코 카발리의 오페라 〈라 칼리스토La Callisto〉에 대한 졸업 논문을 쓰려고 자리에 앉았다. 여러분은 '이 오페라가

강제 수도승화_{monachization}라는 베네치아의 관행에 대해 비판 역할을 했는지' 탐구하는 데 관심이 있다(여기서 monachization이라는 단어 역시 한번 검색해보아야 한다. 이 단어는 '수도승이 되는 행위나 과정 또는 수도승이 되거나 수도승으로 만드는 것'을 의미하는 명사다).

노트북을 켜니 윙윙 소리가 들리기 시작한다. "제 노트북은 보통 올림 바 음보다 약간 낮은 음으로 시작해 한동안 올림 사 음 약간 아래쪽에서 머물다가 결국 다 음보다 약간 낮은 음으로 끝납니다. 컴퓨터 안에서 팬이 얼마나 빠르게 돌아가느냐에 따라 소리가 변합니다." 상당히 짜증나는 일이지만, 다행히도 성악 수업(루시는 소프라노다), 대학원 과정 실내악 수업, 프란체스코 사크라티의 〈미친 척하는 여자_{La Finta Pazza}〉의 주인공 데이다미아 역할, 쇤베르크의 〈달에 홀린 피에로_{Pierrot Lunaire}〉를 배우는 등 루시는 대부분의 시간에 곡조가 잘 맞게 노래를 부르는 자기 자신의 목소리를 듣는다.

모든 것이 제자리에 있는 셈이다.

대략 15년 전, 데이비드 로스 역시 노래를 부르면서 예일 대학교 캠퍼스에서 아주 많은 시간을 보냈다. 현재 로스는 정신의학과 교수다. 로스는 예일 대학교를 떠나지 않고 이곳에서 학부를 마친 다음 예일 의대에 진학하여 의학박사학위를 땄다.

학부생 시절 로스는 예일 대학교의 아카펠라 그룹인 레드핫 앤드 블루에서 노래를 불렀다. 로스는 이 그룹의 음악감독이 절대음감을 가지고 있었다고 회고한다. "당시에는 절대음감이 무슨 뜻인지조차 잘 몰랐습니다. 그는 도대체 말이 안 되는 지시를 했습니다. 그는 '그냥 다 음을 불러볼래? 저 소리가 내림음의 4분음으로 들리지 않니?' 같은 식으로 말했습니다." 로스는 음악감독의 지시를 이행할 수가 없었다. "엄청나게 짜증나는 경험이었습니다."

사실이다. 고친 것과 고장난 것 간에 무슨 차이가 있는지 모르는데 뭔가를 고치라고 하거나 스스로 통제할 수 없는 뭔가에 대해 질책을 당하는 것은 불쾌하다(뒷장에서 살펴보겠지만 좌절에 대한 실험을 하고자 한다면 이것은 간단하고도 실패하지 않는 방법이다).

로스와 음악감독은 같은 음을 듣지만 다르게 느끼는데, 로스는 왜 그런지 알고자 했다. 로스는 현재 자신의 연구실에서 이 의문에 대한 연구를 계속하고 있다. 로스의 말에 따르면, 음향의 세계는 절대음감을 가진 사람들에게 정신적인 지뢰밭이라고 한다. "절대음감을 가진 사람들은 우리가 알아채지 못하는 것을 의식합니다. 라디오 방송국에서는 제한된 시간에 맞추기 위해 음악의 속도를 약간 빠르게 하거나 느리게 합니다. 따라서 방송 시간이 3분 남은 경우 3분 5초짜리 음악을 걸어놓고 약간 빨리 돌리지요. 이렇게 하면 음정도 따라 올라갑니다. 일반 사람들은 알아채지 못하지만 절대음감을 가진 사람은 차이를 느낍니다. 이렇게 되면 아주 짜증이 날 수 있지요."

하지만 왜 그것이 짜증날까? 절대음감을 가진 사람들은 음정에 대해 우리와 다른 식으로 이야기한다. "절대음감을 가진 사람은 음정에 근본적인 특징이 있다고 묘사합니다. 자신들에게는 들리지만 일반인에게는 들리지 않는 특징이지요." 마치 음정이 정체성을 가진 것처럼 말이다. "내림 다 음은 내림 다 음처럼 들리는데, 그냥 들으면 저절로 알 수 있기 때문입니다."

몬트리올 신경과학연구소에서 절대음감에 대해 연구중인 인지신경과학자 로버트 자토르는 절대음감을 가진 사람들이 세상의 소리를 듣는 방식을 이렇게 비유해 설명한다. "마치 제가 고양이나 개를 보는 것과 같습니다. 어렸을 때는 고양이나 개를 뭐라고 부르는지 몰랐지만, 고양이를 보면 그것이 고양이라는 것을 알았고 개를 보면 개라는 것을 알았습니다. 결국 누군가가 그 생물의 이름이 '고양이'라는 사실을 말해주었지요." 절대음감을 가진 사람들에게 내림가 음과 올림 다 음은 고양이와 개만큼 다르게 다가온다.

어떤 이들은 색맹의 개념에 빗대어 절대음감이 없는 사람들이 어떤 경험을 하는지 설명하려고 하지만, 자토르는 이것이 적절한 비유가 아니라고 생각한다. 여러분이 색을 구별할 수 있다고 해도 특정한 색상이 뚜렷한 정체성을 가지지는 않을 것이다. 예를 들어 자신이 기억하는 집 벽과 같은 색의 페인트를 페인트 가게에 가서 고른다고 해보자. "그렇게 구입한 뒤, 집에 가서 과연 똑같은 색 페인트를 고르는 데 성공했는지 확인해보십시오. 다를 것입니다. 의문의 여지가 없지요. 왜 그럴까요? 우리가 절대색감을 가지지 않기 때문입니다. 만약 우리가 절대색감을 가지고 있다면 그 벽을 보면서 이렇게 말할 수 있을 것입니다. '좋았어, 이 색이 정확히 무슨 색조인지 알아.' 그러고는 페인트 가게에 가서 수천 개의 페인트 색조 가운데 하나를 골라낼 수 있을 것입니다. 실제로 절대색감 같은 능력을 가진 사람이 있을지도 모릅니다. 화가나 인테리어 전문가가 그럴지 모르죠."

루시에게 각 음정은 독특한 정체성을 가지고 있다. 그렇기 때문에 음이 맞지 않는 음표가 그토록 불쾌한지도 모른다. "제 머릿속에는 각 음이 서로 다른 특징이나 질감을 가진 것으로 입력되어 있습니다. 그리고 그 음들을 여러 개의 5도 음정 집단과 연관짓지요." 5도 음정은 일곱 개의 반음만큼 떨어져 있는 두 음표를 의미하는데 이때 일곱 개의 반음이란 올림과 내림을 포함하여 두 음표 사이에 있는 음표의 개수다. 루시는 가 음과 마 음, 바 음과 다 음, 라 음과 사 음을 관련짓는다. 이렇게 서로 나란히 선 음의 진동수를 살펴보면 옥타브 다음으로 가장 완벽한 음정이다(여러분의 귀에 보다 익숙한 5도 음정은 파워 코드다. 파워 코드는 킨크스에서 킹스 오브 리언에 이르기까지 다양한 밴드가 연주하는 록음악의 기본 구성단위다). "저는 이러한 소리들을 비슷한 질감을 가진 5도 음정의 쌍으로 듣습니다. 이상하게 들릴지 모르겠지만, 제게 바 음과 다 음은 납작한 리본 같은 느낌입니다. 평평하고 부드러운 리본이지요. 가 음과 마 음은 외가닥 끈 같은 느낌이지요. 하지만 라 음과 사 음은 보다 풍부하고 부드러운 느낌입니다. 곱슬곱슬한 리본처럼요."

루시는 머릿속에서 곱슬곱슬한 리본을 보는 것이 아니라 그것을 느낀다고 한다. "마치 뇌에 손가락이 달린 것처럼 이러한 음들이 느껴지는데, 각 음에서도 그런 느낌이 납니다. 모든 사람이 그렇게 느껴야 할 것 같아요. 소리마다 모두 다른 느낌이고, 각각 독특한 정체성을 가지고 있거든요. 굳이 그렇게 생각하지 않아도 원래부터 그런 것이지요. 하나하나의 소리가 각각 개별된 사람 같아요. 그리고 모두 서로 다른 특징을 가지고 있지요."

루시는 음이 어긋나는 경우 정체성을 느끼지 못한다고 한다. "어긋나는 음이 짜증을 유발하는 이유는 아마 음정이 두 음표 사이의 모호한 영역에 있으면 임자 없는 땅에 서 있는 듯한 느낌이기 때문인 것 같아요." 식별할 수 없는 신호는 어딘가 불안한 느낌을 준다. 정체를 알 수 없는 무엇인가를 들으면 불쾌해지는 것이다.

루시가 음이 어긋난 소리를 불편해하는 이유는 머릿속에서 어떤 음정은 특정한 방식으로 소리나야 한다고 기대하기 때문이다. 데이비드 로스는 이를 이렇게 설명한다. "심리치료에서도 비슷한 현상이 존재합니다." (로스는 절대음감 연구와 재향군인국에서 정신과 의사로 외상후 스트레스 장애 환자 치료를 병행하고 있다.) "여러분이 어떤 시점에서든 좌절감을 느낀다면 기대치와 간극이 있기 때문입니다. 환자에게 좌절감을 느낀다면 앞으로 일어날 일에 대한 여러분의 기대치가 환자의 기대치와 일치하지 않기 때문이지요. 술을 지나치게 좋아하는 사람이 있다면 그 사람은 개의치 않고 계속 술을 마실 테고 그러면 여러분은 크게 좌절합니다. 이것은 여러분의 문제지, 술을 마시는 사람의 문제가 아닙니다. 그 사람은 술을 끊고 싶어하지 않습니다. 일단 여러분이 스스로의 기대치를 조정하면 모든 것이 괜찮아집니다. 음정이 완벽하리라는 기대치를 가진다면 여러분은 실망하게 될 겁니다."

음악이 역사적으로 어떻게 변해왔는지에 관심 있는 사람으로서, 루시는 이 점을 뼈저리게 잘 알고 있다. "이는 서구의 조성 음악이라는, 우리가 만들어낸 인공적인 틀 안에서 형성된 사고방식이 분명합니다."

루시에 대해 이 모든 것을 알고 난 뒤 그가 특히 어떤 분야에 관심을 쏟는지 들으면 놀랄지도 모르겠다. 바로 절대음감을 가진 사람이 특히 거슬려 하는 중세 르네상스 시대의 음악이다. 예를 들어 1600년대의 작품은 현대의 곡조와 같은 기준에 맞춰져 있지 않다. 당시의 가 음은 오늘날의 가 음과 주파수가 다르다(이를 음높이 중심이 다르다고 일컫는다). "현대 사회에서 자란 우리는 가 음을 440헤르츠라고 생각합니다. 그러나 중세 음악의 상당수는 가 음을 반음정 낮은 415헤르츠 또는 반음정 높은 465헤르츠로 사용하므로, 이 경우 조옮김을 해야 합니다."

뿐만 아니라 중세 음악은 오늘날의 등분 평균율(equal temperament, 옥타브를 등분하여 그 단위를 음정 구성의 기초로 삼는 음률체계로 보통

12평균율을 의미한다—옮긴이)과 다른 '평균율'을 사용하는 경우가 많다. 평균율은 기본적으로 옥타브 안에서 음이 어떻게 배치되는지를 가리킨다. 평균율이 달라지면 주파수라는 측면에서 라 음과 사 음의 관계가 달라질 수 있다. 중세 음악에서 사용되던 조율체계 중 중전음 quarter-comma meantone이라는 것이 있다. "조율체계 자체가 제가 기대하는 음정의 위치를 바꾸어놓습니다. 제 입장에서는 5도 음정이 등분 평균율의 경우보다 낮다는 점이 가장 짜증납니다. 그래서 제게는 반음 낮게 들리지요." 하지만 루시는 그 때문에 음조의 상징성이 뛰어나다고 한다. 음정을 벗어난 소리는 괴로움을 전달한다.

절대음감을 가진 성악가에게 이는 본능적인 괴로움이다. 루시의 말이다. "음이 틀리게끔 노래를 불러야 할 것 같습니다. 사실은 음이 틀린 것이 아니라 음악에 대한 사고방식이 다른 것뿐인데 말이죠. 당시 절대음감을 가진 사람들에게는 중세 음악이 완전히 정상으로 들렸으리라고 확신합니다. 이로써 음감이 얼마나 인위적인 것인지 다시 한번 확인할 수 있습니다. 사실은 우리 두뇌가 구성한 생각일 뿐이라는 것을요."

짜증나는 부분은 머릿속에서 구성한 생각, 즉 음악체계에 대해 학습하고 자신이 듣는 소리가 그 틀 안에 맞아떨어지기를 기대하는 생각이며, 이는 외적인 불쾌감을 의미한다. 반대로 여러분이 음악 교육을 받았고 절대음감을 가지고 있다면 음정이 벗어난 음을 들었을 때 반드시 짜증이 나는데, 이는 본질적인 불쾌감을 의미한다. 적어도 절대음감을 가진 사람들 사이에서는 말이다.

누가 이 특별한 짜증을 느낄 위험이 클까? 이에 대해서, 특히 절대음감을 발달시키는 데 음악교육이 어떤 역할을 하는지에 대해서 그동안 수많은 논의가 이루어졌다. 상당수의 음악가들이 어린 시절부터 음악교육을 받았지만 대부분은 절대음감이 없다. 반면 절대음감을 가진 사람들은 대부분 조기 음악교육을 받았다. 데이비드 로스는 음악교육 없이도 절대음감을 가질 수 있는지 여부가 궁금했다.

루시는 음악가 집안에서 자랐지만 가족 중 루시만 절대음감을 가졌다. 루시는 다섯 살 때 바이올린을 배우기 시작했지만 어렸을 때부터 지금처럼 세상의 소리를 들었던 기억은 없다. 루시는 중학교 때 합창단에 들어가 노래를 부르기 시작했다. "정말 이상했어요. 한 번은 음을 잘못 불렀는데 제 옆자리 여자아이가 '루시가 실수했어요!'라고 하더군요. 그래서 저는 '물론이지. 나도 실수하지. 실수 안 하는 사람이 어디 있어'라고 응수했지요. 하지만 그때부터 그 점에 대해 인지하기 시작했고, 음정이 무엇인지 언제나 알고 있었다는 사실을 깨달았습니다. 저는 태어날 때부터 절대음감을 가졌다고는 생각하지 않습니다. 노래를 부를 때까지는 사실 그런 줄 깨닫지 못했어요."

로스는 절대음감이 학습에 따른 것인지, 선천적인 것인지에 대한 논쟁은 백 년 이상 과학 잡지를 뜨겁게 달구어왔다고 말한다. 그는 자신의 연구가 언젠가 이 논쟁의 해결책을 찾는 데 도움이 되기를 바라고 있다.

대부분의 절대음감 테스트는 이렇게 진행된다. 연구자 또는 대부분의 경우 대학원생이 일련의 음표를 연주한 다음 듣는 사람에게 어떤 음인지 말해보도록 한다. 올바른 테스트라고 생각되는가? 로스는 아니라고 답한다. "만약 여러분이 음악가가 아니라면 음표의 이름을 모를 것이고, 이 테스트에 참가할 수도 없습니다. 사실상 음악가들만 테스트를 대상으로 삼겠다고 선언한 것이나 다름없지요. 그러고는 음악교육이 꼭 필요하다고 주장할 셈인지 모릅니다."

로스는 음표의 이름을 말하는 대신 참가자들이 앞에 놓인 손잡이를 돌리면 여러 음정을 신호로 발신할 수 있는 '사인파 발생기sine function generator'를 사용하여 방금 들은 음표를 맞추도록 하는 테스트를 고안해냈다. 로스는 긴 악보를 들려준 다음 그중에서 첫번째 음정과 같은 음을 찾도록 했다. 이렇게 하려면 다른 음이 연주되는 동안 최초의 음을 기억하고 있어야 한다. "절대음감이 없는 스물두 명의 전문 음악가를 대상으로 실험을 했습니다. 대부분 예일 음대의 교수진이었지요."

실험 결과는 어땠을까? 이 사람들은 악보를 보지 않고도 수많은 종류의 복잡한 고전 음악을 쉽게 연주할 수 있다는 점을 기억하자. 음표 하나라고? 절대음감이 없는 사람에게는 어려운 일처럼 보일 수 있다.

"이들 전문 음악가들의 테스트 결과를 종합해보니 단순 확률과 다르지 않았습니다. 실험을 할 때 헤드폰을 끼지 않더라도 결과는 비슷했을 겁니다. 이 실험 대상자들은 모두 자신의 음악성에 상당한 투자를 한 전문 음악가였습니다." 절대음감을 가진 실험 대상자들은 단 한 음도 놓치지 않았다. 그도 그럴 법하다. 제각각 음에 정체성이 있다면 제각각 이름을 붙이고 기억하는 법을 배우기란 그리 어렵지 않을 것이다.

그다음에 로스는 절대음감을 가지고 있다고 생각되지만 음악교육은 거의 받지 않은 세 살, 네 살, 다섯 살짜리 아이들을 대상으로 실험을 실시했다. 이 아이들은 음을 모두 완벽하게 맞혔다. "아이들에게는 실험 지시사항을 설명하기가 어려웠습니다. 네 살짜리에게 이 실험에 참가하는 방법을 이해시키는 것조차 쉽지 않았습니다. 하지만 이 아이가 예일 음대 교수보다 더 뛰어난 결과를 보였습니다." 로스는 동정적으로 말한다. 이 실험은 절대음감은 어느 정도 타고나는 것임을 시사한다.

그러나 타고난 능력과 환경적 영향을 구분하기란 거의 불가능하다. 정규 음악교육이 필요하지 않다고 하더라도 음악에 대한 노출 여부에 따라 차이가 나타날 수 있다. 로버트 자토르는 이런 의견을 말했다. "음악에 노출되지 않게 하려면 방음 처리가 된 세상에서 키워야 할 겁니다. 저는 이것이 잘못된 논쟁 중 하나라고 생각합니다.

절대음감을 타고나느냐, 학습하느냐라는 질문에 대한 대답은 거의 언제나 '두 가지 모두 필요하다'입니다. 생물학적 성향이나 환경적 영향 어느 하나만 가지고는 불충분합니다. 두 가지 모두 필요하며, 그 상호작용도 올바른 때에 이루어져야 합니다." 특정 개인이 절대음감을 갖기 위해서 어떤 유전적, 환경적 요소가 결합되어야 하는지는 아무도 모른다. 절대음감을 가진 사람의 두뇌가 음표를 처리하는 방법은 도대체 어떻게 다른가? 자토르의 말을 빌리자면 "그건 성스러운 성배처럼 비밀에 싸여" 있다.

여러분이 만약 음악가라면, 적어도 이상한 평균율이나 다른 음정 중심에 별 관심이 없는 음악가라면 절대음감 때문에 발생하는 짜증 요소를 기꺼이 감내할 가치가 있다고 생각할지도 모른다. 그러나 그렇게 단순한 문제가 아니다. 루시는 "저는 음악을 매우 선형적이고 불연속적인 방식으로 생각하는 경향이 있습니다"라고 말한다. 절대음감을 가진 어떤 사람은 하키 경기장에서 이런 경험을 했다고 전한다. 악대가 브리트니 스피어스의 〈톡식Toxic〉을 연주하고 있었다. 그는 그 노래를 알았지만 알아듣지 못했다. 악대가 조성을 바꾸었던 것이다. 이것은 절대음감을 가진 사람들이 공통적으로 겪는 문제점이다.

루시는 문학적인 비유를 든다. "톨스토이는 작가였습니다. 그리고 그는 어떤 사물에 대해 작은 세부사항까지 모두 관찰하기를 좋

174

아했지요.『전쟁과 평화』를 쓸 때는 이를 대작으로 만들고 싶어했어요. 그래서 작은 세부사항을 묘사하는 습관을 소설 전체로 확대하기 위해 무척 노력해야 했습니다. 결국『전쟁과 평화』는 수천 장에 달하는 장편소설이 되었지요. 제가 음악에 접근하는 방식도 이와 비슷하다고 생각합니다. 핵심에서 아주 꼼꼼하게 접근하는 방식이지요. 그다음에는 보다 큰 맥락에서 음악을 생각하기 위해 더 열심히 노력해야 합니다. 반면 제 친구들은 자동적으로 더 큰 맥락에서 음악을 듣지요."

각각의 음이 뚜렷한 개성을 가진 개체로 인식된다면 나무가 아닌 숲, 아니 음표가 아닌 선율을 보기가 어려운 셈이다.

8장

불협
화음

특정한 소리가 모든 사람에게 즐거움을 주는지 아닌지와 그 이유는 까다로운 난제이며,
이 주제만으로도 두툼한 책을 쓸 수 있을 정도다. 사실상 똑같은 환경에서 자라난 사람
들조차도 모든 종류의 음악에 같은 식으로 반응하지는 않는다. 다른 나라를 여행해보면
선호도의 차는 더욱 커진다. 인간의 문화가 있는 곳이면 어디나 물론 음악이 존재하지만,
어떤 사람에게는 음악으로 다가오는 것이 다른 사람에게는 소음일 수도 있다.

▶▶▶   "취향을 설명할 수는 없다"라는 격언에도 불구하고, 음악을 연구하는 과학자들은 취향의 수수께끼를 파헤치기 위해 끈질기게 탐구해왔다. 이는 그야말로 엄청나게 까다로운 질문이다. 왜 어떤 음악은 듣기 좋을까?

심지어 우리가 왜 음악을 좋아하는지조차 분명하지 않다. 어떤 학자들은 인간이 음악에서 즐거움을 얻는 성향을 가진 것은 단순한 우연이라고 추측한다. 어떤 과학자들은 전 세계 어디에나 음악이 존재한다는 사실로 미뤄보아 유전적인 요소와 관련된다고 말한다. 음악학을 연구하는 사람들은 앞에서 잠깐 살펴보았던 두 가지 용어, 즉 협화음과 불협화음이라는 말로 우리가 좋아하는 음악의 종류에 대해 이야기한다.

이 용어도 사실 정확하게 정의되어 있지 않다. 예를 들어 일부 전문가들은 협화음을 "불쾌감을 주지 않는 음"이라고 지칭한다.[1] 1962년, 네덜란드 지각연구소에서 일하는 욘 판 더 헤이르, 빌럼 레벨트, 레이니어르 플롬프는 우리가 말하는 협화음과 불협화음의 정확한 의미를 찾아내기 위해 연구하는 과정에서 설문조사를 실시했지만, 그 대답은 정확한 것과 거리가 멀었다.[2] 음악학 연구가 데이비드 휴런은 이렇게 말한다. "협화음과 불협화음에 대한 실험 연구 결과만 살펴봐도 말초적인 청각체계와 기저막에 있는 신경의 분포부터 문화 적응에 이르기까지 최소한 열한 개의 서로 다른 현상을 시사하는 증거를 찾을 수 있습니다. 이 문제는 심도 깊은 생리학적 문제부터 익숙함과 문화적 학습에 이르기까지 엄청나게 광범위한 연관성을 갖기 때문에 완전히 뒤죽박죽이라고 할 수 있습니다."

휴런은 음악적 선호도와 관련된 다양한 현상 중 학습과 문화 및 물리학과 생물학의 상대적인 중요성에 대해서는 과학자들의 의견이 양쪽으로 갈린다고 말한다. 특정한 소리가 모든 사람에게 즐거움을 주는지 아닌지와 그 이유는 까다로운 난제이며, 이 주제만으로도 두툼한 책을 쓸 수 있을 정도다(이미 많은 저자가 그렇게 했다). 이 책에서는 그에 대해 이야기하려는 것이 아니다. 우리는 과학자들이 취향을 연구하는 방법에 대한 몇 가지 사례를 살펴봄으로써 이러한 사례가 짜증에 대해 무엇을 시사하는지 알아보고자 한다.

사실상 똑같은 환경에서 자라난 사람들조차도 모든 종류의 음악에 같은 식으로 반응하지는 않는다. 여러분은 에디 반 헤일런의 귀청을 찢는 듯한 흐느낌에 전율을 느끼지만, 같은 집에서 자라난 남동생은 바그너의 아리아를 들어야 감동을 느낄 수도 있는 일이다. 다른 나라를 여행해보면 선호도의 차는 더욱 커진다. 인간의 문화가 있는 곳이면 어디나 물론 음악이 존재하지만, 어떤 사람에게는 음악으로 다가오는 것이 다른 사람에게는 소음일 수 있다.

"서양 음악만이 음악이라는 사고의 함정에 빠지기 쉽지만 사실 세상에는 놀랄 만큼 다양한 음악이 있습니다. 다른 지역에서 사는 사람들은 무척 좋아하는 음악을 우리가 놀랄 만큼 짜증스러워 하는 경우도 적지 않습니다. 그중 어떤 것은 거의 들어줄 수 없을 정도입니다." 타마린과 음악에 대한 연구로 앞에서 언급했던 신경과학자 조시 맥더모트의 말이다.

서구 사람들이 듣기 좋다고 생각하는 음악이 얼마나 한정되어 있는지 이해하기 위해서는 마파 부족의 음악으로 이야기를 시작해보는 것이 좋을지 모른다. 마파족은 카메룬 인구를 구성하는 250개 인종 집단 중 하나다. 이 부족은 카메룬 북부와 나이지리아의 경계인 만다라 산맥 출신이다. 건조한 이 지역의 부족민들은 대부분 농부로, 언덕진 지형에 계단식 밭을 일구어 수수, 기장, 기타 작물을 재배한다. 마파 부족은 산맥 전체에 걸쳐 거주하며, 초가지붕을 얹은 원형 집을 짓고 작은 마을을 이뤄 모여서 산다. 산맥의 북쪽 끝자락은 전기가 들어오지 않으며 질병이 만연해 있고 문화적으로 거의 완벽하게 고립되어 있다.

톰 프리츠가 만다라 산맥에 관심을 가진 것도 이 때문이다. 프리츠는 이곳에서 약 4천 8백 킬로미터 떨어진 라이프치히라는 독일의 중소도시에서 살고 있다. 라이프치히의 자랑 중 하나로 이 도시에 음악적 역사가 얽혀 있다는 사실을 꼽을 수 있다. 라이프치히에는 독일 최초의 음악학교가 있으며 요한 제바스티안 바흐는 라이프치히에서 거의 30년간 일했다. 프리츠는 '막스 플랑크 인간인지 및 두뇌과학연구소'에 몸담고 있는 신경물리학자다. 음악에 관심을 가진 덕분에 프리츠는 마파 부족과 예상 밖의 인연을 맺었다.

프리츠의 가장 큰 의문은 맥더모트와 비슷하다. 음악에 대한 우리의 취향은 학습된 것인가, 인간이 가진 특징이 확실한가? 음악이 서로 다른 집단의 사람들에게 같은 의미를 갖는가? 프리츠는 만다라 산맥 지역에서 녹음된 몇 개의 음악을 입수했다. 그 음악은 프리츠가 평생 들어본 그 어떤 소리와도 달랐다. "마파 부족의 음악을 듣고 얼마나 다른 소리를 내는지에 깜짝 놀랐습니다. 그것이 마파 부족을 방문하기로 결정한 주요 이유 중 하나입니다."

마파 부족은 크기가 다른 여러 개의 플루트로 복잡한 리듬을 매우 빠르고 반복적으로 연주한다. 각 플루트는 서로 다른 음을 낸다. 입을 대는 부분이 깔때기 모양으로 된 긴 관처럼 생긴 플루트는 찰

흙과 밀랍으로 만든다. 플루트의 길이는 다양하다. 이 악기로 소리를 내기란 결코 간단하지 않다. "많은 에너지를 투자해야 합니다. 가벼운 과호흡증후군에 빠질 지경이죠." 프리츠는 이 악기에 대해 잘 알고 있다. 마파 부족이 작별 선물로 프리츠에게 플루트 세트를 주었고, 프리츠는 라이프치히로 돌아와 친구들에게 악기 연주를 들려주었다. "이 악기를 연주하고 나면 정말 기진맥진해집니다."

대부분의 서구인들은 아마 이 플루트 연주를 듣는 것 역시 기진하다고 느낄 것이다. 서구인들에게 마파 부족의 음악은 어린아이가 망가진 아코디언을 연주하는 소리와 닮았다.

프리츠는 마파 부족의 음악이 서구인에게는 음악으로 들리지 않는다면, 서구 음악이 마파 부족에게 어떻게 들릴까 궁금했다. 특히 서구 음악을 전혀 들어본 적 없는 사람들도, 단조는 슬프게 장조는 신나게 들릴까와 같은 대부분의 서구인들이 당연하게 받아들이는 감정적 암시의 인지 여부가 궁금했다. 이 문제에 대한 해답을 얻기 위해서는 서구 음악의 곡조를 한 번도 들어본 적 없는 사람들을 찾아야 했다. 만다라 산맥에 거주하는 임의로 찾은 마파 부족 농부로는 충분치 않았다.

"만다라 산맥의 가장 외딴 지역으로 가서 평생 한 번도 교회에 가보지 않았고, 전기가 들어오는 시장에 가본 적 없는 것은 물론이고 라디오도 생전 들어본 적 없는 사람들을 찾아야 했습니다." 프리츠는 (대부분의 경우 의도적으로) 서구인들로부터 철저히 격리된 사람을 찾아야 했다. 프리츠는 만다라 산맥의 가장 외딴 지역으로 가기 위해 몇 시간이나 산을 타야 했다. 그러고는 일부러 기술과 낯선 사람들을 피해온 사람들에게 헤드폰을 쓰고 외국인의 과학 실험에 참여하도록 설득해야 했다. 결코 쉬운 일이 아니었다.

대서양 건너에서, 조시 맥더모트는 다른 각도에서 음악적 취향에 대한 문제에 접근하고 있었다. 맥더모트의 전제는 다음과 같았다. 사람들이 협화음으로 된 선율을 선호하고, 협화음 선율은 대부분 옥타브, 완전 5도(록 음악의 파워 코드), 완전 4도로 구성되어 있다면 이러한 음표의 배열에서 우리의 선호도를 설명해줄 수 있는 뭔가를 찾을 수 있을지도 모른다. 주파수 측면에서 완전 4도와 완전 5도의 어떤 점이 그렇게 특별한가? 협화음이 되기 위해서는 화음에 뭔가 물리적인 특징이 있어야 할 가능성도 있다.

음표 하나의 주파수 구성을 살펴보면 패턴이 드러난다. 연주회용 표준음인 가440(A440)을 예로 들어보자. 이 특정한 가 음은 기본적으로 440헤르츠의 주파수를 가진다. 우리는 이 주파수를 주되게 듣지만 이것이 유일한 주파수는 아니다. 만약 피아노로 가440을 연주한다면 440헤르츠의 신호만 들리는 것이 아니다. 아무것도 섞이지 않은 순수한 주파수가 아니다. 피아노는 다른 주파수도 만들어낸다. 배음이라고 부르는 이 요소들은 기본적인 주파수의 정수 배가 되는 주파수이다. 예를 들어 표준음 가에는 880헤르츠와 1320헤르츠가 함께 들어 있다고 맥더모트는 말한다. "이러한 주파수들은 정밀한 상관관계를 가지고 있으며 균일한 간격으로 분포되어 있습니다." 이것을 화성 진행harmonic sequence이라고 부른다.

화음을 내기 위해 여러 개의 음표를 동시에 연주하면 어떨까, 이러한 주파수는 서로 어떻게 연관될까? 맥더모트는 "화음이 협화음이면 화성적으로 잘 어울리는 주파수를 내는 경향이 있"다고 말한다. 수학적으로 볼 때 협화음의 주파수는 하나의 음표에서 배음과 기본 주파수의 연관방식과 같은 식으로 배열되어 있다. 협화음을 구성하는 주파수는 각각의 배수다. "사람들이 특정한 화음을 기분 좋다고 여기는지, 불쾌하다고 여기는지를 결정하는 주요 이유는 이것인 듯합니다."

맥더모트의 발견은 조직적이고 패턴화된 일련의 주파수를 기분 좋게 듣는 뭔가가 인간의 귀와 두뇌에 있음을 암시한다. 또한 이러한 발견은 왜 불협화음이 불쾌한지도 설명해준다. 다만 이렇게 패턴화된 관계가 우리가 특정한 화음을 즐겁게 듣는 유일한 이유인지는 확실하지 않다.

수학적으로 연관된 일련의 압력 변화가 왜 우리의 귀에 음악으로 들리는 것일까? 그리고 정말 모든 사람에게 그런 것일까? 맥더모트는 3백 명을 대상으로 조사를 실시한 결과, 악기를 연주해온 햇수와 협화음을 불협화음보다 선호하는 정도 사이에 상당히 깊은 연관관계가 있음을 발견했다. 대부분의 사람들이 질서 있게 배열된 음을 선호한다면, 음악교육을 받은 사람들의 선호도는 훨씬 뚜렷했다.

"이러한 선호도가 타고난 것인지 문화적으로 학습된 것인지에 대해서 오랫동안 논쟁이 이어져왔습니다. 이 문제는 어떤 측면에서 아직 해결되지 않았는데, 비교문화 조사를 제대로 하기란 매우 어렵기 때문입니다." 맥더모트의 말이다. 프리츠는 바로 이 비교문화 조사를 제대로 해보고자 했다.

오지에 사는 마파 부족 사람들은 프리츠를 두려워했다. 프리츠는 만다라 산맥에서의 삶과 전혀 관계없는 이상한 요구를 하는 외부인이었다. "처음 3주 동안은 아무도 제 실험에 참여하려 하지 않았습니다." 프리츠는 마을 사람들의 환심을 사서 친해지려고 노력했다. 그러기 위해서는 "다른 사람에게 자기소개를 할 때 반드시 마셔야 하는 괴상한 맛의 기장 맥주를 엄청나게" 목으로 넘겨야 했다. 독일인의 위장이 일반적으로 만날 일 없는, 이 미생물이 가득한 맥주를 마시고 프리츠는 단단히 탈이 났지만, 프리츠는 그때 일을 별로 개의치 않는 듯했다. 맥주를 마시는 것뿐만 아니라, 프리츠는 마파 플루트 연주법도 배웠다.

프리츠의 말에 따르면, 회의적이던 마파 부족 사람들 시선이 결국 장난기 어린 눈길로 바뀌었다고 한다. 마파 부족 사람들은 "저를 하등 쓸모없는 일을 하려는 괴짜라고 결론 내렸습니다. 방 안에 앉아 있기만 하고 자기 밭도 없지만, 적어도 위험하지는 않은 사람이라고 말이지요." 마파 부족은 프리츠의 실험에 참여하기로 동의했다. 통역사의 도움을 받아 프리츠는 실험에 참가하는 사람들에게 마파 부족의 음악과 녹음해온 서구의 피아노 선율을 듣도록 부탁했다. 프리츠는 마파 부족 사람이 음악을 듣고 어떤 감정을 느끼는지, 그리고 마파 부족 사람들의 음악적 선호도가 서구 사람들의 선호도와 일치하는지 궁금했다.

피아노 선율에 대한 반응은 다소 엇갈렸다. 어떤 사람들은 전반적으로 피아노 음악을 좋아하지 않았다. 음악을 듣는 사람은 두 종류로 나뉜다. "혁신적인 청취자와 보수적인 청취자로 나뉩니다. 혁신적인 청취자는 이전에 한 번도 들어본 적 없는 음악을 들으면 이렇게 말합니다. '평생 들어본 적 없는 음악이지만 참 좋군.' 반면 보수적인 청취자는 과거에 들어보지 못한 모든 음악을 불쾌하다고 평가합니다."

이는 비교문화적인 측면에서 자명한 이치인지도 모른다. 어떤 사람들은 음악이 특정한 방식으로 진행되기를 기대하고, 자신의 예상대로 흘러가지 않으면 불쾌해한다. 마파 부족의 경우 피아노의 소리가 너무나 생경했기 때문에 일부 참가자는 이것이 협화음인지 불협화음인지조차 파악하려 하지 않았다. 이들에게는 모두 불협화음이었던 것이다.

프리츠의 실험이 얼마나 많은 새로운 요소와 관련되었는지 파악하기란 쉽지 않다. 실험에 참가한 모든 사람들은 서구 음악은커녕, 녹음된 음악도 접해본 적이 없었으며 물론 피아노 소리도 난생처음 들었다. 헤드폰 역시 처음 보는 물건이었다. "물론 실험 참가자들은 헤드폰으로 마파 부족 음악을 듣고 깜짝 놀랐지요. 적지 않은 사람들이 뒤에 누가 있는지 뒤돌아서 확인했습니다. 나중에 웃으면서 말하길 처음에는 약간 두려웠다더군요."

프리츠는 실험 참가자들이 특정 음악과 감정을 짝지을 방법을 찾아야 했다. 그러기 위해 참가자들에게 여성의 사진 세 장을 보여주었다. 첫번째 사진에서 여성은 웃고 있고, 두번째 사진에서는 슬퍼 보이며, 세번째 사진에서는 두려운 표정을 짓고 있었다. 음악을 들으면서 슬픈 선율일 때는 슬픈 표정을 지적하고, 즐거운 음악일 때는 행복한 표정을 지적하는 식이었다. "일부 참가자는 그전에 인쇄된 얼굴 사진을 본 적이 전혀 없었습니다. 어떤 사람들은 그렇게 평평한 얼굴을 보고는 무척 놀랐지요." 몇몇 참가자는 사진 속 얼굴이 각각 특정한 감정을 상징한다는 사실을 알아차리지 못했기 때문에 실험에서 제외해야 했다. 일부 마파 부족 사람들에게는 찡그린 얼굴이 슬픈 사람을 상징하지 않았다.

프리츠는 『현대생물학Current Biology』에 실린 논문에서 마파족에게 전통인 플루트 음악이 그들에게 전혀 다양한 감정을 불러일으키지 않는다는 결론을 내렸다.[3] "마파 부족의 모든 음악은 특정한 의식과 연관되기 때문에 이들에게 모든 음악은 어느 정도 즐거움을 의미한다. 심지어 누군가를 매장하는 경우에도 여전히 음악은 즐겁게 사용된다. 왜냐하면 사람들이 한동안 슬픔을 잊을 수 있도록 음악을 연주하는 것이기 때문이다. 마파 부족의 음악에는 감정적인 표현이 필요하지 않다."

그러나 매우 흥미롭게도 프리츠의 실험에 참가한 대부분의 마파 부족 사람들은 서구 피아노 선율을 듣고 서로 다른 감정적 맥락을 인식할 수 있었다. 프리츠가 연구한 독일인들과 비교할 때, 마파 부족 사람들은 감정과 선율을 서로 짝짓는 데 큰 차이를 보였지만, 독일인들이나 마파 부족 사람들이나 전반적으로 단순한 확률 수준 이상의 결과를 보였다. 장조 음악은 즐거운 음악으로 평가했다. 박자가 신나는 음악 역시 웃는 얼굴과 짝지을 확률이 컸다. 모호한 조성이나 박자가 느린 음악은 슬픈 음악으로, 단조 음악은 두려운 음악으로 평가했다. 프리츠는 흥미로운 의문을 던진다. "마파 부족 사람들이 어떻게 이러한 판단을 할 수 있었을까 무척 궁금합니다. 마파 부족 사람들은 어떻게 생전 들어본 적 없는 음악 속의 감정적 표현을 해독했을까요? 이 음악을 들으면서 어떤 점을 이해하는 것일까요? 뭔가 더욱 심오한 것, 심지어 시각예술 등을 포함한 다른 예술의 형태에서 발생하는 감정적 표현의 보다 추상적인 패턴과 모종의 관계가 있는 것일까요?"

독일인들과 마파 부족 사람들 모두 조작한 불협화음 버전보다 협화음으로 구성된 음악을 선호했다. 여기서 조작한 불협화음이란 맥더모트의 연구에서와 마찬가지로 협화음 음악의 주파수를 서로 어긋나도록 조작해놓은 것을 말한다. 프리츠와 동료들은 이런 음악을 들은 뒤 마파 부족 사람들이 보인 전형적인 반응을 소개했다. "아이들한테 플루트를 맡기면 안 됩니다." "이게 무슨 소리인지 알아요, 고자 마을 사람들이 내는 소리지요. 그쪽 사람들이 플루트 부는 소리는 정말 마음에 안 든다니까요."

프리츠의 연구는 적어도 화성의 나열이라는 측면에서 협화음에 대한 선호도(또는 불협화음에 대한 혐오감)가 단순히 서구인에게 한정되지 않음을 시사한다. 프리츠는 이에 대한 설명을 제시할 수 있을지 모른다. "이러한 선호도는 인간의 청각 전달 통로의 구조와 연관되어 있다고 상당 부분 확신합니다." 현재 프리츠는 두뇌가 어떻게 이러한 협화음과 불협화음 음악을 처리하는지에 대해 연구중이다. "저는 청각 전도 통로에서 매우 흥미로운 점을 발견했습니다. 인간은 협화음을 불협화음보다 더욱 쉽게 처리하는 것 같습니다."

인간이 질서정연한 소리를 선호한다는 사실에서 왜 우리가 그 외의 소리를 싫어하는지에 대한 해답을 찾아볼 수 있다. 칠판을 손톱으로 긁는 소리를 예로 들어보자. 그 찢어질 것 같은 새된 소리의 주파수는 완전히 무작위다. 질서 따위는 존재하지 않는 소리인 것이다.

9장

규율을
어기다

커닝엄은, 배우자들이 그토록 서로에게 짜증나기 쉬운 이유로 소위 사회적 알레르기원이
라고 부르는 행동을 든다. 여기서 사회적 알레르기원이란 처음에는 별다른 반응을 이끌
어내지 않지만 반복적으로 노출되면 감정적 폭발을 일으키는 사소한 행동을 말한다. 때
로는 매일, 때로는 그보다 낮은 빈도로 가끔씩 반복되지만 시간이 흐르면서 점점 더 큰
타격을 미치는 무언의 행동이다.

▶▶▶　　　　　　　　조지아 주립대학교의 언어연구센

터LRC를 찾아가는 것 자체도 짜증나는 일이다. 이 연구센터는 비교

적 개발이 덜 된 애틀랜타 교외의 2차로에서 약간 떨어진 곳에 위치

해 있다. 정면에 표지판이 걸려 있지 않으며, 평범한 검은색 우편함

옆쪽에 흰 글씨로 주소가 적혀 있을 뿐이다.

　진입로로 들어서면 철조망이 둘러진 담장과 정문이 방문객을 맞

이한다. 여기서도 표지판은 찾아볼 수 없고, 문의 왼쪽에 비상전화

가 설치되어 있을 뿐이다. 만약 방문 약속을 했다면 전화를 받는 사

람이 문을 열어줄 것이다. 그곳에서 잡목림이 늘어선 진입로를 따

라 앞으로 4백 미터가량 나아가면 철조망이 둘러진 두번째 담장과

또하나의 비상전화가 나타난다. 만약 방문 약속을 했다면 이번에도 안에 있는 누군가가 리모컨으로 두번째 문을 열어줄 것이다. 여기서 조금 더 들어가면 옆쪽에 작은 주차장이 붙어 있는 나지막한 건물이 모습을 드러낸다. 건물의 정문은 잠겨 있지만 세라 브로스넌은 열쇠를 가지고 있다.

조지아 주립대학교의 심리학과에 재직중인 브로스넌은 LRC에서 몇 가지 실험을 진행하고 있다. 이렇게 보안이 삼엄한 이유는 동물을 실험 대상으로 사용하는 그 어떤 연구도 결코 용납할 수 없다고 생각하는 급진적인 동물권익운동가들의 위협 때문이다. 이들은 심지어 브로스넌의 연구처럼 동물에게 아무런 해도 끼치지 않는 행동 연구조차 용납하지 않는다. 가장 급진적인 동물권익단체에서는 동물을 사용한 실험을 하는 학자들의 집에 화염병이라도 던질 기세여서 이곳 건물의 문이 굳게 잠겨 있는 것이다.

브로스넌은 인간 외 영장류의 사회적 학습에 관심을 가지고 있다. 2003년 브로스넌은 『네이처 *Nature*』에 흰목꼬리감기원숭이가 공정성이라는 개념을 가지고 있음을 암시하는 논문을 실었다. 공정성은 일반적으로 인간만이 가지고 있다고 여기는 사회적 개념이다.[1] 공정성에 대한 브로스넌의 실험은 다음과 같다. 우리 안에 두 마리의 흰목꼬리감기원숭이가 나란히 앉아 있다. 원숭이의 이름은 리엄과 로건이다. 리엄은 로건이 무슨 행동을 하는지 볼 수 있고, 로건도 마찬가지다. 브로스넌은 이 원숭이들에게 일종의 게임을 가르쳤

194

다. 우선 원숭이들에게 돌로 된 토큰을 건네주었다. 이 원숭이들은 보상으로 먹이를 받으려면 이 토큰을 다시 브로스넌에게 건네주어야 했다. 상당히 단순한 게임이다.

그러나 여기서부터 문제가 복잡해진다. 보상으로 주는 먹이에는 두 가지 종류가 있다. 하나는 원숭이들이 아주 좋아하는 포도이고 다른 하나는 그보다 확연히 선호도가 떨어지는 오이 조각이다. 이 실험에서 브로스넌이 리엄에게 토큰을 건네주고 포도를 들어올리자 리엄은 브로스넌에게 토큰을 다시 건네주고 포도를 받았다. 그 다음에 브로스넌은 로건에게 토큰을 건네주었지만 그는 포도 대신 오이 조각을 들어올렸다. 대부분의 경우 로건은 리엄이 자기보다 좋은 보상을 받았다는 사실을 알게 되면 토큰을 다시 건네주지 않았다. 브로스넌은 로건과 동료 흰목꼬리감기원숭이들이 이렇게 부당한 대우를 받는 입장에 처했다는 사실을 아는 경우 보디랭귀지를 통해 불쾌감을 드러낸다고 한다. "이들은 말 그대로 여러분에게서 등을 돌리고, 가능하다면 다른 쪽으로 멀어집니다."

2003년에 처음 논문을 게재한 뒤 시간이 지나서 브로스넌은 흰목꼬리감기원숭이들에게서 관찰되는 행동을 '공정성'이라고 부르는 입장을 다소 철회했다. 하지만 브로스넌은 여전히 이 상황을 인간이 자신과 똑같은 일을 하는데도 더 많은 보수를 받는 누군가를 보았을 때의 감정과 비슷하다고 여긴다.

"우리가 정말 궁금한 것은 자신이 처해 있는 환경에서 급료에 차이가 있다는 사실을 알았을 때 어떻게 반응하는지가 아니라 바로 여러분이 더 낮은 급료를 받는 입장이 되었을 때 어떻게 반응하는 가입니다. 따라서 원숭이가 반드시 공정성에 대한 이상이나 세상이 돌아가야 하는 방식에 대한 개념을 가지고 있을 필요는 없습니다. 원숭이는 다른 누군가가 자신보다 더 많은 것을 받고 있다는 사실 만 깨달으면 됩니다."

일부 동물행동학자는 실험 결과에 대한 이 정도의 해석도 지나친 의인화라고 여긴다. 클라이브 원은 게인즈빌에 소재한 플로리다 대학교의 심리학자다. 원은 브로스넌이 관찰한 사실에 대해 또다른 설명도 제시 가능하다고 본다. "인간과 많은 다른 종이 공통적으로 가진, 보다 오래되고 기본적인 개념으로 좌절을 들 수 있습니다. 받으리라 기대하던 것을 받지 못할 때 거칠게 행동하는 경향이 좌절 입니다." 루시 피츠 기번이 가 음을 들으며 440헤르츠의 소리가 날 것이라고 기대하거나, 보수적인 청취자가 음악은 특정한 방식으로 소리나야 한다고 기대하는 것과 마찬가지로 원숭이도 더 좋은 보상 을 기대하다가 받지 못하면 좌절을 느낀다. "이러한 종류의 좌절스 러운 행동은 셀 수 없이 다양한 종에서 관찰됩니다. 원숭이의 경우 1920년부터 이런 행동이 관찰되어왔습니다."

이 연구는 오토 레이프 팅클포라는 재미난 이름을 가진 예일 대학교 심리학자가 진행했다. 팅클포는 사이노몰로거스cynomologous라 는 이름의 원숭이종을 연구 대상으로 삼았는데, 그중에서도 사이키

Psyche라는 특정한 사이노몰로거스 원숭이가 주대상이었다. 팅클포의 실험은 다음과 같이 진행되었다. 의자에 앉아 있는 사이키 앞에 판자가 놓여 있기 때문에 사이키는 방 건너편 탁자에 놓인 컵 두 개를 보지 못한다. 판자를 아래로 내리면 사이키는 실험자(팅클포)가 하는 일을 볼 수 있었다. 다음은 팅클포가 기록한 실험 내용이다.

실험자는 바나나 한 조각을 보여주고, 판자를 낮춘 다음 바나나 조각을 하나의 컵 아래에 놓는다. 그다음 판자를 다시 올려 원숭이가 실험자의 손을 볼 수 없도록 한 뒤 실험자는 컵 아래에 있던 바나나 조각을 꺼내고 그 자리에 양상추 한 조각을 넣어둔다. 잠시 후 원숭이에게 "이쪽으로 와서 먹이를 집어"라고 지시한다. 원숭이는 의자에서 뛰어내려 아까 바나나가 놓였던 컵 쪽으로 급히 다가가 컵을 들어올린다. 원숭이는 먹이를 잡으려고 손을 뻗는다. 하지만 원숭이의 손은 먹이를 건드리지 않고 다시 바닥으로 축 처진다. 양상추를 바라보지만 (아주 배가 고프지 않은 이상) 건드리지 않는다. 원숭이는 컵 주변과 판자 뒤쪽을 둘러본다. 일어나서 바닥과 자신의 주변을 살핀다. 컵을 들어올리고 뒤집어보면서 세심하게 살핀다. 때로는 같은 방에 있는 관찰자를 향해 돌아서서 매우 화를 내며 날카로운 소리를 지른다.[2]

예측할 수 없고, 일시적이고, 불쾌한 상황에 처한 원숭이는 짜증이 날 수밖에 없다. 그렇지 않겠는가? 인류학자인 브라이언 헤어는 기꺼이 그 가능성을 탐구하고자 한다. 헤어는 영장류(인간과 그 외 유인원)의 심리를 비교하는 영장류 심리연구 그룹을 이끌고 있다. 그가 지도하는 대학원생인 알렉산드라 로사티는 우리의 영장류 사촌들이 짜증을 내는 듯한 또다른 활동을 찾아냈다.

로사티는 침팬지를 대상으로 일련의 실험을 실시했다. 로사티는 침팬지에게 선택권을 주었다. 옵션 A를 선택하면 땅콩 몇 개를 확실하게 받을 수 있었다. 침팬지는 땅콩을 좋아하지만 가장 좋아하는 것은 아니다. 그보다는 바나나를 훨씬 좋아한다. 진부한 표현이겠지만 로사티는 침팬지들이 바나나만 보면 사족을 못 쓴다고 이야기한다. 옵션 B를 선택하면 바나나 한 조각을 받을 수 있는 기회를 얻는데, 확실한 것이 아니라 단지 가능성에 불과하다. 오이로 대체될 수도 있다. 침팬지는 흰목꼬리감기원숭이와 비슷한 정도로 오이를 선호한다. 즉 별로 좋아하지 않는다.

내기에서 지는 것을 좋아하는 사람은 없다. 로사티의 관찰에 따르면 침팬지도 예외는 아니다. 내기에서 지면 침팬지는 선택을 바꾸려 하고, 그것이 허락되지 않을 경우 짜증을 내는 것처럼 보인다. 이를 분노라고 부를 수도 있지만, 이때 보이는 감정은 침팬지가 공격을 당할 때 관찰되는 분노와는 전혀 다르다.

로사티는 보노보(bonobo, 난쟁이침팬지라고도 한다)를 대상으로 비슷한 실험을 실시했다. 보노보 역시 도박을 하는 쪽을 선택했지만 원하는 것을 못 얻었을 때 짜증내는 듯한 모습을 보였고, 좋지 못한 결과를 얻으면 다음번에 위험성 높은 옵션을 선택할 가능성이 줄어들었다. 내기에서 졌을 때 가장 크게 화를 냈던 보노보들은 전반적으로 다음번에 위험성이 높은 옵션을 선택할 가능성이 가장 낮았다.

반면 침팬지는 내기에서 져도 그다지 개의치 않는 듯했다. 이들은 거듭 위험성이 높은 옵션을 선택했다. 일부 종 또는 적어도 일부 개체의 경우 도박을 하고자 하는 욕망이 내기에서 졌을 때의 짜증보다 훨씬 큰 것으로 보인다.

영장류를 짜증나게 하는 이러한 요소에 대해 생각해보자. 언뜻 장애물이 도로를 막는 경우 같은 식의 짜증처럼 보일 수 있다. 원숭이는 포도 또는 바나나를 손에 넣겠다는 목표를 세웠지만 실험자(혹은 불운이나 다른 무엇)가 일시적으로 그 목표를 성취하지 못하게 막고 있는 것이다. 그러나 그렇게 단순한 문제가 아니다. 흰목꼬리감기원숭이의 경우 포도를 보기 전까지는 오이만으로도 충분히 행복해했다. 이것은 어딘가에 가야 하는 상황에서 교통체증 때문에 꼼짝 못 하는 것과는 다르다. 그보다는 느긋하게 드라이브하러 나왔는데 다른 운전자가 방해를 하는 편에 가깝다. 계획 자체가 좌절되기보다는 용납되는 행동에 대한 감각이 좌절을 맛보는 것이다. 비록 사소한 일이기는 하나 분명 부당한 일이다.

사람들은 (그리고 물론 일부 동물들은) 다양한 불쾌함을 바탕으로 서로 다른 종류의 짜증나는 일을 접한다. 우선, 스컹크 냄새, 칠판을 손톱으로 긁는 소리, 귀에서 윙윙대는 파리 등 신체적으로 불쾌한 짜증이 있다. 비행기 연착이나 세 통씩 작성해야 하는 양식, 잠을 청하려고 할 때 시끄럽게 짹짹대는 새, 의사와 통화하려고 하는데 끝없이 흘러나오는 전화응답 메시지에 이르기까지 계획이 좌절되었을 때 일어나는 또다른 종류의 짜증이 있다. 세번째이자 아마도 가장 큰 짜증의 범주는 특정한 사회적 규율을 위반하거나, 스스로의 가치체계와 충돌하거나, 합리적인 기대를 배반하기 때문에 일어나는 짜증이다(물론 일부 특정한 짜증 요소는 동시에 여러 범주에 속한다. 휴대전화 통화는 사회적 규율 위반인 동시에 버스로 통학하면서 독서하려는 계획을 망치는 요소이기도 하다).

심리과학협회 부회장 세라 브룩하트는 이 마지막 범주의 사례를 소개한다.

제 입장에서 대중교통 수단에는 짜증 요소가 가득합니다. 난간에 득실대는 박테리아, 저녁 메뉴에 대한 반쪽짜리 전화 통화는 혼잡한 시간대에 지하철을 타려면 감수해야 하는 일들이지요. 헤드폰을 끼고 소리를 무시해봅니다. 하지만 제 옆자리에서 손톱을 깎는 남자를 무시하기보다는 치명적인 미생물 덩어리를 무시하는 것이 아마 더 쉬울 듯합니다. 아이팟의 볼륨을 올려봐도 소용없습니다. 시간이 정지해버린 것 같습니다. 매번 또깍 소리가 난 후 고통스러운 기다림이 이어집니다. 다

끝났을까? 저 작은 단두대가 다시 한번 또깍 하고 내려올 것인가? 그러다가 절대 착각할 리 없는 그 소리가 들려옴과 동시에 반달 모양의 희끄무레한 손톱 조각이 슬로모션으로 공중을 날아갑니다. 더욱 끔찍하게도 통로 저편에 앉은 여성의 팔에 그 손톱 조각이 내려앉는 모습이 눈에 들어옵니다. 그 여성은 전혀 못 알아채지만 저는 역겨움으로 소름이 돋습니다.[3]

여기서도 역겨운 요소가 존재한다. 몸과 관계된 소리, 냄새, 소일거리를 접하면 우리는 역겨움을 느낀다. 아마도 이러한 요소가 비위생적으로 느껴지기 때문에, 그리고 무수한 진화적 이유에서 우리가 병을 피하고자 하기 때문일 것이다.

그러나 여기에는 그보다 복잡한 문제가 관련되어 있다. 이 일이 그토록 짜증나는 이유 중 하나는 세라가 지하철에서 손톱을 깎으려 하지 않기 때문이다. 이것은 가치체계의 침해다. 지하철에서 손톱을 깎으면 안 된다는 법률 조항은 없다. 이러한 행동 때문에 기분이 나빠진다고 해도 사회통념상 이러한 행동을 참을 수 있으리라고 기대된다. 바로 이 점이 짜증나는 것이다.

사회적 관습을 위반하는 것과 고추를 먹고 혀가 불타오르는 경험을 하는 것은 전혀 다르게 보일지 몰라도, 이 두 가지에는 중요한 공통점이 있다. 유쾌함과 불쾌함은 얇은 종잇장 하나 차이라는 점이다. 또한 예상치 않은 일, 사회적 기대에 대한 사소한 위반은 코미디 소재에 상당히 가깝기도 하다. 가족끼리 바비큐를 먹는 자리에서 트림을 해보면 어떤 의미인지 직접 느낄 수 있을 것이다. 초등학생이라면 이 갑작스럽고 예상치 못한 무례한 행동을 보고 미친 듯이 웃을 테지만 그 밖의 사람은 짜증을 낼 것이다. 할리우드는 이 종이 한 장 차이를 즐겨 주목한다.

과학은 대체적으로 짜증이라는 주제를 무시해왔지만 극예술의 경우는 결코 그렇지 않았다. 영화와 연극에는 짜증나는 등장인물이 가득 나오는데, 이는 시나리오 작가와 극작가 들이 사실상 심리학자가 되어야 한다는 의미다. 작가들은 사람을 짜증나게 하는 성격적 특징의 정수를 잡아 모든 사람이 짜증난다고 인식하는 등장인물을 구현해내야 한다.

여기서 일종의 모순을 발견할지 모른다. 대부분의 경우 우리는 갖은 수단을 동원해 짜증나는 사람과 함께 시간을 보내지 않으려 한다. 그러나 안전하게 떨어진 거리에서 짜증나는 사람을 관찰하는 것은 사실상 견딜 만하며, 심지어 재미있기까지 하다. 티나 페이(미국의 코미디언—옮긴이)가 너무나 짜증난 나머지 머리가 터질 지경이 되는 모습을 지켜보면서 일종의 금지된 쾌락을 느낄 수 있음이 틀림없다.

극작가 닐 사이먼과 감독 진 색스는 잭 레먼과 월터 매소가 출연하는 영화 〈별난 커플〉을 제작하면서 이러한 가능성을 알아차린 듯하다. 매소는 오스카 매디슨이라는 지저분한 스포츠 기자 역을 맡았다. 매디슨이 사는 뉴욕 아파트는 엉망진창이다. 냉장고에 보관된 음식에서는 곰팡이가 자란다. 매디슨은 아내와 이혼했으며, 그 결정에 상당히 만족하지만 이혼 수당을 체납하기 일쑤다.

잭 레먼이 맡은 펠릭스 웅가는 매디슨과 정반대의 인물이다. 웅가의 아내는 그의 습관이 짜증난다며 그를 집에서 쫓아냈지만 웅가는 아내에게 헌신한다. 웅가는 목을 가다듬을 때 이상한 소리를 낸다. 게다가 극도로 꼼꼼하고 지나치게 깔끔을 떤다.

깔끔쟁이 웅가의 결혼생활이 파탄나자 단정치 못한 매디슨은 웅가에게 자신의 아파트에서 같이 살자고 제안한다. 머지않아 두 사람은 그들의 공통점이라고는 독신이라는 것밖에 없음을 알게 된다. 웅가는 매디슨이 포커 게임을 한 뒤 아파트가 완전히 뒤죽박죽되자 약간의 '정리정돈'을 해주겠다고 제안한다. 다음날 아침 매디슨이 눈을 뜨자 아파트는 『하우스 뷰티풀*House Beautiful*』 같은 잡지의 사진 촬영을 해도 될 정도로 깨끗하게 정리되어 있다. 어젯밤 떠들썩했던 술잔치는 꿈을 꾼 듯 머나먼 기억에 불과하다.

매디슨은 처음에는 이러한 변화를 반긴다. 지저분한 매디슨조차 웅가가 기꺼이 제공하는 빨래 서비스와 집에서 만든 식사를 즐긴다. 그러나 어느 정도 시간이 지나자 끊임없이 쓸고 닦으며 정리하고 방향제를 뿌려대는 웅가의 행동이 참기 힘들어진다. 매디슨은 장황하게 비난하기 시작한다. "도저히 더이상은 못 참겠어, 펠릭스. 미쳐버리겠다니까. 네가 하는 일은 뭐든지 짜증나. 네가 집에 없을 때는 네가 집에 돌아와서 틀림없이 할 일들 때문에 짜증이 나. 너는 내 베개에 작은 쪽지를 남겨놓았지. 베개에 쪽지 남겨놓는 게 싫다고 아마 158번쯤 말했을걸. '콘플레이크가 다 떨어졌어. F.U.' F.U.가 펠릭스 웅가의 약자라는 걸 알아내는 데 세 시간이나 걸렸다고!" 웅가는 이 모든 비난을 받아들이지만 오스카가 자신의 노력에 감사하지 않는 것에 대해서는 오스카만큼이나 짜증을 낸다.

> **웅가** 내가 이 집을 정리했다고. 몇 달 만에 처음으로 너는 돈을 절약하고 있잖아. 깨끗한 이불에서 잠을 자고 말이야. 여느 때와 달리 따뜻한 식사도 하잖아. 그걸 내가 다 했다고.
>
> **매디슨** 그래, 그건 맞아. 하지만 밤에 네가 만든 넙치 구이와 타르타르 소스를 먹으면 그다음에는 저녁 내내 네가 남은 음식을 투명 랩으로 싸는 모습을 지켜봐야 한다고.

매디슨은 웅가가 두 사람의 저녁식사로 만든 파스타 접시에 대해 장황한 불평을 끝낸 뒤 고개를 젓는다.

> **매디슨** 이제 부디 내 포커 테이블에서 그 스파게티 좀 치워줄래.
> (펠릭스가 웃는다.)
> **매디슨** 도대체 뭐가 웃기다고 웃는 거야?

웅가   이건 스파게티가 아니라 링귀니라고.

(오스카는 링귀니를 집어들고 부엌 벽에 던져버린다.)

매디슨 이제 쓰레기가 됐네.

이 영화는 고전 명작이다. 배꼽을 잡게 한다. 그러나 두 등장인물 모두 나름대로 짜증나기 짝이 없다. 도대체 누가 두 시간이나 짜증나는 등장인물을 보려고 할까?

톰 슐먼은 이에 대한 설명을 제시한다. 슐먼은 성공한 시나리오 작가로 그가 손을 댄 작품으로는 〈애들이 줄었어요〉〈죽은 시인의 사회〉 등이 있다. 성공적인 영화 각본을 쓰기 위해 시나리오 작가들은 등장인물의 머릿속에 들어가야 한다. 인간행동의 정수를 파악해 이것을 화면으로 옮겨야 한다. 비록 심리학계는 무엇이 인간을 짜증나게 하는지 이해하는 데 별 기여를 못 했지만, 슐먼과 같은 이들이 몇 가지 아이디어를 제시해줄지도 모른다.

"일반적으로 우리가 다른 사람 때문에 짜증날 때는 그 감정을 마음껏 표현할 수가 없습니다. 특히 공공장소에서는 말이지요." 슐먼의 말이다. 비행기에서 어린아이 뒷좌석에 앉는 경우를 예로 들어보자. 앞좌석에 앉은 아이는 좌석 뒤쪽으로 끊임없이 머리를 쏙 내밀어 까꿍 놀이를 하려고 한다. 이러한 행동은 한동안 귀엽지만 기내에서 독서를 하고 싶은 입장에서 볼 때 앞자리에서 머리를 내밀며 장난을 거는 아이는 독서를 방해하는 짜증나는 요소다.

"모든 사람이 지켜보기 때문에 짜증났다고 해서 그렇게 드러낼 수가 없습니다. 하지만 영화에서는 등장인물이 짜증을 내는 걸 보고 웃을 수 있습니다"라고 슐먼은 말한다. 따라서 〈별난 커플〉에서 오스카 매디슨이 짜증을 내거나 영화에서 홀쭉이와 뚱뚱이 콤비로 나오는 올리버 하디가 스탠 로럴 때문에 짜증을 내거나 〈사인펠드〉에서 모든 사람이 뉴먼에게 짜증을 내거나 〈신혼여행자들〉에서 재키 글리슨이 아트 카니에게 짜증을 낼 때 우리는 웃음을 터뜨린다. 등장인물이 짜증을 내는 상황에 공감하며, 그런 일이 우리에게 일어나지 않기 때문에 웃을 수 있는 것이다.

슐먼은 바로 이러한 특징을 담아 〈밥에게 무슨 일이 생겼나?〉의 극본을 집필했다. 아마도 영화사상 성가심과 짜증이라는 주제를 가장 철저히 탐구한 작품이라고 할 수 있을지도 모른다. 빌 머리는 거의 모든 것을 두려워하는 밥 와일리라는 등장인물을 연기한다. 밥은 문손잡이에 붙어 있는 세균이 옮을까봐 문을 열 때 사용할 휴지를 가지고 다닌다. 또한 엘리베이터 타는 것을 너무나 두려워해 40층까지 계단으로 걸어서 올라간다.

리처드 드레이퍼스는 밥을 기꺼이 환자로 받아들인 자만심 강한 심리치료사 리오 마빈 역을 연기한다. 리오는 침착하고, 자신감 있고, 자신의 세계를 철저하게 통제한다. 이와 대조적으로 밥에게는 세상의 모든 것이 도전이다.

리오 결혼하셨습니까?

밥 이혼했습니다.

리오 그 이야기를 좀 해볼까요?

밥 이 세상에는 두 종류의 사람이 있지요. 닐 다이아몬드를 좋아하는 사람과 그렇지 않은 사람요. 제 전처는 닐 다이아몬드를 아주 좋아했습니다.

리오 (잠시 침묵) 알겠습니다. 그러니까 당신이 수많은 것을 두려워하고 끊임없이 공포상태라서 거의 제 기능을 못 하는 사람임에도 불구하고, 아내가 당신을 떠난 것이 아니라 당신이 아내를 떠났다는 말인가요? 왜냐하면…… 아내가 닐 다이아몬드를 좋아했기 때문에 말이죠?

〈별난 커플〉과 달리 〈밥에게 무슨 일이 생겼나?〉에서의 짜증은 일방적인 짜증이다. 여기서 밥은 리오를 무척 좋아한다. 리오는 밥을 싫어한다. 두 사람의 첫 만남이 있은 뒤, 리오는 밥에게 자신이 여름휴가를 떠나니 노동절 이후에 다시 만나자고 말한다. 이 말을 들은 밥은 미칠 지경이 되어버린다. 밥에게는 24시간 심리치료사가 필요한 것이다.

결국 밥은 휴가중인 리오를 찾아내 그의 비위를 맞추며 리오의 삶으로 비집고 들어간다.

"리처드 드레이퍼스가 연기한 리오는 모든 것을 자기 뜻대로 해야만 하는 사람입니다." 이 때문에 리오는 밥을 그토록 짜증스러워 하는 것이다. 리오는 밥에게서 벗어나려고 하지만 뜻을 이루지 못한다. "우리는 통제할 수 없는 것에 가장 짜증을 냅니다. 저는 통제 하고 싶은 기분이 가장 강할 때 짜증이 최고조에 이릅니다."

슐먼의 말에 따르면 밥은 짜증나는 사람이 맞다. 유별난 행동 때 문에 도저히 밥과 함께 살 수가 없다. 끊임없이 누군가를 필요로 하 는 밥은 정말 지긋지긋한 인물이다. 밥은 곁에 오래 머물고 싶지 않 은 사람이다. "이는 영화 속 수많은 등장인물의 특징이라고 생각합 니다." 만약 밥과 같은 사람이 우리집 거실에 있다면 "우리는 단 1초 도 못 참을 것입니다. 그러나 화면을 통해 보는 경우에는 밥 같은 인 물들을 응원하게 되지요. 이들과 대립하는 다른 등장인물들이 더욱 불쾌해하기 때문입니다".

그러나 슐먼은 이에 대해서 조심스러운 접근이 필요하다고 말한 다. 짜증을 유발하는 등장인물이 도를 지나치면 좋지 않기 때문이 다. 슐먼은 촬영장에서 한 여성에게 처음으로 대본을 보여줬을 때 그의 반응을 회상한다. "그녀는 이렇게 말하더군요. '밥이라는 이 등장인물, 정말 마음에 안 들어요. 도대체 이런 사람 근처에 누가 잠시라도 있고 싶어하겠어요? 두 시간 동안 화면으로 보는 건 말할 것도 없고요.'" 슐먼은 깜짝 놀랐다.

"미처 생각지 못한 점이었습니다. 저는 밥을 짜증나기는 하지 만 어딘가 미워할 수 없는 캐릭터라고 생각했거든요." 더이상 증거가 필요하지도 않지만, 이 사례는 무엇이 짜증을 유발하는가에 대한 인식이 매우 주관적이라는 사실을 잘 보여준다. 그야말로 백짓장 하나 차이인 것이다. 영화 〈밥에게 무슨 일이 생겼나?〉는 성공을 거두었지만 촬영장에서 처음 대본을 읽었을 때 여성이 보인 반응에 전적으로 동의한 사람들도 있다. 이들의 입장에서는 밥이 지독히 짜증나는 사람이라는 것만이 문제가 아니다. 어떤 사람은 밥에게 괴롭힘당하는 등장인물에게 감정이입을 한다. 리오 마빈은 자의식이 강할지 모르지만, 리오가 밥 때문에 감정적으로 피폐해지는 모습을 지켜보기가 좀처럼 쉽지 않은 사람도 있기 마련이다.

시나리오 작가 마크 실버스타인은 지나치게 관객이 짜증내지 않기 위해서는 등장인물의 짜증나는 행동을 비교적 친숙한 행동으로 설정하는 것이 좋다고 말한다. "관객이 영화 속의 등장인물을 보면서 자신이 아는 누군가를 떠올리거나 자신의 행동이 연상되어야 합니다." 실버스타인과 애비 콘은 영화 〈그는 당신에게 반하지 않았다〉의 대본을 공동 집필하면서 지지 필립스라는 등장인물을 만들어냈다. 필립스는 사랑에 빠지고 싶어하지만 올바른 방법을 몰라 그에게 관심 있는 남성들을 뒷걸음치게 한다.

예를 들어, 지지는 가까스로 한 남자와 데이트를 하게 되는데 그는 얽매이는 것을 끔찍하게 싫어한다. 하지만 지지는 반대로 "향후 4년 계획에 대해 이야기합니다. 뒤이어 어디서 결혼하고 싶은지, 여름 별장이 있었으면 좋겠다는 이야기, 아예 별장에 겨울 옷과 여름 수영복을 보관해두고 그곳에서 휴가를 보내자는 이야기를 늘어놓습니다." 콘의 말이다.

상대 남성에게 지지는 끔찍한 악몽 같은 여자다. 하지만 사랑과 결혼을 갈구하는 지지의 모습은 관객의 동정심을 유발한다. "이러한 방식으로 역학관계를 설정하는 경우, 한 등장인물이 다른 등장인물을 얼마나 짜증나게 하느냐에 따라 관객에게 재미를 줄 수 있다고 생각합니다."

콘은 이러한 역학관계를 지켜보면 상대를 짜증나게 하는 사람보다 짜증을 내는 사람의 캐릭터에 대해 더 많은 것을 배울 수 있다고 말한다. 콘은 실제로 실버스타인과의 관계를 통해 이러한 깨달음을 얻었다고 한다. 두 사람은 할리우드 근처의 안락한 사무실에서 함께 일한다. 하지만 두 사람의 공동 작업실은 그다지 크지 않다. 콘은 자신이 뭔가 쓰고 있을 때 마크가 어깨 너머로 들여다보면 짜증이 난다. 이 경우 마크는 짜증을 유발하는 사람이고, 콘은 짜증을 내는 사람이다.

"왜 그 행동에 짜증이 날까요? 제 목에 마크의 숨결이 느껴지기 때문일까요? 물론 그것도 짜증나는 일이지요. 마크가 너무 가까이 다가와서 짜증나는 것일까요? 그럴지도 모릅니다. 하지만 아마도 제가 아직 적절한 문장을 찾아내지 못해 다섯 번, 여섯 번, 일곱 번 썼다 지우기를 반복중이었을 수도 있습니다. 그래서 제대로 된 글을 쓰기 전의 형편없는 원고를 마크가 보지 않았으면 하는 것이죠."

콘은 엉망인 자신의 원고를 본 뒤 마크가 자신을 무시하지 않을까 하는 두려움에 짜증을 느끼지만 그러면서도 짜증나는 행동이 짜증을 유발하는 사람에 대해서 뭔가 가르쳐줄 수 있다는 사실을 깨닫는다. 콘은 "손가락 마디를 꺾거나 목소리를 높여 이야기하는 것은 자신감이 없음을 드러냅니다. 불안하면 목소리가 올라갑니다. 불안하면 손가락 마디를 꺾기 시작합니다. 불안하면 똑같은 농담을 네 번이나 반복합니다"라고 이야기했다.

어떤 배우들은 어떻게 해도 화면에서 짜증나는 캐릭터로 그려낼 수가 없다. 실버스타인은 그 때문에 이 배우들이 큰 성공을 거둔 스타가 되었다고 설명한다. "톰 행크스나 줄리아 로버츠 같은 배우들이 여기에 해당합니다. 이들은 어떤 행동을 해도 사랑받지요." 실버스타인의 말에 따르면, 만약 행크스나 로버츠를 밉살스러운 행동이나 타인에게 못되게 구는 등장인물로 캐스팅하는 경우 관객들은 그 등장인물을 용서하거나, 그만한 이유가 있어서 그들이 못된 행동을 한다고 결론짓는다.

때로는 화면에서 묘사되는 불쾌한 행동이 실생활에 긍정적인 영향을 미치기도 한다. 예를 들어, 〈밥에게 무슨 일이 생겼나?〉에서 밥은 교묘한 방법으로 리오 마빈의 가족이 휴가를 보내는 별장에 초대받아 저녁식사를 한다. "밥은 '이거 너무 맛있어요!'라는 의미로 온갖 소리를 냅니다. 마빈은 이 모습에 이성을 잃고 말죠." 시나리오 작가인 톰 슐먼의 말이다. 그 소리 자체는 짜증나지 않지만 너무나 지나치게, 끊임없이 소리를 내는 바람에 심지어 좋은 소리임에도 불쾌감을 준다. "제 아내도 맛있는 음식을 먹을 때는 그렇게 드러내놓고 표현하는 버릇이 있었는데 그 영화를 보더니 아내가 그 행동을 고치더군요."

배우자의 짜증나는 버릇을 뿌리뽑기 위해 그렇게까지 수고할 필요가 있을까 싶으면서도 효과가 확실하다는 데 반박하기도 어렵다.

루이빌 대학교의 심리학자 마이클 커닝엄은 예를 들어 누군가의 요리에 지나칠 정도로 야단스럽게 반응하는 듯한 배우자의 버릇 때문에 미칠 듯이 짜증나는 이유가 궁금하다면 우선 면역체계, 특히 알레르기에 대해 생각해보는 것이 좋은 출발점이라고 한다.

알레르기는 면역체계가 틀어진 좋은 사례다. 대부분의 사람들은 먼지가 있을 때 코가 간질거린다는 정도로 반응하지만 먼지 알레르기가 있는 사람은 코가 심각하게 막히고 끊임없이 재채기를 하는가 하면 눈까지 빨개진다. 땅콩을 예로 들어보자면 땅콩 알레르기가 있는 사람에게 땅콩은 고소한 간식이 아니라 치명적인 위협이다. 덩굴 옻나무는 또 어떤가. 어떤 사람들은 덩굴옻나무가 있는 곳을 맨발로 마구 돌아다녀도 털이 북슬북슬한 양탄자 위를 걸어 다닐 때와 별 차이가 없다. 그러나 어떤 사람들은 그 독특한 세 잎짜리 식물을 곁눈질만 해도 발진이 돋아나 끔찍하게 가렵기도 한다. 일단 면역체계가 잘못되기 시작하면 사태는 점점 악화된다. 덩굴옻나무에 처음 노출

212

되면 가벼운 발진 정도로 끝날 수도 있다. 하지만 반복적으로 노출되면 병원에 입원할 정도로 심각한 발진이 생기고 부어오르기도 한다. 이렇게 노출이 여러 차례 반복되면서 더욱 반응이 격렬해지는 것을 민감화敏感化, sensitization라고 부른다.

커닝엄은, 배우자들이 그토록 서로에게 짜증나기 쉬운 이유로 소위 사회적 알레르기원이라고 부르는 행동을 든다. 여기서 사회적 알레르기원이란 처음에는 별다른 반응을 이끌어내지 않지만 반복적으로 노출되면 감정적 폭발을 일으키는 사소한 행동을 말한다. 때로는 매일, 때로는 그보다 낮은 빈도로 가끔씩 반복되지만 시간이 흐르면서 점점 더 큰 타격을 미치는 무언의 행동이다.

커닝엄은 동료를 방문했을 때 처음 이 발상을 해냈다. 두 사람이 즐겁게 대화중일 때 전화가 울렸다. 친구는 전화를 받았는데, 통화가 계속되면서 점점 동요하는 모습을 보였다. 친구는 예의를 잃지 않았지만 얼굴이 벌겋게 달아올랐다. "그 친구는 짜증을 내고 있었지요. 뭔가 문제가 있는 것이 틀림없었습니다."

통화를 끝낸 친구에게 커닝엄은 무슨 일인지 물었다. 친구의 지도하에 논문을 쓰는 대학원생에게서 걸려온 전화였다. 그 학생은 논문을 수정하라는 교수의 권고를 계속해서 무시했다. "문서를 검토하는 사람의 입장에서 권고한 대로 수정이 반영되지 않는 것보다 더 짜증나는 일은 없지요."

그 자체로는 가벼운 논쟁에 불과하다. 그 학생이 수정하지 않은 것을 처음에는 교수가 거의 알아채지 못했을 수도 있다. 두번째에는 반응이 조금 더 강해진다.

세번째나 네번째쯤 됐는데도 수정되지 않으면 교수는 짜증이 나고 얼굴이 상기된다. 교수는 그 학생이 수정하라는 의견에 소극적으로 저항하는 것인지, 아니면 여백에 적어놓은 지적사항에 별다른 신경을 쓰지 않는 것인지 확신하지 못하지만, 어느 쪽이든 전문가로서 조언을 해준 교수의 시간과 노력을 존중하지 않는다는 인상을 준다.

이러한 상황은 확실히 민감화와 유사하다. 커닝엄은 이제까지 사회적 알레르기원, 특히 서로 사랑하는 사람들 사이에서의 현상과 연관된 수많은 연구를 실시했다. 커닝엄의 말에 따르면, 대부분의 사회적 알레르기원은 크게 네 가지 기본 범주로 나눌 수 있다.

1. **무례한 습관**. 짜증을 불러일으킬 의도로 한 행동은 아니지만 짜증을 유발하는 데 놀랄 만한 효과를 발휘하는 행동이 여기에 해당한다. 요란하게 방귀 뀌기, 코 후비기, 손가락 마디 꺾기가 좋은 예다. 기본적으로 여러분의 물리 및 소리의 공간을 침해하는 모든 행동을 의미한다. 이러한 행동은 짜증을 유발하려는 의도로 하는 것은 아니다. 전철 객차의 정반대편에 있는 사람들에게까지 들릴 정도로 아이팟 볼륨을 엄청나게 올린 사람이 다른 승객들을 짜증나게 하려는 의도가 없이 그런 행동을 하는 것과 마찬가지다. 그 사람은 그저 큰 소리로 음악을 듣는 것

을 좋아할 뿐이다. "연인과 함께하면서 그를 신경쓰지 않고 비디오게임을 하는 사람 역시 무례한 습관을 가지고 있는 것입니다. 금요일 밤부터 일요일까지 옷을 갈아입지 않고 주말 내내 샤워조차 하지 않는 사람은 배우자를 짜증나게 할 수도 있습니다."

2. **배려 없는 행동**. 배려 없는 행동은 특정한 개인에게 영향을 미치는 사회적 알레르기원이지만, 딱히 그 사람을 짜증나게 하려는 확실한 의도는 없는 행동이다. 예를 들어 여러분이 직장에서 난항중인 프로젝트에 대해 배우자와 이야기를 나눈다고 해보자. 처음에는 배우자도 공감을 표시하며 혀를 차지만, 세부사항까지 설명하면 새로운 메일이 왔는지 휴대전화를 확인하는 배우자의 모습이 눈에 들어온다. 또는 저녁 외식을 약속했기 때문에 배우자가 외출 준비를 마치고 기다리는데 여러분은 "이번 이닝만 끝나면 나가자"라고 말한다. 하필 투수가 세 번이나 교체되면서 이닝은 25분이나 지속되고, 배우자는 계속 문 옆에 서서 기다린다. 또는 배우자가 드라이클리닝을 맡긴 세탁물을 찾아오겠다고 말하고는 거듭 깜빡한다. 아니면 연인과 만나기로 약속한 시간에 습관처럼 늦는다. 대충 어떤 상황인지 감이 잡힐 것이다.

3. **거슬리는 행동**. 앞서 제시한 두 가지 사회적 알레르기원과 달리 "거슬리는 행동은 의도적이고 특정한 사람을 대상으로 한다". "여러분이 관심이 있든 없든 항상 자신의 의견을 여러분에게 강요하는 사람의

경우가 이에 해당합니다. 어떻게 하면 여러분이 더 좋은 사람이 될 수 있는지 이야기하는 사람, 부탁하지도 않은 조언을 하는 사람, 전반적으로 그저 여러분 위에 군림하려는 사람. 물론 의도 자체는 선하다고 하더라도 여러분은 그 사람에게 부모님처럼 조언을 해달라고 부탁한 적이 없으니 불쾌해집니다."

거슬리는 행동은 비교적 불특정인을 대상으로 할 수도 있다. 술집에서 야구를 보려고 하는데 미국의 문제점이 무엇인지 장광설을 늘어놓으며 붙잡는 사람의 경우처럼 말이다. 하지만 이러한 행동은 상당히 개인적으로 작용하기도 한다. 부모는 성인이 된 자식에게 흔하게 이 같은 행동을 한다. 부모는 자식이 어떤 부분에 자신 없어하는지 가장 잘 알고 있다. 만약 여러분이 성공한 변호사이지만 어머니가 계속해서 의사가 될 수도 있었다고 환기시키면 다른 사람은 잘 이해하지 못할지라도 짜증날 수 있다. 또는 아내가 여러분의 수입을 결혼 전 남자친구와 비교하며 그만큼 돈을 못 번다고 지적하는 버릇이 있다면, 이것 역시 여러분의 화를 폭발시키기에 충분하다.

4. **규범을 위반하는 행동**. "여러분 개인을 향한 행동은 아니지만 여러분이 가진 일종의 기준을 위반하는 의도적인 행동이 여기에 해당합니다. 예를 들어 소득세를 내지 않는 사람을 알고 있다고 해봅시다. 그 사람이 세금을 내는지 감시하는 것은 여러분의 의무가 아니지만 여러분은 소득세를 내기 때문에 그 사람이 세금을 납부하지 않는다는 사실

에 짜증이 납니다. 규범을 위반하는 행동 중에서 실제로 개인에게 어느 정도 영향을 주는 것들도 있습니다. 예를 들어 화장실에서 금연하라는 건물 규칙을 위반하는 사람이 있는 경우, 이들이 화장실을 사용한 다음에 들어가면 고약한 냄새가 납니다. 이러한 규정 위반 행위는 개인에게 영향을 주지만, 딱히 여러분을 겨냥한 것은 아닙니다."

커닝엄이 말한 이 네 가지 범주의 사회적 알레르기원을 모두 종합해보면 누군가와 함께 산다는 것은 쉽지 않은 일이다. 커닝엄은 1999년 발표된 영화 〈스토리 오브 어스〉의 한 장면을 즐겨 인용한다.

결코 피할 수 없다. 갑자기 바닥 여기저기에 젖은 수건이 널려 있고, 리모컨을 독차지한 채 포크로 등을 긁어대는 남편의 모습만이 눈에 들어온다. 결국 여러분은 불변의 진리를 깨닫는다. 화장실 휴지를 새로 꺼낸 다음 그것을 그냥 다 쓴 휴지심 위에 놓아두는 사람과는 진한 키스를 하는 것이 사실상 불가능하다는 사실을. 하늘이 무너져도 그가 2초를 투자하여 다 쓴 휴지를 새 휴지로 갈아놓을 리 없다. 다 쓴 휴지가 눈에 들어오지 않는 것일까? 아예 보이지도 않는 것일까?

10장

그는 반드시 당신 때문에
짜증난 것이 아니다

세상에는, 만나서 사랑에 빠지고, 일평생 결혼생활을 유지하며, 배우자에 대한 험담 한 마디 하지 않는 사람들이 있다. 그리고 그렇지 않은 그 외 60억 명이 지구상에 존재한다. 사람들은 자신의 배우자를 '내 인생의 사랑'인 동시에 '내가 아는 가장 짜증나는 사람'으로 묘사하며, 세상에서 제일 짜증나는 사람이라고 표현하기도 한다. 정말 당황스러운 모순이 아닐 수 없다.

▶▶▶　　　　　　　세상에는, 만나서 사랑에 빠지고, 일평생 결혼생활을 유지하며, 배우자에 대한 험담 한마디 하지 않는 사람들이 있다. 그리고 그렇지 않은 그 외 60억 명이 지구상에 존재한다.

사람들은 자신의 배우자를 '내 인생의 사랑'인 동시에 '내가 아는 가장 짜증나는 사람'으로 묘사하며, 세상에서 제일 짜증나는 사람이라고 표현하기도 한다. 정말 당황스러운 모순이 아닐 수 없다. 다음 상황을 생각해보자. 세계 각국의 저녁식사 자리에서 아마 백만 번쯤 일어났을 장면이다. 이 이야기를 무수히 다르게 각색할 수 있는 테마라고 생각해보자.

네 쌍의 커플이 식탁에 둘러앉아 있다. 다들 두 잔째 와인을 마시고 있다. 한 남자가 농담을 하기 시작한다.

"그래서 끈 세 개가 술집에 간 거야. 첫번째 끈이 바텐더에게 '톰 콜린스(Tom Collins, 진에 레몬즙, 소다수를 넣은 칵테일—옮긴이)' 한 잔 주시오라고 했어."

이 시점에서 남자의 아내가 말을 막는다.

"제발 그 농담 좀 그만 해요."

남자는 아내 쪽을 돌아본다.

"하지만 다른 사람들은 처음 듣는 얘기잖아."

아내는 남편의 시선을 피한다.

"나는 적어도 수천 번은 들었다고요."

"재밌잖아."

"당신이나 재밌죠."

이제 상황은 전환점에 도달했다. 남편이 농담을 계속하면 아내는 짜증을 낼 것이고, 그 시점에서 이야기를 그만두면 남편 쪽에서 부아가 날 것이다.[1] 이 부부가 집에 돌아간 뒤 어떤 대화를 나눌지는 어렵지 않게 짐작할 수 있다.

"왜 당신은 내가 농담을 할 때마다 못 하게 막는 거야? 연애할 때는 당신도 내 농담을 좋아했잖아."

"저녁 모임에서 당신이 하는 건 그게 다잖아요. 농담하는 거. 정치에 대한 이야기중인데, 당신은 끈이 어쩌고 하는 시시껄렁한 농담이나 해대고 말이에요."

"당신은 왜 항상 저녁 모임에서 내 말을 가로막는 거야? 다른 사람들 앞에서 제발 이야기 좀 끝까지 하게 해주면 안 돼? 다른 사람들이 내 이야기를 듣고 싶어하는지 아닌지 직접 결정하게 하면 안 되냐고?"

이런 식이다.

어느 정도 안정된 커플이라면 이런 사소한 언쟁 정도는 무리 없이 헤쳐나갈 것이다. 그러나 결혼생활이 삐걱거리는 경우, 이런 언쟁은 파국으로 한 발짝 더 가까이 가게 할지도 모른다. 다이앤 펨리는 커플을 이러한 어려움으로 내모는 상황에 대해 많은 생각을 해왔다. 펨리는 데이비스에 있는 캘리포니아 주립대학교에 재직중인 사회학자다. 수십 년간의 연구 끝에 펨리는 무엇이 문제인지 파악했다고 확신하게 되었다.

블루밍턴에 위치한 인디애나 대학교에서 처음 교편을 잡기 시작한 1980년대에 처음 대답을 떠올렸다. 펨리는 심지어 그날이 어땠는지 기억한다. 여자친구 몇 명과 점심을 먹는 자리였는데 대화의 주제가 남녀관계로 흘러갔다. 친구들은 각자의 배우자에 대한 불만을 토로했다. "한 친구는 남편이 주말에 집에 붙어 있는 일이 없다고 하더군요. 그녀는 자신의 남편이 항상 일을 너무 열심히 한다면서 남편과 더 많은 시간을 보냈으면 하고 바랐어요. 그래서 저는 그녀에게 처음에 왜 남편에게 끌렸는지 물어보았습니다."

펨리의 친구는 남편과 고등학생 시절부터 사귀었는데 그가 열심히 공부하는 학생이었기 때문에 반했다고 대답했다. "앞으로 동급생들 중에서 성공한 축에 속할 것이 틀림없었거든." 펨리는 친구가 이렇게 말했던 것으로 기억한다. "다른 한 친구는 약혼자가 자신의 속내를 절대 털어놓지 않는다고 토로했습니다. '왜 심기가 불편한지 말을 안 해.' 그래서 저는 물었지요. '왜 약혼자에게 매력을 느꼈는데?' 친구는 '글쎄, 무척 차분한 사람이거든. 언제나 태도가 침착하고 당당해'라고 대답했습니다. 저는 이렇게 생각했지요. '차분하고 과묵한 남자는 쉽게 감정을 드러내지 않잖아. 자기 기분이 어떤지 미주알고주알 늘어놓지 않는다고.'"

펨리는 일종의 패턴을 발견했다. 연애를 시작할 때 매력적으로 보였던 바로 그 자질이 오랜 시간 관계가 지속되면서 짜증을 유발하는 요소가 된다. 펨리의 친구들이 유별난 것일까, 아니면 이것이 일반적인 현상일까? 펨리는 이 문제를 조사해보기로 마음먹었다. 당시 펨리는 많은 학생들이 수강하는 대형 강의를 맡고 있었다. 펨리는 자연스럽게 새로운 심리학 이론을 증명할 때 자주 실험 대상이 되는 대학 2학년생들을 대상으로 조사를 실시하게 되었다. "학생들에게 종이 한 장을 꺼내 각자의 이성친구를 떠올려보고 그 사람의 어떤 점에 매력을 느꼈는지 적으라고 했습니다."

만약 여러분이 강단에서 학생들에게 어떤 질문을 하면, 학생들은 교수가 원할 듯한 답을 내놓을 확률이 크다. 따라서 펨리는 몇 가지 관련 없는 질문을 섞어서 설문의 의도를 숨겼다. "그러고는 각자의 이성친구의 가장 싫어하는 점이 무엇인지 물었지요. 관계가 끝났다면 그 이유가 무엇인지도 물었습니다."

학생들이 내놓은 대답은 펨리의 가설을 확인해주었다. 연애를 하고 있는 혹은 연애를 했던 상대방에게 매력을 느꼈던 바로 그 점 때문에 애정이 식었다고 답한 학생이 적지 않았다. 펨리는 소위 '치명적인 매력'이라고 부르는 이 문제를 보다 철저히 탐구하기 위해 지난 몇십 년간 여러 커플과 연구를 진행해왔다. 펨리는 사실상 여러분이 생각할 수 있는 어떤 긍정적인 특징도 짜증 유발 요소가 될 수 있다고 한다.

"한 남성에게 전 여자친구의 어떤 점이 좋았느냐고 물었더니 가장 은밀한 부위까지 포함한 신체 구석구석에 대해 줄줄이 대더군요. 그러다 '두 사람은 왜 헤어졌나요?'라고 질문하자 그 남성은 오직 욕정에만 기반을 둔 관계였다고 답했습니다. 사랑이 부족했다는 것이지요. 저는 이렇게 생각했습니다. '처음에는 원하는 것을 손에 넣었겠지. 하지만 거기에 계속 만족하지 못하는 모양이야.'" 펨리는 연구 참여자 중 남편의 탄탄한 몸을 무척이나 좋아하는 여성을 떠올렸다. 이 여성은 남편이 자신과 더 많은 시간을 보내지 않고 항상 운동만 한다고 불평했다.

이러한 사례는 무수히 많다. 펨리의 말에 따르면, 연애 초기에는 유머러스해 보였던 사람도 시간이 흐르면 '좀처럼 믿을 수 없고' '철

없는' 사람으로 비칠 수 있다. 한 여성은 남자친구의 유머감각에 이끌렸다고 대답했지만, 남자친구가 "언제나 다른 사람의 감정을 심각하게 받아들이지 않는다"며 불평했다(지나치게 익살을 부린다는 의미다).

남을 배려하며 보살피는 장점 역시 부정적인 측면이다. 펨리는 "매우 배려심이 강하고" 끈기 있는 남성에게 매력을 느꼈지만, "자신을 통제하려고 하는 점"이 마음에 들지 않았다던 한 여성의 이야기를 전했다. 또다른 여성은 전 배우자를 "사려 깊고" "세심하며" 자신의 말에 귀를 기울여주는 사람이었다고 묘사한다. 하지만 동시에 상당히 질투가 심하고 "(그 여성이) 다른 친구들과 어울리는 것을 좋아하지 않는다"는 사실이 싫었다고 한다.[2]

여러분이 생각해낼 수 있는 어떤 긍정적인 특징에도 이면이 있기 때문에 시간이 지남에 따라 짜증이 유발될 수 있다.

- 친절하고 상냥한 사람은 나중에 수동적이고 남 앞에서 제 목소리를 못 내는 경향의 사람으로 비칠 수 있다.
- 의지가 강하고 자신의 목표가 분명한 사람은 고집이 세고 비합리적인 사람으로 비칠 수 있다.
- 활발하고 수다스러워 모임에 생기를 불어넣는 사람은 한시도 입을 다물 줄 모르고 끊임없이 떠드는 사람으로 비칠 수 있다.
- 남을 세심하게 배려하고 보살피는 사람은 좀처럼 곁에서 떨어지려

하지 않고 끝없는 관심을 필요로 하는 배우자가 될 수 있다.

- 위험을 적극적으로 무릅쓰는 사람은 무책임한 부모가 될 수 있다.
- 신체적으로 매력적인 연인은 신경을 많이 써야 하는 배우자가 될 수 있다.
- 느긋한 사람은 게으른 사람으로 비칠 수 있다.
- 성공한 사람은 일중독자가 될 수 있다.

어떤 의미에서 치명적인 매력이라는 개념은 '감성의 역전'의 반대 버전이다. 관계 초기에는 상대방의 매력적인 면을 발견하지만 시간이 지나면서 바로 그 점에 짜증이 난다. 감성의 역전은 매운 고추를 먹는 것처럼 본질적으로 불쾌한 일에 반복적으로 노출되면 그 일을 즐겁게 느끼는 것이다. 이는 미국에서만 국한된 현상이 아니다. 펨리는 전 세계 사람들을 대상으로 실험을 실시했고 같은 패턴을 발견할 수 있었다.

펨리는 그 외에도 일관적으로 발견되는 패턴으로 어떤 사람이 특정한 특징을 더욱 강력하게 드러낼수록 해당 특징이 짜증을 유발할 가능성이 높다는 점을 꼽았다. 여기서도 빈도가 관건이다. 가끔씩 재치 있는 말을 하는 사람보다 항상 재미있고 농담을 즐겨 하는 사람이 배우자에게 짜증을 유발할 가능성이 높다.

도대체 왜 그런 것일까? 왜 장점이 단점으로 바뀌고 사랑스러웠던 특징이 부아를 돋우는 요인이 되는 것일까? "저는 이 현상을 '환상에서 벗어나기'라고 부릅니다." 펨리는 이 문제가 사회적 교환이라는 개념과 연관될지 모른다고 생각한다. "극단적인 특징에는 그만한 보상이 따릅니다. 그러나 그에 대한 대가도 치러야 하는데, 특히 누군가와 연인관계일 때는 더욱 그렇습니다."

독립심을 예로 들어보자. "독립심이 강해 자립할 수 있다는 것은 배우자로서 긍정적인 면일 수 있습니다. 하지만 누군가가 지나치게 독립심이 강하면 아내가 필요없다는 뜻이 되지요. 그리고 이럴 경우 아내와의 관계에서 그만한 대가를 치러야 할 수도 있습니다."

펨리는 커플이 이러한 문제를 어떻게 극복할 수 있을까 많은 고민을 해왔다. 자아인식도 도움이 된다. 펨리는 아내가 무척 완고하다며 불평하던 남성을 기억한다. "그 남성은 아내를 처음 만났을 때부터 아내의 강한 개성을 매력이라 느꼈고 사랑해왔지요. 그 남성은 아내에게 전적으로 헌신하며 그녀와 평생을 함께할 계획이라고 했습니다." 이 남성은 적어도 긍정적인 특징에는 단점이 내재되어 있다는 사실을 인식하는 듯하다. "또한 그 남성은 자신의 단점도 아는 것 같았습니다. '저 역시 완고합니다. 제 아내도 그 점을 참아내야 하지요'라고 말했거든요."

펨리는 이렇게 결론내린다. "너무나 완벽해서 단점이라고는 전혀 찾아볼 수 없는 사람을 만날 수는 없습니다. 그건 한마디로 불가능하지요."

남녀관계에서 짜증을 유발할 수 있는 또하나의 요소는 반복이다. 여러분의 배우자가 매번 배수구에 낀 머리카락 뭉치를 내버려두거나 식사중에 떠들지는 않는다 하여도, 누군가와 함께 일평생을 보내다보면 이런 행동에 반복적으로 노출될 수밖에 없다. "결혼생활에서는 같은 일이 끊임없이 반복됩니다." 하와이 대학교에 재직중인 심리학자이자 소설가이기도 한 일레인 해트필드의 말이다. "왜냐하면 누구에게나 다소 별난 점은 있거든요." 시간이 지남에 따라 무엇이든 짜증을 유발할 수 있지만, 해트필드는 이러한 짜증이 소위 공정성이론equity theory이라는 원칙에 따라 증폭된다고 한다.

개인과 집단은 서로에게 공정한 행동을 하도록 요구되며, 사람들은 공평한 처우를 받는다고 느낄 때 가장 편안한 상태가 된다는 것이 공정성이론의 요지다. 공정성이론에 따르면 만약 여러분이 불공정한 관계를 맺고 있다고 느끼는 경우, 여러분은 심리적 또는 실질적 형평성을 회복하거나 관계를 끝냄으로써 변화를 추구하게 된다. 만약 공정성의 균형이 여러분 쪽으로 기울어져 있고, 관계에서 상당한 이득을 얻고 있다면 여러분은 배우자의 짜증나는 습관을 기꺼이 눈감아주고 그의 부아를 돋우는 행동을 보다 삼갈지 모른다. "하지만 만약 여러분이 '저 남자는 매번 나를 이용만 해. 나는 아이들 여덟 명에 둘러싸여 꼼짝도 못 하고 외출도 못 하는데 저 남자는 나가서 신나게 즐기고 있어'라고 생각하면 화가 더욱 치밀기 마련입니다."

해트필드 본인과 남편의 관계도 이 이론을 입증해준다. 해트필드는 남편이 어떤 행동을 해도 짜증이 나지 않는다고 한다. 진심이다. 해트필드는 두 사람의 관계가 기막히게 균형적이라고 느끼며, 남편처럼 멋진 사람이 자신을 사랑한다는 사실에 진정으로 감사한다. 해트필드는 남편 때문에 짜증나는 상황을 상상조차 할 수 없을 정도다. 해트필드가 원래부터 느긋한 성격이라 남에게 좀처럼 짜증을 내지 않기 때문에 남편에게도 그러는 것이 아니다. "인생에서 몇몇 사람들에게 너무나 화난 나머지 차라리 그들이 죽어버렸으면 좋겠다고 생각한 적이 있습니다." 해트필드는 약간 놀랄 만큼 과장스러운 말투로 말한다.

앞서 사회적 알레르기원의 종류를 제시했던 마이클 커닝엄은 단순히 반복만 문제가 아닐 수도 있다고 한다.

관계가 시작되고 사랑에 빠져 두 사람이 꿈결 같은 상태일 때는 장밋빛 색안경을 끼고 상대방을 바라본다. 손가락 마디를 꺾는 상대방의 짜증나는 습관을 모르는 것이 아니라 그저 대수롭지 않게 넘겨버린다. 나중에 커닝엄이 '탈낭만화deromanticization'라고 부르는 현상이 일어나면 상대의 무례한 행동을 기꺼이 눈감아주려는 마음은 사라진다. 그때부터 상황은 악화일로를 걸을 뿐이다. "여러분은 배우자를 지적하고, 배우자는 지적받은 버릇을 고치겠다고 약속했을지 모릅니다. 하지만 계속해서 버릇을 고치지 않는 경우 무례하고 무관심한 태도를 보인다는 인상을 줍니다."

시간이 지남에 따라 이러한 사회적 알레르기원이 더욱 짜증을 유발하는 두번째 이유는 이 문제가 연애 초기의 뜨거운 시절이 끝난 뒤 자주 불거지기 때문이다. 커닝엄은 그 이유에 대해서 심리학자 롤런드 S. 밀러의 설명을 소개한다.

일단 구애가 끝나고 안정적인 연인관계가 되면 사람들은 대개 자신을 표현하는 데 공을 덜 들이고 상대방에게 끊임없이 긍정적인 인상을 주려는 노력을 다소 게을리한다. 상대방이 자신을 받아주리라 확신하기 때문이다. (중략) 일단 다른 사람의 인정과 지지를 받으면 그들이 우리를 좋아하도록 애쓰지 않는다. 따라서 언제나 깔끔하게 면도를 하고 향수까지 뿌리고 아침식사에 나타나던 남자가 결혼 후에는 세수도, 면도도 하지 않은 채 속옷 바람으로 식탁 앞에 앉는가 하면 마지막 남은 도넛을 채기까지 한다.[3]

남성과 여성에 따라 어떤 사회적 알레르기원을 가장 쉽게 드러내는지, 어떤 사회적 알레르기원에 가장 짜증을 내는지 크게 차이가 난다. 관계가 진행되면서 남성은 여성을 사려 깊지 못하고, 거슬리고, 점점 더 지배하고 통제하려는 존재로 본다. 여성은 남성에 대해 무례한 행동을 할 가능성이 크다고 생각하는데, 이는 아마도 그리 놀랍지 않을 것이다. 금연 구역에서 담배를 피우거나 주차 위반 스티커를 무시하는 등 사회적 기대치를 위반하는 행동에 대해 여성은 남성보다 심한 거부반응을 보인다.

대부분의 커플은, 배우자가 할 때는 짜증나서 미쳐버릴 것 같은 바로 그 행동을 아무 관계 없는 다른 사람이 하면 (비교적) 쉽게 무시할 수 있음을 깨닫는다. 커닝엄은 이를 두 가지 이유로 설명한다. 하나는, 만약 그 행동을 하는 사람이 자신의 배우자가 아닌 경우 여러분은 그 행동에서 벗어날 수 있다고 믿기 때문이다. 옆자리에 짜증나는 사람이 있어도 결국 그 짜증나는 상황이 끝나리라는 사실을 알고 있으며, 그것이 언제인지 궁금해할 필요도 없기 때문에 저녁식사를 끝마칠 수 있다. 여러분이 저녁식사 자리를 떠나면 상황은 종료된다. 하지만 만약 여러분의 배우자가 그와 똑같은 짜증나는 특성을 가진 경우, 그날 밤, 다음날 점심, 그리고 그후에도 똑같은 상황은 계속 맞닥뜨리게 된다. 또다른 이유는 거대하고 사악한 이 세상에서는 짜증나는 행동을 접할 수밖에 없다는 사실을 여러분이 잘 알기 때문이다.

"공공장소에서는 주위에 일종의 보호막을 치기 마련입니다. 그러나 배우자와 함께 있을 때는 이러한 보호막을 거두기 때문에 짜증나는 행동에 보다 쉽게 반응하는지도 모릅니다." 커닝엄의 말이다. 집에 있을 때는 뜻이 맞는 사람과 함께 편안한 환경에서 지내기를 바란다. 반면, "바깥세상에서는 짜증나는 사람을 상대할 것을 예상합니다". 즉 미리 준비를 한다는 뜻이다.

그러면 도대체 어떻게 해야 할까? 이러한 사회적 알레르기원 때문에 관계가 파국으로 치닫지 않으려면 어떻게 해야 할까? "사람들이 가장 보편적으로 하는 행동은 상대방을 피하는 것"이라고 커닝엄은 이야기한다. 관계에 있어서 꼭 긍정적인 것만은 아니지만 "이는 사람들이 왜 각방을 쓰거나 따로 휴가를 보내는지를 설명해줍니다".

"과일과 야채를 많이 먹어라"처럼 너무나 당연한 조언처럼 들릴지 모르지만, 커닝엄은 배우자의 짜증나는 습관을 받아들이도록 노력해야 한다고 말한다. "그러한 특징은 그 사람의 일부입니다. 다른 좋은 점을 바란다면 단점 역시 수용해야 합니다."

이보다 약간 더 현실적인 접근방식은 행동을 재평가하려고 노력하는 것이다. "짜증을 유발하던 상대방의 별난 점을 사랑스럽게 볼수도 있다고 말하는 사람들이 있습니다." 안타깝게도 이러한 재평가는 대부분 사후에 일어난다. 딱딱거리며 풍선껌을 불어대던 배우자의 밉살스러운 버릇도 장례식장에서 그를 추모하다보면 이상하게 매력적으로 다가올 수 있다. "해당 인물이 세상을 떠나기 전에 재평가할 수 있다면 이미 유리한 고지를 확보한 셈입니다." 어떤 사람들은 배우자에게 짜증나는 행동을 멈추거나 그만둬달라고 부탁하기도 하는데, 커닝엄은 이 방법이 효과적인 경우는 소수에 불과하다고 지적한다. 왜냐하면 일부 알레르기원은 고의가 아닌데다 통제하기 어렵고, 어떤 알레르기원은 상대방이 당연히 할 자격이 있다고 생각하는 행동이기 때문이다.

물론 우리는 여기서 중요한 점을 놓치고 있는지도 모른다. 뉴욕 주립대학교 스토니브룩 캠퍼스의 심리학자 아서 애런은 의식적으로든 무의식적으로든, 배우자를 일부러 짜증나게 하고 싶은 상황이 분명히 존재한다고 말한다. 때때로 우리는 배우자가 저지른 어떤 위반행위에 대해 보복하고자 한다는 사실을 깨닫는다. 그리고 어떻게 하면 어떤 사람을 짜증나게 하는지 가장 잘 아는 사람은 바로 그의 배우자다. "누군가와 어울릴 때는 특정한 화제를 입에 올리지 않아야 하고, 만의 하나 언급해도 지나치게 밀어붙여서는 안 된다는 사실을 알고 있습니다. 배우자는 우리가 어떨 때 화를 내는지 알고 있습니다. 그렇기 때문에 배우자가 굳이 그런 이야기를 꺼내면 더욱 짜증나는 것입니다."

행동의 의도성은 짜증 방정식에서 상당히 큰 영향을 미치는지도 모른다. 바람 때문에 문이 쾅 닫히는 것보다 화가 난 배우자가 문을 쾅 닫는 것이 훨씬 더 짜증스럽다. 애런은 이렇게 의도적으로 '지나치게 밀어붙이는 것'은 성인 사이의 관계에만 한정되지 않는다고 한다. "아이들은 부모에게 이런 행동을 많이 하지요. 그리고 어느 정도까지는 부모도 자녀를 상대로 이런 행동을 합니다." 애런은 통금 시간을 너무 이르게 정해놓거나 용돈을 올려주지 않는 부모를 화나게 하기 위해 아이들이 일부러 방을 정리하지 않거나, 병에 직접 입을 대고 우유를 마시거나, 숙제를 제시간에 제출하지 않는 경우가 있다고 한다. 해트필드와 마찬가지로 애런도 이러한 짜증 유발 요

234

소는 두 사람이 관계에 헌신할 경우 간과되고, 헌신이 없을 때는 더욱 과장되기 마련이라고 믿는다. 점점 더 짜증이 난다는 것은 앞으로 심각한 문제가 생기리라는 징조일지도 모른다.

그러나 반갑게도 이 문제에 대한 해결법이 있다. 애런은 관계를 위해 할 수 있는 중요한 일 중 하나로 배우자에게 뭔가 좋은 일이 일어났을 때 축하해주는 것을 꼽는다. "함께 축하해주는 것은 심지어 나쁜 일이 있을 때 상대방을 지지하는 것보다 더 중요합니다."

또하나의 비결은 배우자와 함께 새롭고, 도전의식을 북돋우며 신나는 일을 자주 시도해보는 것이다. 관계를 개선하기 위해 뭔가를 노력할 때마다 배우자 때문에 겪는 짜증은 차츰 줄어들기 마련이다. "티끌 모아 태산"이라는 경구가 있지만, 이 경우는 반대로 태산을 깎아 티끌로 만드는 셈이다.

어떤 특징을 가진 사람과 사랑에 빠졌다가도 몇 년 뒤 바로 그 특징 때문에 짜증나는 것과 똑같은 현상은 직장에서도 발생할 수 있다. 고용주가 어떤 특징 때문에 직원을 고용했지만 나중에는 그 특징이 짜증 유발 요소가 될 수 있다.

로버트 호건은 이 점에 대해 잘 알고 있다. 사실 호건은 바람직하지 못한 직원을 솎아내거나 직원들의 행동을 바꾸는 데 도움이 되는 조언을 해줄 수 있다고 기업을 설득하는 전문가다. 플로리다 주의 대서양 해안가 아멜리아 섬에 위치한 호건의 집만 보아도 그가 직업적으로 상당히 성공을 거두었음을 충분히 알 수 있다. 아멜리아 섬은 부유한 특권층의 거주지다. 호건은 "이 섬에는 진보주의자가 딱 두 명 사는데, 내가 그중 한 명"이라고 스스로를 소개한다. 호건의 집은 아멜리아 섬의 서쪽 해안가에 있는 연안 습지 끝자락에 자리한다. 외관은 그다지 특색이 없지만 내부는 높다란 천장, 습지가 내다보이는 거대한 창문, 재미난 각도로 교차하는 벽 등 눈이 휘둥그레질 정도로 멋진 현대식 인테리어로 장식되어 있다. 호건은 이 장대한 자택에서 오클라호마 주 털사에 위치한 경영 컨설팅 기업인 호건 평가 시스템 주식회사를 원격으로 경영한다. 호건과 아내 조이스는 털사 대학교에서 교편을 잡고 있을 때 이 회사를 설립했다.

호건은 성격심리학자다. "학문으로서의 성격심리학은 프로이트와 융, 아들러, 에릭슨과 함께 시작되었다는 것이 문제입니다. 애초에 나아갈 방향을 잘못 잡았습니다. 이들은 사람에 대해서 모든 사람이 다소 신경증에 걸려 있다고 일반화했는데 이는 인생의 큰 과제가 신경증 극복이라는 의미입니다. 결국 심리 진단의 목적은 각 개인이 가진 정신병의 근원 파악이라는 뜻이지요. 이 전제 자체가 완전히 잘못되었습니다."

호건의 말에 따르면, 이 전제가 잘못된 이유는 한마디로 (비전문적인 용어를 사용하자면) 프로이트와 융, 아들러가 모두 미쳐 있었기 때문이다. 이 학자들은 스스로의 광기를 다른 모든 사람이 고통받는 광기의 한 종류라고 상정했다. "인간의 본성에 대해 공정한 견해를 확보함으로써 스스로가 생각하는 자신의 모습에서 벗어날 수 있게 하는 것이 관건입니다. '너 자신을 알라'라고 했던 소크라테스의 가르침으로 거슬러올라가는 것이지요. 저는 젊었을 때 항상 '너 자신을 알라'라는 말은 프로이트식이라고 생각했습니다. 자신의 내면에 숨은 비밀을 알아내는 것을 뜻한다고 말이지요."

하지만 호건은 더이상 그렇게 생각하지 않는다. "소크라테스와 그리스 사람들에게 자기 인식은 스스로의 역량에 대한 한계 파악이었습니다. 기본적으로 자신이 무엇을 잘하고 무엇을 못하는지 아는 것이었지요. 이를 파악하기 위해 가장 신뢰할 수 있는 데이터는 '다른 사람들이 여러분에 대해 어떻게 이야기하는가'입니다." 다른 말로 하자면 여러분이 스스로에 대해 어떻게 생각하는지는 전혀 관련이 없다. 만약 당신을 아는 모든 사람이 당신을 얼간이라고 생각한다면 스스로에 대해 어떻게 생각하든지 여러분은 얼간이다. "여러분이 생각하는 자신의 모습은 별로 알 필요가 없습니다. 그 모습은 여러분이 만들어낸 것이거든요. 누구나 스스로의 작은 드라마에서는 주연입니다." 달리 말하자면 짜증을 유발하는 사람은 아마도 자신이 얼마나 짜증나는 존재인지 까맣게 모를 것이라는 뜻이다.

호건은 리더십의 문제에 대해서도 관심을 가지고 있다. "왜냐하면 리더십을 심각하게 받아들인다는 것은 개성을 심각하게 받아들여야 한다는 의미이기 때문이지요." 호건은 심리학 논문들을 살펴보았지만 좋은 리더의 특징에 대한 일치된 의견이 없음을 깨달았다. 그래서 호건은 반대로 나쁜 리더의 특징은 무엇인가 하는 의문을 던졌다. 호건의 말에 따르면 나쁜 리더는 무수히 많다. 미국의 대형 유통업체 중 한 곳의 고위 경영자는 회사가 고용한 관리자의 3분의 2가 나쁜 리더라고 추산한다. "이들이 실패한 이유는 다음과 같습니다. 거만하고, 거칠고, 노이로제에 걸려 있지요."

이에 호건은 거만하고, 거칠고, 노이로제에 시달리는 사람들의 특징인 성격장애를 자세히 살펴보았다. "재미있는 문항을 넣어 심리 측정 테스트를 해보았더니 놀랄 정도로 정확하게 개인의 성과를 예측해냈습니다. 변호사들이 가만있지 않을 테니 성격장애에 대해서는 이야기하지 않겠습니다." 그러나 좋은 리더가 되기 위해서는 사람들과 잘 어울려야 한다.

호건의 리더십 도전 테스트에는 대략 165개의 질문이 있다. 테스트를 받는 사람은 '지금 나라를 움직이고 있는 사람들보다 내가 이 나라를 더 잘 이끌 수 있다' '나는 파티에서 인기가 많다' '나는 사람들이 나를 어떻게 생각하는지에 신경을 쓴다' '나는 분장 의상 입기를 좋아한다' 등의 질문에 '그렇다' 또는 '아니다'로 대답해야 했다.

호건은 흥분하기 쉬움, 신중함, 회의적, 과묵함, 과감함, 짓궂음, 화려함, 창의적, 근면함, 순종적, 충실함 등 개인 관리 능력의 장점 또는 그보다 중요한 약점을 반영하는 열한 개의 서로 다른 척도를 개발했다. 표준점수를 설정하기 위해 호건은 관리자들에게 각각의 척도를 토대로 서로를 평가하도록 부탁했다. 호건은 수천 명을 대상으로 이 테스트를 실시한 뒤 정보를 모아 기업 본사에 있는 데이터베이스에 보관해놓았다.

그다음으로 호건은 같은 관리자들에게 이 테스트를 실시하여 관리자들의 답변과 그 관리자에 대한 다른 사람의 평가 사이의 상관관계를 분석했다. 한 개인이 특정한 질문에 어떤 대답을 했는지는 중요하지 않다. 대답의 패턴은 그 사람이 어떤 사람인지에 대한 단서를 제공한다. 예를 들어 '나는 파티에서 인기가 많다'와 '나는 분장 의상 입기를 좋아한다'에 '그렇다'고 대답했지만 '지금 나라를 움직이고 있는 사람들보다 내가 이 나라를 더 잘 이끌 수 있다'와 '나는 사람들이 나를 어떻게 생각하는지에 신경을 쓴다'에 '아니다'라고 대답한 사람은 화려함 척도에서 높은 점수로, 근면함 척도에서 낮은 점수로 평가될 가능성이 높다. 여기서 핵심은, 호건이 처음부터 '화려한' 사람이 질문에 어떻게 대답할지 그 어떤 예측도 하지 않았다는 점이다. 호건은 그저 대답을 취합하여 다른 사람들이 매긴 평가와의 연관관계를 찾았을 뿐이다.

고추를 먹는 문제와 마찬가지로 여기서도 정도가 중요한 요소로 보인다. 화려하고 창의력이 뛰어나다는 것은 디자인 부서를 효율적으로 운영할 수 있는 사람이라는 뜻도 되지만 외계인이 침략해왔을 때를 대비하기 위해 공습 대피소를 짓는 사람이라는 의미일 수도 있다. 충실함과 근면함은 철저한 직업윤리로 동료들의 귀감이 된다는 뜻일 수도 있지만, 문법과 구두점을 수정하기 좋아하는 거들먹 거리는 사무직 종사자라는 의미일 수도 있다.

정도를 나타내는 척도가 지나치게 높은 경향이 있다는 사실을 깨 닫는 경우, 이에 대해 뭔가 조치를 취할 수 있을까? "여기에는 두 가 지 일반적인 해답이 있습니다. 우선, 스스로에 대해 정확히 파악하 기 전에는 결코 개선을 도모할 수 없습니다. 따라서 어느 정도의 피 드백은 절대적으로 필요합니다." 호건은 두번째 대답으로 어떤 사 람들의 경우 더욱 효율적인 관리자가 되고 그에 부수적으로 다른 사람을 짜증나게 하는 성향을 줄이기 위해 스스로의 행동을 수정할 수 있다고 말한다. 그러나 어떤 사람들은 그러지 못한다.

호건은 이를 스포츠에 비유한다. "뛰어난 운동선수들은 지도할 수 있는 사람들입니다. 하지만 재능을 가졌는데도 지도할 수 없는 선수들이 적지 않습니다. 이런 선수들은 성공하지 못하지요." 테니 스 선수인 앤디 로딕을 예로 들어보자. "로딕은 지도할 수 있는 선 수였습니다." 로딕은 래리 스테판키라는 새로운 코치와 계약을 맺 었다. 스테판키는 로딕의 자세에서 잘못된 점을 발견해 이를 교정 하도록 지도했다. "로딕은 (프로 테니스) 대회에서 가장 인기 있는 선수가 되었지만, 그것은 오직 로딕이 기꺼이 피드백에 귀기울일 만큼 충분히 성장했기 때문입니다. 현재 미국에서는 단점을 무시하 고 장점에 집중하자고 부르짖는 긍정심리학 운동이 일어나고 있습 니다. 이것은 한마디로 자살행위입니다. 장점을 안다고 해서 크게 달라지지 않습니다. 현재 자신이 잘못하고 있는 점에 대한 피드백을 받아들일 때에만 비로소 개선을 도모할 수 있습니다. 타인에게 짜증을 유발하는 것 역시 분명히 잘못하고 있는 점이지요."

특정 개인이 얼마나 짜증나는 사람인지 측정 가능한 간단한 테스트를 만들 수 있을까? 호건은 그렇다고 대답한다. 호건이 사용할 항목은 다음과 같다.

짜증 척도

성마름

- 다른 사람 때문에 짜증이 나는 경우가 많다.
- 진심으로 신뢰할 수 있는 사람은 별로 많지 않다.
- 그럴만한 이유가 있을 때는 다른 사람을 비판하는 것도 거리끼지 않는다.
- 사람들에게 실망하는 경우가 많다.
- 기분이 빠르게 변하기도 한다.
- 요즘 사람들은 열심히 일한다는 것의 진정한 의미를 잊어버린 것 같다.
- 때때로 나는 좀처럼 만족시키기 어려운 사람이다.

거만함

- 나는 그럴 자격이 있는 만큼 마땅히 존경받아야 한다고 주장한다.

- 때가 되면 사람들은 내 재능을 인정할 것이다.
- 내 일을 나보다 더 잘하는 사람은 거의 없다.
- 나는 사람들에게 주목받기를 좋아한다.
- 다른 사람들은 자주 내 능력을 감지할 수 있다.
- 다른 사람들이 나를 매력적이라고 생각한다.
- 원하기만 하면 매력을 발산하는 법을 알고 있다.

까다로움

- 당신이 뭔가 제대로 하고자 하면 직접 해야 한다.
- 짜증이 나면 겉으로 드러내 다른 사람들이 알아채게 한다.
- 업무 성과에 대해 매우 높은 기준을 가지고 있다.
- 다른 사람들이 나에 대해 어떻게 생각하는지는 크게 개의치 않는다.
- 내 밑에서 일하는 사람이 있을 경우 철저하게 관리한다.
- 업무에서는 세부사항에 관심을 기울이는 것이 중요하다.

왜 이런 항목을 짰을까? 호건은 머릿속에서 생각나는 대로 끄집어냈다고 말하지만(사실 이보다 더 적나라한 표현을 사용했다), 전적으로 사실은 아니다. 성격 설문조사를 수십 년간 개발해오면서 호건은 이제 거의 본능적으로 어떠한 질문이 다양한 유형의 성격을 꼭 집어낼 수 있는지 알게 되었다. 다소 주먹구구식으로 보일지 모르지만 대부분의 새로운 설문조사는 이런 식으로 개발된다.

처음에 호건은 설문 대상자에게 각 항목에 대해 '그렇다'와 '아니다'로 대답하게끔 하려 했지만, 폴 코널리의 생각은 달랐다. 코널리는 각 기업 인사 담당 부서와 일할 때 호건의 설문조사를 활용하는 퍼포먼스 프로그램스의 사장이다. 코널리는 다섯 단계로 답하도록 하면 테스트에서 보다 유익한 정보를 얻을 것이라고 말한다. 해당 문항에 전적으로 동의한다면 5점을, 전혀 동의하지 않는다면 1점을 매기는 식이다.

2010년 6월 16일부터 6월 30일까지 호건은 이러한 문항을 자신의 개발 설문조사에 슬쩍 끼워넣었다. 그 결과, 2399명이 자기도 모르는 사이에 호건 짜증 척도Hogan Annoying Inventory, HAI의 유용성을 진단하기 위한 실험 대상이 되었다. 첫번째 결과는 몇 가지 중요한 사실을 보여주었다. 우선 각 항목에 대한 대답이 상당히 넓게 분포되어 있었다는 점이다. 만약 '업무에서는 세부사항에 관심을 기울이는 것이 중요하다' 항목에 모든 사람이 '전적으로 동의한다'라고 답했다면 짜증나는 사람과 그렇지 않은 사람을 구분하는 데 효용적인 항목이라고 할 수 없을 것이다. 첫번째 결과를 통해서 설문 참가자들의 대답이 호건의 설문에서 측정한 다른 특징들과 서로 연관됨을 알 수 있었다. 이 첫번째 시범 조사에 따르면, 짜증나는 사람은 상당히 신경질적이고, 매우 충동적이며, 비교적 활발하고 말이 많다. 다시 말해 제대로 적응하지 못한 외향적인 사람이라는 의미다. 대충 들어맞는 것 같다.

HAI가 누군가의 짜증 유발 정도를 실제로 측정하는지 여부는 쉽게 알 수 없다. 밴더빌트 대학교의 심리학자 조진 파이언은 새로운 척도를 검증하기란 매우 까다롭다고 한다. 일련의 전문가에게 실험 대상이 얼마나 짜증나는지 평가하도록 한 다음, 실험 대상자에게 HAI를 작성하도록 하여 그 결과를 전문가들의 평가와 비교해봄으로써 검증할 수 있다. 그러나 이러한 접근방식에는 문제점이 있다. 자신이 얼마나 짜증나는지 기꺼이 평가받겠다는 사람을 찾아야 한다. 실험 대상에게 뭔가 다른 것을 측정한다고 거짓말을 하고 사실이 절대 들통나지 않기를 바랄 수도 있다. 전문가를 선정하는 일도 만만치 않다. 이 분야에는 소위 '전문가'가 존재하지 않는데, 짜증이 너무나 주관적인데다 아직 걸음마 단계인 과학 분야이기 때문이다.

파이언은 사람들에게 설문의 각 항목을 평가하도록 하는 또다른 접근방식을 제시한다. 예를 들어 어떤 여성이 '기분이 빠르게 변하기도 한다'라는 특징을 가지고 있다면 이 여성은 얼마나 짜증을 유발하는 사람인가? 이 방식은 보다 쉽게 시도해볼 수 있었다. 파이언은 2010년 7월 26일 265명에게 HAI를 바탕으로 한 특징의 목록이 포함된 설문을 이메일로 발송하고 해당 특징을 가진 사람이 얼마나 짜증나는지를 '전혀 짜증나지 않는다'에서 '극도로 짜증난다' 사이의 척도로 평가해달라고 요청했다. 모두 134명이 답을 보내왔다. 평균적으로 사람들이 가장 짜증난다고 답한 항목은 '내 일을 나보다 더 잘하는 사람은 거의 없다고 생각하는 사람'이었다. 놀랍게도 짜증 유발 정도가 가장 낮은 항목은 '업무 성과에 대해 매우 높은 기준을 가지고 있다는 사람'이었다.

HAI를 검증하기 위한 두 가지 접근방식에서 몇 가지 흥미로운 사실이 드러났다. '내 일을 나보다 더 잘하는 사람은 거의 없다고 생각하는 사람'은 짜증을 유발하는 특징으로 간주되었지만, 이와 연관된 항목인 '내 일을 나보다 더 잘하는 사람은 거의 없다고 생각하는 사람'들이 자신을 짜증난다고 생각하는지와는 거의 관련 없었다.

우리는 거만한 사람을 보면 짜증을 느끼지만 거만한 사람은 스스로가 짜증난다고 생각하지 않는다. 어떤 측면에서 보면 놀랄 일도 아니다. 거만한 사람들은 스스로에 대해서 좋은 점만 생각하기 때문이다. 하지만 이 결과를 통해서 짜증나는 사람은 자신이 다른 사람의 짜증을 유발한다는 사실을 깨닫지 못한다는 점을 알 수 있다.

짜증 유발 정도에 대한 자기평가와 가장 밀접하게 연관된 항목은 '원하기만 하면 매력을 발산하는 법을 알고 있다'였다. 하지만 똑같은 특징인 '매력을 발산할 수 있는 사람'은 시범 조사에서 짜증나는 요소로 간주되지 않았다.

이러한 조사 결과는 아마도 대부분의 사람이 직감적으로 느끼는 사실을 나타내준다. 자신이 짜증나는 사람인지를 스스로 깨닫기란 무척 어려우며, 만약 당신이 누군가를 짜증나게 한다면 그 이유를 알아내기란 무척 힘들다는 것이다.

11장

'늦더라도 안 하는 것보다 낫다'는 이곳에서 통용되지 않는다

대부분의 경우 우리는 감정이란 선천적으로 타고난다고 생각한다. 그러나 루츠는 이것이 감정에 대한 올바른 사고방식이 아니라고 믿는다. 루츠는 우리가 양육되는 방식, 그리고 태어나는 순간부터 우리에게 부여되는 기대에 따라 감정이 설정된다고 주장한다. 뿐만 아니라 감정은 개인적인 특징이라기보다는 공동체, 다른 사람과의 상호작용에서 발생하는 속성이라고 본다. 이러한 개념에 따르면, 일반적으로 감정은 홀로 떨어져서 일어나지 않는다.

▶▶▶　　　　　　　이팔루크는 미크로네시아 연방 야
프 주에 있는 환상의 산호섬이다. 이 섬은 캐롤라인 제도에 속해 있
다. 한 번도 들어본 적이 없다고? 아주 작은 섬이니 그럴 만도 하다.
이 섬은 뉴욕 시에 있는 센트럴파크의 절반 정도 크기다. 대략 6백
명의 주민이 살고 있다.

　이팔루크에는 비가 많이 내리는데, 연 강수량이 254센티미터 정
도로 시애틀 평균 강수량의 약 3배다. 가끔 태풍이 섬을 휩쓸고 지
나가기도 한다. 이팔루크에 가는 길은 쉽지 않다. 반대로 말하면 이
팔루크를 떠나기란 쉽지 않다.

　여러분이 짜증 연구에 관심 있는 심리학자인데, 조건이 혹독하

고, 인구가 고정되어 있으며, 탈출 기회가 희박한 곳에서 위태로운 긴장상황을 조성하려 한다고 가정해보자. 이팔루크는 자연스럽게 여러분의 실험 무대가 될 수 있을 듯하다. 그러나 1970년대 후반 이 팔루크를 방문한 인류학자 캐서린 루츠는 놀라운 사실을 발견했다. 이팔루크의 모든 사람이 그 어떤 것에도 짜증내지 않는 것처럼 보인 것이다. 몇몇 침착한 사람만 그런 것이 아니었다. 한 사람도 빼놓지 않고. 이팔루크 사람들이라면 늘 그랬다. 그렇게 침착할 수가 없었다. 그렇다고 해서 이곳에 짜증나는 요소가 없는 것은 아니었다. 무수히 많았다. 어떻게 그럴 수 있을까? 미국인이라면 분명 미친듯이 짜증냈을 상황임에도 이팔루크의 주민들은 어떻게 티끌만큼도 개의치 않을까?

루츠는 감정이란 문화에 따라 형성된다는 설명을 제시했다. 대부분의 경우 우리는 감정이란 선천적으로 타고난다고 생각한다. 그러나 루츠는 이것이 감정에 대한 올바른 사고방식이 아니라고 믿는다. 루츠는 우리가 양육되는 방식, 그리고 태어나는 순간부터 우리에게 부여되는 기대에 따라 감정이 설정된다고 주장한다. 뿐만 아니라 감정은 개인적인 특징이라기보다는 공동체, 다른 사람과의 상호작용에서 발생하는 속성이라고 본다. 이러한 개념에 따르면, 일반적으로 감정은 홀로 떨어져서 일어나지 않는다. 루츠는 이팔루크 섬 주민에 대해 "한 사람의 분노(송, song)는 다른 사람의 두려움(메타구, metagu)을 야기한다. 슬픔과 좌절을 겪는 사람은 다른 사람에게서

동정심/사랑/슬픔(파고, fago)을 불러일으킨다"라고 글을 썼다. [1]

따라서 이팔루크 사람들은 분노나 좌절, 짜증을 겉으로 드러내기보다는 단어로 감정을 표현한다. 이들은 짜증의 다양한 상태를 묘사할 수 있는 어휘를 풍부하게 보유하고 있다. 몸이 아파서 생기는 짜증은 팁모크모크tipmochmoch라고 표현한다. 대수롭지는 않지만 원하지 않았던 여러 가지 일이 쌓여서 생긴 짜증은 링거링거lingeringer라고 표현한다. 우리 식으로 말하자면 명절날 저녁식사에 참석하지 않은 친척에게 내는 짜증을 나타내는 말은 은구치nguch이다. 그중에서도 가장 흥미로운 것은 탕tang으로, 루츠는 이것을 "도무지 바로잡을 수 없는 개인적 불행이나 멸시를 경험"할 때 일어나는 좌절을 나타내는 말이라고 묘사한다.

짜증의 뜻을 전달하는 또하나의 중요한 말은 송이다. 루츠는 이것을 타당한 분노라고 부른다. 기본적으로 이 말은 "당신이 한 일 때문에 나는 잔뜩 화가 났소. 나도 알고, 당신도 알고 있소. 하지만 분노를 표현하는 것은 적절치 못하므로 이대로 덮어둘 것이니 당신도 그렇게 하시오"이다. 서양에서의 '용서하고 잊어버리기'라는 개념과 다소 비슷해 보이지만, 그보다 '용서하지 않고 잊어버리기'에 가깝다.

짜증이 금기시되는 사회를 발견한 것은 루츠가 처음이 아니다. 1960년대, 인류학자 진 브리그스는 캐나다 북부에 사는 우추히칼링미우트Utkuhikhalingmiut 에스키모와 1년 이상 함께 지냈다. 브리그스는 에스키모의 문화를 연구하고 체험할 수 있도록 자신을 양녀로 삼아달라고 한 에스키모 가족을 설득했다.

이팔루크 주민들과 마찬가지로 우추히칼링미우트 사람들은 부정적인 감정을 드러내는 것을 못마땅해한다. 아주 약간 짜증스러운 낌새만 보여도 침묵과 외로움, 배척을 겪어야 한다. 브리그스는 뼈아픈 경험을 통해 직접 이러한 교훈을 얻었다. 브리그스는 우추히칼링미우트 족의 고기잡이 그물을 찢어놓은 어부에게 잔소리하는 실수를 저질렀다. 그후 몇 달 동안 브리그스는 사람들의 냉담 어린 침묵을 참아내야 했는데, 이는 매우 고통스러운 경험이었다.

이 분야 연구자들은 문화에 의해 감정이 형성된다는 개념을 널리 받아들이고 있다. 이는 왜 미국인들이 다른 나라 사람들에게 짜증을 내는지, 그리고 다른 나라 사람들은 왜 미국인에게 짜증을 내는지에 대해 많은 것을 설명해준다.

헤이즐 로즈 마커스는 스탠퍼드 대학교의 심리학자이자 인종 및 민족 비교연구센터의 소장이다. 1991년, 마커스와 기타야마 시노부는 「문화와 자아―인지, 감정, 동기부여에 미치는 영향」이라는 중요한 논문을 발표했다. 이 논문에서 두 사람은 이렇게 주장한다.

미국에서는 "우는 아이 젖 준다"라고 한다. 일본에서는 "모난 돌이 정 맞는다"라고 한다. 아이들에게 저녁을 먹이기 위해 미국 부모들은

"에티오피아에서 굶주리는 아이들을 생각해보렴. 그 아이들에 비해서 네가 얼마나 운이 좋은지 감사해야 해"라는 말을 자주 한다. 한편 일본의 부모들은 "네가 먹을 쌀을 만들기 위해 열심히 일한 농부 아저씨를 생각해보렴. 네가 이 밥을 먹지 않는다면 농부 아저씨가 아주 슬퍼할 거야. 아저씨의 노력이 허사가 되어버렸으니까"라고 말한다. (중략) 생산성 향상법을 모색하던 텍사스의 한 작은 회사에서는 직원들에게 매일 아침 출근 전 거울을 보고 "나는 멋진 사람이다"라고 백 번씩 말하라고 당부했다. 최근 뉴저지에 개업한 일본 슈퍼마켓의 직원들은 매일 아침 업무를 시작하면서 손을 맞잡고 상대방에게 "참 멋진 분이군요"라고 인사하라는 지시를 받았다.

마커스와 기타야마의 주장에 따르면, 이러한 상반된 관점은 심리학자들이 소위 '자아'라고 하는 것을 동서양 문화에서 어떻게 인식하는지 그 근본적인 차이를 잘 설명해준다. 자아에 대한 여러분의 개념에 따라 환경을 인식하고 환경에 반응하는 방식이 달라진다.

서구 사회, 적어도 마커스가 연구한 서구 사회에서는 스스로 자신의 환경을 통제해야 한다. "여러분은 스스로를 독립적인 존재, 다른 사람들과 분리된 존재로 생각합니다. 자신의 행동을 책임져야 하며, 자유롭게 선택해야 하고, 자신의 세계에 영향을 미쳐야 합니다. 통제가 핵심 요소입니다. 자신의 환경, 다른 사람, 자신의 세계에 대해 이러한 영향력이 부재할 경우, 매우 불쾌하고 짜증나게 됩니다. 좋은 자아를 갖추기 위해서는 그럴 수 있어야 하기 때문이지요."

반면 일본과 그 밖의 아시아 문화권에서는 자아를 상호 의존적인 개념으로 인식한다고 한다. 동양 문화에서는 개인을 오직 자신을 위해 최선을 추구하는 고유하고 독립적인 존재보다는 네트워크의 한 연결점으로 본다. 자아라는 개념을 개인주의적이라기보다는 집단주의적인 개념으로 보는 셈이다.

마커스와 함께 논문을 쓴 기타야마 시노부는 동서양 양쪽에서 모두 살아봤으며 자기 통제에 대한 동서양의 서로 다른 관점이 어떻게 작용하는지 뼈저리게 인식하고 있다. 기타야마는 현재 미시간대학교 교수로 재직중이다. 기타야마의 말에 따르면, 미국인들은 거리를 걸어가면서 휴대전화로 통화하는 것을 아무렇지 않게 생각한다. 그 행동이 아무리 다른 사람에게 짜증을 유발한다고 해도 말이다. "동양 문화에서는 상상할 수 없는 행동입니다." 기타야마는 최근 일본을 방문했을 때 이 점을 깨달았다. 미국행 비행기를 기다리는 동안 노스웨스트 항공(현재는 델타 항공에 합병되었다) 라운지에서 휴대전화를 꺼내 통화를 시작했다. 기타야마는 "사람들이 무척 화를 냈"다고 회상했다.

일본민영철도협회에서 실시하고 로이터통신에서 번역한 설문조사에서는 보다 많은 증거가 드러났다.[2] 2009년, 4천 2백 명을 대상으로 실시한 설문조사를 살펴보면, 기차 안에서 가장 짜증나는 행동은 다음과 같았다.

1. 시끄럽게 대화를 나누거나 야단스럽게 장난치는 것.

2. 헤드폰 바깥으로 흘러나오는 음악.

3. 승객이 좌석에 앉는 방식(특히 적정 수준 이상으로 공간을 차지하는 경우).

4. 휴대전화 신호음과 휴대전화 통화.

짜증을 유발하는 행동 랭킹 상위권 중 가장 이질적인 것은 아마도 6위인 '화장하기'일 터이다. 이러한 행동을 하면 행위자에게 시선이 집중될 뿐 아니라 공공이익에 도움이 되지 않는다. 일본에서는 집단에서 개인을 분리하기가 짜증나는 일이지만 미국에서는 미덕이다. 기타야마는 집단주의적인 문화에 속한 사람은 주변과 어울리는 것이 인생에서 꼭 필요한 기술이라는 사실을 일찍부터 배운다고 한다. 아시아의 십대 청소년들은 평균적으로 부모 때문에 짜증을 내는 확률이 적은데, 부모가 그들이 가진 자아라는 개념의 일부이기 때문이다. 따라서 부모에게 짜증을 내는 것은 자기 자신에게 짜증을 내는 것이나 마찬가지다.

문화마다 자기 정체성이 서로 다른 의미를 갖는다는 이 개념은 실험적 증거로 증명된다. 한 연구에서 학자들은 실험 대상자에게 다섯 명의 만화 주인공이 일렬로 서 있는데, 그중 한 명이 확실히 앞으로 나와 있고 다른 네 명은 약간 뒤로 물러나 있는 장면을 보여주었다. 이 만화 주인공들은 모두 얼굴에 표정을 드러내고 있어 이들의 감정상태를 어렵지 않게 추측할 수 있었다. 이 실험에 참가한 사람들은 앞쪽으로 나와 있는 만화 주인공이 어떤 기분인지 판단해야 했다.

미국인들의 경우에는 앞으로 나와 있는 만화 주인공만 주목했다. 실험 대상자들이 장면을 바라볼 때 눈이 움직이는 방식을 통해 이를 파악할 수 있었다. 미국인들은 앞쪽으로 나와 있는 만화 주인공에게 시선을 고정했고, 양쪽에 있는 다른 인물들에게는 거의 눈길을 주지 않았다. 이들은 그림 속 다른 만화 주인공들에 대해서는 언급하지 않고 앞으로 나온 만화 주인공의 기분을 판단했다.

그러나 같은 그림을 집단주의적 문화에서 자라난 실험 대상자들에게 보여주자 이들의 눈은 다른 패턴으로 움직였다. 여기저기로 눈동자를 움직이며 그림 전체를 파악했다. 이들은 장면을 전체론적인 시각에서 판단했다. 만약 배경에 있는 만화 주인공들이 슬프거나 찡그린 표정인 경우 가운데에서 웃고 있는 만화 주인공의 기분도 미국인들보다 덜 행복하게 평가했다. 만약 배경에 있는 만화 주인공들이 웃고 있는 경우, 이들이 기쁘지도 슬프지도 않은 표정을 지을 때보다 중심에 있는 만화 주인공을 더 기분좋다고 평가했다.

워싱턴 대학교의 심리학과 교수인 피비 엘즈워스는 이러한 기본적인 개념을 바탕으로 수많은 실험을 실시했다. 엘즈워스는, 일본인들이 양육되는 방식과 그들이 자아의식을 형성하는 방법이 반영

돼 이러한 차이가 생긴다고 한다. 일본인들은 개인을 집단에서 좀 처럼 분리시키지 못하는 반면, 미국인들은 재고의 여지도 없이 그 렇게 한다.

만약 미국인에게 뭔가 좋은 일이 일어나면 그 사람은 그저 기분 좋다고 느낀다. 그러나 똑같이 좋은 일이 집단주의적 문화에서 자 라난 사람에게 일어나면 그는 그 일이 오래 지속되지 않으리라고 느끼거나 친구들이 자신의 성공에 대해 질투할 것이므로 섣불리 뽐 내는 것은 삼가야 한다고 생각할 가능성이 크다. "미국인들은 행복 한 상황에서 뭔가 좋지 않은 일이 일어날 수 있다는 데까지 생각이 미치지 않습니다." 엘즈워스의 말이다.

아마에(甘え, 우리말로는 '응석' 정도로 해석할 수 있다—옮긴이)라 는 일본인의 감정은 문화가 짜증을 형성하는 또하나의 사례다. 엘 즈워스는 "이것은 행복한 의존상태입니다"라고 설명한다. 서구 문 화에서 이와 가장 유사한 것은 어머니와 아이의 관계다. 아이는 어 머니가 일하는 동안 그를 성가시게 하거나 방해하기도 하는데, 이 때 어머니가 짜증을 내지 않으면 흐뭇해한다. 이것은 두 사람이 얼 마나 가까운 관계인지를 보여주기 때문이다. 일본에서는 이러한 관 용이 아이의 행동에만 국한되지 않는다. 어른 사이에서도 이런 관 용이 발휘된다. 예를 들어 어떤 사람은 다른 사람이 용인해줄 것이 라는 이해하에 사회적 규범을 위반한다. 두 사람은 매우 친밀한 관 계를 맺고 있기 때문이다. "우리는 사람들이 다른 사람에게 뭔가를

부탁하는 연구를 실시했습니다. 실험에 참가한 일본 사람들은 다른 사람의 부적절한 부탁도 기꺼이 승낙할 가능성이 높았으며 심지어 이를 긍정적으로 인지하기도 했습니다."

학자들이 '아마에'를 연구하는 데 사용한 시나리오는 다음과 같다. 학자들은 실험 참가자에게 만약 이웃이 여행을 떠나면서 자기 집 정원에 물을 주라고 부탁하면 짜증나겠느냐고 물었다. 대부분의 사람들은 별로 짜증나지 않을 것이라고 대답했다. 그다음 다시 질문했다. 이웃이 일주일간 집을 비운다면 짜증이 나겠는가? 한 달은 어떤가? 6개월은? 1년은? "미국인들은 훨씬 빨리 짜증을 냅니다. 아마도 미국인들은 이웃이 일주일간 집을 비우는 경우에도 그가 자신의 선의를 악용한다고 볼 것입니다. 일본인들 역시 어느 시점에서는 지나친 민폐라고 생각하겠지만, 그 시점에 도달하기 전에는 훨씬 무례한 부탁도 참습니다. 서구 문화에서는 독립성을 중요하게 여기며 남에게 지나치게 의존하는 사람을 경멸합니다."

만약 미국인들이 좀처럼 자신을 내세우지 않고 지나칠 정도로 관용을 발휘하는 듯한 일본인들을 짜증스러워한다면 이것을 뒤집어서 생각해보면 왜 다른 문화에서 자란 사람들이 미국인들을 불쾌해하는지 이해하는 데 도움이 된다. 스탠퍼드 대학교의 헤이즐 마커스의 설명이다. "다른 나라 사람들은 아무런 이유 없이 항상 얼굴에 가식적인 함박웃음을 띠는 미국인들에게 짜증을 느낍니다. 미국인에게 이 미소는 '괜찮아요, 저는 좋은 사람입니다, 자신감이 넘치지요, 저와 알고 지내면 좋을 겁니다'라는 의미이지요. 그러나 다른 문화권 사람들은 '저 사람 도대체 왜 저러는 거지? 제정신이 아닌가? 왜 저렇게 히죽거리는 거야? 모르는 사람인데 왜 나를 향해서 웃는 걸까?' 같이 생각하지요." 달리 말하면 웃음 자체가 짜증난다는 뜻이다. "다른 나라 사람들은 미국인의 미소가 가짜라고 생각합니다. 그리고 같은 맥락에서 만난 지 5분 만에 세상에서 제일 친한 친구가 된 것처럼 행동한다는 점을 가장 짜증스러워합니다."

아마존닷컴에서는 세 장짜리 영화 〈아바타〉 DVD를 59.97달러에 구입할 수 있다. 하지만 중국산 제품을 전문으로 판매하는 웹사이트에서는 140달러에 이 영화의 DVD를 백 장 살 수 있다. 미국 정부는 세계무역기구를 통해 이를 근절하기 위해 법적인 전쟁을 벌여왔지만, 심리학자들은 미국이 이 법적 투쟁에서 이기더라도 극복하기 어려운 문화적 차이와 싸워야 할 것이라고 지적한다. 워털루 대학교의 마이클 로스와 코넬 대학교의 치 왕은 문화적 역사가 어떻게 현재의 태도를 형성하는지 연구했다.[3] 두 사람은 연구를 통해 중국인들이 예전부터 전해 내려오는 지혜를 그대로 받아들이는 경향이 있다고 지적한다. 이와 대조적으로, 전통적으로 서양에서는 작가들에게 '기존의 개념과 이론에 의문을 제기하고, 수정하고, 거부하도록' 촉구한다.

표절에 대한 서구 사람들의 개념을 생각해보자. 로스와 왕의 글이다. "일반적으로 서구에서는 표절한 사람이 고의로 그런게 아니라고 주장하며 사과하거나, 자리에서 물러나거나, 손해배상을 합니다. 하지만 중국에서는 과거의 업적을 '차용'했다는 이유로 그 정도로 사회적 비난을 받지 않습니다. 동아시아 문화에서는 자아 간의 상호 연관성을 강조하는데, 이것은 네 것이 또한 내 것이기도 하다는 점을 암시합니다. 당신의 말과 생각을 나의 것인 양 도용한 데 대해 사과할 필요가 없다고 느낍니다. 사실 내가 당신의 말을 차용한 것은 당신을 존경하기 때문이라고 생각합니다. 그러나 내 것과 네 것의 구분이 뚜렷한 서구 문화에서는 이와 비슷한 행동을 존경어린 행동이라기보다는 도둑질에 더 가깝다고 봅니다." 적어도 법률적으로는 중국도 저작권 자료에 대한 국제적인 규범을 받아들이기 시작해 이런 태도를 버리려는 움직임이 보인다. 그러나 이 심리적인 관점차는 왜 서구의 출판사들이 보기에 극도로 짜증날 정도로 중국인들의 태도 변화가 더딘지 이해하는 데 도움이 된다.

역사적인 태도만이 장벽을 만들고 서로 다른 문화 사이에 짜증을 유발하는 것은 아니다. 서로 다른 문화에서 시간에 대해 인식이 다른 경우에도 문제가 발생한다.

다음의 예를 살펴보자. 닐 올트먼은 현재 뉴욕 시에서 심리치료사로 활동하고 있다. 젊었을 때 올트먼은 평화봉사단 소속 자원봉사자로 인도에 가서 새로운 농업기술을 전파하는 일을 도왔다. 올트먼은 씨앗 등을 얻기 위해 가끔씩 마을 원예사무소에 가야 했다. 씨앗은 그 사무소의 책임자인 칸 씨가 나누어줬기 때문에 올트먼은 우선 칸 씨의 사무실에 들렀다. 아니나다를까, 그곳에는 이미 예닐곱 명의 사람이 책상 주변에 앉아 있었다. 올트먼과 마찬가지로 씨앗을 얻으러 왔거나 다른 볼일이 있어 온 사람들인 것 같았다.

올트먼은 당시 일어난 일을 이렇게 묘사했다.

> **올트먼** 안녕하세요, 칸 씨. 토마토 씨앗 좀 얻을 수 있을까요?
> **칸** 안녕하신가, 자원봉사 나리? 차 한잔 하시겠는가?

로버트 V. 레빈의 『시간은 어떻게 인간을 지배하는가 *A Geography of Time*』라는 책에 등장하는 이 일화에서 올트먼은 다음과 같이 묘사한다.

> 하인이 저에게 대접할 차를 준비하는 동안 저는 앉아서 기다릴 수밖에 없었지요. 그다음에 칸 씨는 내 아내에 대해 물어보았고, 거기에 모인 모든 사람이 제 인생, 미국 등에 대한 질문을 백만 개쯤 퍼부어댔습니다. 어떻게 하면 토마토 씨앗 달라는 이야기를 다시 꺼낼 수 있을지 도무지 알 수가 없었죠. 결국 한두 시간이 흐른 뒤, 무례하게 보여도 할 수 없다고 결론을 내렸습니다. 씨앗을 얻어 사무실을 떠나면서 저는 책상 주변에 앉은 사람들 중에 볼일을 마치고 떠난 사람은 한 명도 없음

을 깨달았습니다.[4]

레빈은 세계 각국의 사람들이 시간을 보는 방식에는 큰 차이가 있으며, 이것이 한 국가의 사회적 구조에 지대한 영향을 미친다는 사실을 깨달았다. 현지의 '시계 속도clock speed'에 적응하는 법을 배울 때까지 상당히 삶이 괴로울 수도 있다.

미국인들은 제시간에 일이 끝나도록 모든 것을 서두르고, 서두르고, 또 서두른다. 미국에서는 프로젝트를 끝내기 위해 점심시간을 미루거나 식사를 건너뛰는 일도 흔하며, 항공사들은 정시 운항률을 자랑한다. 이와 반대로 휴식시간이 신성불가침한 영역이며 '정각'이라는 말이 상대적인 용어로 사용되는 나라로 미국 평화봉사단 자원봉사자가 가면 어느 정도 적응 기간이 필요하다. 레빈도 인도를 방문했을 때 이 사실을 체험한 바 있다.

레빈은 며칠 뒤 기차를 탈 예정이라 유일하게 기차표 예매가 가능한 뉴델리의 기차역으로 갔다. 레빈은 반드시 그 기차를 타야 했기에 최대한 빨리 표를 사기를 원했다. 표를 사려는 사람들의 긴 줄에 합류한 레빈은 하나뿐인 매표 창구 앞에서 기다렸다. 느릿느릿 거북처럼 앞으로 나아간 끝에 한 시간 뒤 마침내 그의 차례가 되었다.

매표원은 저에게 '나마스테' 하고 익숙한 인사를 건네더니 바로 표지판을 '점심시간, 창구 닫습니다'로 뒤집더군요(한 가지 덧붙이면 영어로 쓰여 있습니다). 혈압이 히말라야까지 치솟아올라 제 억울함에 대해 다른 사람들의 동조를 구하려고 뒤돌아보았지만 다른 사람들은 이미 바닥에 담요를 펼치고 앉아 도시락을 먹더군요. '어떻게 해야 할까요?' 저는 옆에 서 있던 부부에게 물었습니다. '점심이라도 같이 드시죠.' 두 사람의 답이었습니다.[5]

레빈과 그의 지도 학생들은 전 세계를 돌아다니며 삶이 흘러가는 속도를 측정했다. 일부 관찰은 수치화하기 어려웠지만, 상당히 구체적으로 파악 가능한 요소도 있었다. 레빈은 공공장소에 걸려 있는 시계가 얼마나 정확한지, 편지가 배달되는 데 어느 정도 시간이 소요되는지, 사람들이 얼마나 빠르게 걷는지를 조사해 소위 '삶의 속도'에 대한 대략적인 추정치를 계산했다.

레빈은 31개국에서 조사한 내용을 서로 비교하여 평가한 결과를 도표화했다. 각 숫자는 각 변수에서 해당 국가가 기록한 순위를 나타낸다. '속도가 빠른' 나라는 대부분 유럽에 위치한 반면 '속도가 느린' 나라는 적도에 가까운 경우가 많았다. 미국은 대략 중간 정도였다.

보다 느릿느릿하게 삶을 살아가는 경우 약속시간이 절대적으로 지켜지지 않는다는 점을 감내해야 했다. 레빈은 아무도 입 밖에 내지는 않지만 다들 암묵적으로 이해하고 있는 멕시코 타임을 예로 든다. 멕시코에서는 회의가 오전 11시에 예정되어 있더라도 모두 11시 15분에 시작하리라 기대한다. 또는 11시 30분. 아니면 정오.

삶의 속도 변수 순위[6]

국가	전체적인 삶의 속도	걷는 속도	우편물 배달 속도	시계의 정확도
스위스	1	3	2	1
아일랜드	2	1	3	11
독일	3	5	1	8
일본	4	7	4	6
이탈리아	5	10	12	2
영국	6	4	9	13
미국	16	6	23	20
시리아	27	29	28	27
엘살바도르	28	22	16	31
브라질	29	31	24	28
인도네시아	30	26	26	30
멕시코	31	17	31	26

삶이 느리게 흐르는 또다른 국가는 브라질이다. 레빈의 연구에 따르면, 브라질 사람들은 늦게 오는 손님이 도착하기를 기다리느라 기꺼이 129분이나 생일파티 시작을 미룬다고 한다. 이것은 미국에서 열리는 아이들의 생일파티와 대조적이다. 미국에서는 파티를 시작한 지 두 시간 정도 지나면 파티 주최자는 새로운 손님이 도착하기를 기대하기는커녕 부모들이 자기 아이를 얼른 데려가주기를 바라며 현관을 주시한다.

천천히 사는 나라에서 짜증날 법한 일을 겪는 것은 당연하지만,

시간에 대한 규칙을 철저하게 고수하는 나라도 짜증나기는 마찬가지다. 시계로 유명한 스위스는 규칙 또한 철저하게 준수하기로 잘 알려져 있다. 미국도 규칙이 없는 나라는 아니지만 스위스 사람들의 융통성 없는 태도를 도저히 참아내지 못하는 사람들도 있다.

웬디와 시드니 해리스의 경우를 생각해보자. 실제로 스위스에 살고 있는 두 사람은 이름 등 개인 정보는 바꿔달라고 요청했다. 그들이 새 보금자리로 택한 나라 사람들이 자신들의 이야기를 불쾌하게 받아들일 수도 있어서였다.

웬디와 그의 남편 시드니는 둘 다 변호사다. 시드니가 국제법률사무소에서 일하게 되어 두 사람은 취리히로 이사했다. 두 사람은 전 세계 수많은 나라에서 일하며 상상 가능한 모든 종류의 관료주의적 장애물을 접해왔다. 하지만 취리히에서 몇 가지 일을 겪으며 두 사람은 아름다운 경치, 맛있는 초콜릿, 깨끗한 도시 경관에도 불구하고, 스위스를 자신들이 살아본 나라 중 가장 짜증나는 곳으로 손꼽게 되었다.

시드니는 딸의 개인 피아노 교습을 알아봤을 때의 이야기를 들려줬다. 시드니는 한 피아노 선생을 찾아내 교습 일정을 정하려고 피아노 교습소로 갔다. 그 선생은 마침 매주 비는 시간이 있었지만 한 가지 문제가 있었다. 그는 늘 새 학년이 시작할 때만 새로운 교습생을 받는다고 했다. 맙소사, 10월이라 새 학년이 시작된 지 이미 한 달이나 지난 시점이었다. 피아노 교습을 받으려면 시드니의 딸은 1년을 기다려야 했다. "하지만 이건 개인 교습이잖아요. 학년이 이미 시작한 것이 무슨 상관이죠?" 시드니는 항의했다. 선생은 무슨 얼간이를 상대한다는 듯이 고개를 젓더니, 교습은 9월에 시작하는데 지금은 10월이라고 다시 한번 설명했다. 결국 시드니는 프랑스 근처에서 태어나 좀더 융통성을 발휘할 줄 아는 선생을 찾아냈다.

웬디 역시 비슷한 경험을 했다. 자동차 타이어를 교환하려고 했을 때의 일도 그랬다. 웬디는 아침 8시에 자동차정비소를 예약해놓았지만 차가 막히는 바람에 약간 늦게 도착했다. 웬디는 이때의 경험에 대해 시드니에게 다음과 같은 글을 써서 보냈다.

믿을 수 없게도, 자동차정비소까지 가는 데 35분이나 걸렸지 뭐야. 그래서 8시 15분에 도착했는데 직원이 한두 시간 내에는 작업을 끝낼 수 없다는 거야. 그 직원은 10시에 있는 휴식시간과 점심시간이 얼마나 신성한지를 설명하더니 점심시간에는 차를 찾을 수도 없다고 자세히 이야기하더라고. 오늘은 내가 15분 늦었으니 다음번 8시 예약을 잡으려면 12월 5일(며칠 후)에 다시 와야 한다는 거야. 그러고는 친절하게도 버스표를 건네주더니 1시 15분과 6시 사이에 버스를 타고 차를 찾으러 오라더군. 이 말도 안 되는 설명을 들으며 완전 미쳐버리는 것 같았어. 다시는 여기서 타이어를 교환하나봐라. 그냥 우리가 직접 하자고. 진짜 믿을 수 없을 정도로 짜증나. 미안해, 당신이라고 뭐 뾰족한 수가 있겠어. 하지만 어딘가에는 분노를 터뜨려야 했어.

이렇게 꽉 막힌 스위스 사람들의 일 처리방식에서 그나마 한 가지 다행인 점은, 적어도 스위스에서는 규칙이 확실하게 설명되어 있고 그 일부는 심지어 성문화되어 있다는 점이다. 사회적인 규범은 이런 경우가 드물다.

인류학자 에드워드 T. 홀은 사회적 규범에 대해 연구했다. 유럽과 필리핀에 머물던 제2차 세계대전 당시에 시작한 이 연구는 해외 근무를 나가는 사람들을 교육하는 일을 할 때까지 이어졌다. 1966년에 발표한 『숨겨진 차원*The Hidden Dimension*』이라는 책에서 홀은 '근접학(proxemics, 인간과 문화적 공간의 관계를 연구하는 학문—옮긴이)'이라는 이론을 설명한다.[7] 레빈이 문화에 따른 시간 개념의 차이를 지적한 것처럼 홀은 문화가 물리적 공간, 그리고 그 안에 누가 속하는지에 대한 우리의 인식을 형성한다고 주장한다. 어느 문화에서나 가장 은밀한 공간까지 출입이 허용되는 사람은 가장 가까운 친구나 동료 들뿐이다. 사교적으로 어울리는 사람들 간의 편하게 느끼는 경계는 이와 다르며, 공적으로 접하는 사람들과 편안하게 느끼는 경계는 또 다르다. 이러한 경계를 침범하는 사람은 불쾌감을 유발한다. 낯선 나라에서 이러한 경계가 어디인지 알아내는 것 역시 짜증나는 일이다.

"대다수 중동 사람들은 서구 문화에서 자라난 사람들보다 타인에게 더 가까이 다가간다는 점이 좋은 예입니다." 피비 엘즈워스의 말이다. "여러분이 사람들 사이의 적정 거리에 대해 감각이 다른 사람과 파티에서 어울린다고 해봅시다. 누군가와 이야기를 나눌 때 상대방이 너무 가까이 다가오면 고압적이라는 인상을 받게 됩니다."

이러한 공간 침해로 상당히 재미있는 광경이 펼쳐지기도 한다. "이런 상황에서 미국인은 한 걸음 물러나는 경우가 많습니다. 그러면 중동 사람은 다시 한 걸음 다가감으로써 자신에게 편안한 거리를 유지하려고 하지요. 이렇게 한 걸음씩 움직이면서 방을 빙빙 돌기도 합니다." 마치 춤을 추는 듯한 광경이라고 엘즈워스는 이야기한다.

개인적인 공간만큼 상호 작용이 밀접하지 않은 공공장소에서도 공간 확보는 필요하다. 엘리엇 애런슨은 캘리포니아 주립대학교 산타크루스 캠퍼스에 재직중인 사회심리학자다. 애런슨은 아무것도 없이 넓게 펼쳐진 해변에서 어떻게 자리를 잡을지에 대해 그리스 사람들과 미국 사람들의 견해가 매우 다르다고 말한다. "미국의 해안에 세 사람이 도착하면 가능한 서로 멀리 떨어집니다. 더 많은 사람이 도착하면 중간중간에 자리를 잡지만 모르는 사람들 간에 어느 정도 공간을 확보해두지요. 그리스의 해변에 세 사람이 도착하면 서로 붙어 있습니다. 그리스인 가족이 바로 옆에 자리를 펴면 미국인들이 얼마나 짜증스러워하는지 볼 수 있을 겁니다. '빈 공간'이 저렇게 많은데 말이에요!"

엘즈워스는 다른 사람의 눈을 똑바로 바라보는 것에 대해서도 매우 다른 규범이 존재한다고 설명한다. "우리는 상대방의 눈을 똑바로 바라보는 것이 옳다고 생각합니다. 우리는 그런 행동을 진실함의 징표라고 봅니다. 누군가 우리 눈을 똑바로 쳐다보지 못하면 그 사람이 거짓말을 하는지도 모른다고 여기지요. 하지만 다른 많은 문화에서는 누군가의 눈을 똑바로 보는 것이 무례하다고 여깁니다."

엘즈워스는 미시간 대학교에 유학중인 많은 외국인 학생들에게서 이 점을 관찰했다. 그중 몇 명은 운전중일 때 동승한 사람이 자꾸 눈을 마주치려고 했던 일에 대해 이야기했다. 학생들은 그 일이 짜증날 뿐만 아니라 너무 두려운 경험이었다고 털어놓았다.

엘즈워스는 이러한 문화적 오해 때문에 심각한 결과가 초래될 수도 있다고 보았다. 외국인이 어딘가에 도착하여 이민국 직원이나 경비원과 눈을 제대로 마주치지 못할 경우, 이러한 문화적 규범에 익숙지 않은 직원이라면 그를 의심할 수 있다.

엘즈워스는 이러한 행동 패턴이 언제 나타나는지 찾아내려 하고 있다. 엘즈워스는 미국과 일본의 아동용 도서를 비교 분석하기 시작했다. 충분히 예측할 수 있겠지만, 미국의 아동용 도서는 적을 무찌르고 승리한 개인의 이야기를 담은 반면, 일본의 아동용 도서는 대다수가 주변 환경에 적응하고 잘 어울리는 내용이었다. 엘즈워스는 이러한 행동 패턴이 선천적인 것이라고 생각하지 않는다. 틀림없이 어린 시절의 경험에서 비롯된 결과라고 여긴다.

따라서 우리가 문화 전반적으로 자아도취증에 빠져 자신만만한 태도로 전 세계를 으스대며 활보한다면, 그리고 자신의 의지가 꺾일 때 짜증이 나고 스스로 통제할 수 없는 일에 미친듯이 화가 난다면, 우리는 이러한 태도를 자연스럽게 체화한 것이다. 인생의 수많은 고민이나 기쁨과 마찬가지로 모두 우리 부모님 탓인 셈이다.

12장

자신의 마음이
낯설어질 때

사회적 제약 위반은 보편적으로 건강한 사람들도 짜증나게 한다. 대부분의 사람은 사회

적 상황이 어떤 식으로 흘러가야 한다고 기대하고 세상을 살아가며, 이러한 기대가 충족

되지 않을 때 짜증을 느낀다. 이제 모든 사회적 거래가 여러분이 기대하는 방식대로 진행

되지 않는다고 상상해보자. 이것은 마치 규칙이 전혀 다른 외국에서 잠을 깼지만 도저히

그 규칙을 해독할 수 없는 경우와 같다.

▶▶▶   크리스 퍼비는 어린 시절의 대부분
을 웨스트버지니아 주 중부에 있는 타이가트 강변에 위치한 필리피
라는 마을에서 보냈다. 크리스의 부모님이 이혼하면서 그의 어머니
가 플로이드 호수 근처에 있던 집을 감당할 수 없게 되자 크리스와
어머니는 필리피에 위치한 외할아버지의 트레일러로 이사했다.

트레일러 안은 무척 좁았다. 크리스는 좁다란 통로에서 휘청거리
던 외할아버지를 피해 살금살금 지나가던 일을 기억한다. "외할아
버지는 가끔 균형을 잃고 제게 부딪히곤 했지요. 정말 괴로웠어요.
이런 말을 하는 것이 부끄럽지만, 그때 저는 십대였습니다. 외할아
버지가 무슨 전염병이라도 앓는 것 같았지요." 크리스의 외할아버

지는 실제로 병에 걸려 있었지만 전염병은 아니었다. 헌팅턴병으로 죽어가고 있었던 것이다.

몸을 휘청거리는 것은 이 질병의 증상 중 하나로, 두뇌, 특히 운동기능에 중요한 역할을 하는 대뇌핵의 퇴화 때문이다. 운동 경련 증상을 무도병(chorea, 몸의 일부가 갑자기 제멋대로 움직이거나 경련을 일으키는 증상—옮긴이)이라고 부르는데, '춤'을 의미하는 그리스어에서 유래한 말이지만 춤보다는 꼭두각시 쇼처럼 보인다. 보이지 않는 손이 리듬에 맞춰 여러분의 사지, 머리, 심지어 혀까지 서로 다른 방향으로 잡아당긴다고 상상해보자. 그것이 바로 무도병이다. 이러한 경련은 자신도 모르게 일어난다. 경련을 일으켜도 통증은 없지만 끊임없이 움직이기 때문에 하루를 마칠 때쯤이면 근육이 쑤시기 마련이다.

자신의 근육에 대한 통제력을 잃는 것은 헌팅턴병의 수많은 증상 중 하나일 뿐이다. 헌팅턴병 환자들은 서서히 마음에 대한 통제력도 잃는다. 헌팅턴병 환자들은 단어를 생각해내고, 다른 사람의 감정을 읽고, 새로운 것을 배우고, 오래된 정보를 기억하는 데 어려움을 겪는다. 그러나 이러한 증상들은 나중에서야 드러난다. 학자들은 무도병도 나타나기 전인 헌팅턴병 초기에 보다 미묘한 성격 변화 등이 나타나는 경우가 많다는 사실을 알아냈다. 헌팅턴병 초기 증상 중 하나는 통제할 수 없을 정도로 짜증이 나는 기분이다.

이 증상을 과민성이라고 정의는 하나, 이 용어에 대한 보편적인 임상 정의는 존재하지 않는다. 영국 맨체스터 의과대학의 신경정신병학자 데이비드 크로퍼드에 따르면 정신의학에서는 대체적으로 과민성을 무시해왔다. 이 개념은 널리 연구되지도, 철저히 규정되지도 않았고, 심지어 제대로 된 정의조차 없다. 과민성은 투렛증후군, 자폐증, 성격장애 등 다른 정신병에서도 증상이 나타나지만, 헌팅턴병은 이 행동이 체계적으로 연구된 몇 안 되는 질병 중 하나다.

헌팅턴병 환자에게 일어나는 두뇌의 변화를 이해하면 사람들이 무엇 때문에 짜증나는지, 왜 어떤 사람들은 다른 사람보다 쉽게 짜증을 내는지 어느 정도 실마리를 잡을 수 있을지 모른다.

건강한 사람의 경우라면 과민성을 어떤 사람이 짜증을 내는 성향으로 생각할 수 있다. 헌팅턴병 환자들의 과민성에 대해 그 누구보다 많이 고찰해온 크로퍼드는 이렇게 말한다. "영국에서는 흔히 누군가가 도화선이 짧다고 표현하지요. 말하자면 과민성은 도화선의 길이인 셈입니다."

영국 케임브리지 대학교의 정신의학자 케빈 크레이그는 짧은 도화선을 렌즈나 기분처럼 생각해볼 수도 있다고 한다. 크레이그는 감정과 기분을 구별한다. "감정에는 대상이 있다는 것이 핵심입니다. 따라서 여러분이 짜증나거나, 놀라거나, 혐오감을 느낀다면 언제나 외부의 어떤 대상에 대해 이런 감정을 가진 것입니다." 놀람, 행복, 분노는 감정이다. 짜증난다는 느낌도 감정이라는 범주에 포함될지 모른다. 이는 보통 오래 지속되지 않고 뭔가 외부 요인 때문에 촉발된다. "반면 기분은 렌즈나 필터에 가깝습니다."

헌팅턴병 환자들을 치료하는 정신과 의사들의 입장에서는 과민성이 얼마나 심각한지보다는 그것을 표출하는 방식이 문제다. "정신과 의사로서 헌팅턴병 환자들의 내면상태보다는 외면적인 상황을 더 많이 다룹니다." 메릴랜드 대학교에서 헌팅턴병 클리닉을 운영하는 캐런 앤더슨의 말이다. 앤더슨의 말에 따르면, 불평하는 것은 짜증나는 환자들이 아니라 "환자들이 외부로 표출하는 짜증을 지켜보는 가족"이라고 한다.

이러한 증상을 보이는 헌팅턴병 환자들은 벽을 주먹으로 치거나 집기를 부수고, 아이들의 자전거를 발로 차는가 하면 저녁식사가 너무 짜다고 배우자에게 접시를 던진다. 이 정도라면 정상적인 기능을 할 수 없는 지경에 도달한 것이므로 병으로 보아야 한다.

크리스 퍼비는 자신이 열세 살, 어머니가 삼십대 후반이었을 때 어머니의 증상을 눈치챘던 것으로 기억한다. 어머니의 운동 경련은 몸을 이리저리 가누지 못하던 외할아버지보다는 훨씬 약했다. 헌팅턴병의 증상은 보통 그 나이, 즉 마흔 살 즈음에서 나타나기 시작한다. 크리스는 또한 어머니가 짜증내던 것을 기억한다. "지금에 와서야 깨달았습니다. 어머니가 화를 많이 내는 것 같았거든요. 그땐 그저 어머니가 저에게 못되게 구는 거라고 생각했어요. 하지만 사실은 어머니의 병이 아주 과민하게 반응하는 수준까지 진행되었던 것 같습니다."

크리스는 질병과 환경을 분리해서 생각하기가 어렵다고 말한다. "상당수의 짜증은 어머니가 웨스트버지니아 주의 필리피에 있는 이 트레일러에서 부모님에게 얹혀산다는 사실과 관련됐는지도 모릅니다. 사실상 어머니가 원하는 삶은 아니었지요." 이 때문에 질병의 한 증상으로서 과민성 정도를 측정하기 어렵다. 삶의 세부적인 상황에 따라 상당한 차이가 나타난다. "다른 사람들에게 지나치게 간섭받지 않는 환경에서 사는 경우에는 극도로 과민한 반응을 억누르기가 비교적 쉽습니다. 말하자면 혼자 사는 사람은 십대 자녀와 함께 사는 사람보다 전반적으로 과민 반응이 덜하지요." 데이비드 크로퍼드의 말이다.

크리스는 십대 청소년 시절 어머니를 떠나 독립했다. 열여덟 살에 샌프란시스코 만안 지역으로 이사했다. 외할아버지는 세상을 떠났다. 어머니의 증상은 아직 경미했고, 운전도 가능했던 것으로 기억한다. 크리스는 몇 번 고향을 방문했지만, 그후로는 몇 년 동안 한 번도 돌아가지 않았다.

헌팅턴병은 유전병이다. 이 병의 인자는 4번 염색체의 짧은 줄기에 새겨져 있다. 부모 중 한 사람이 이 병을 가진 경우 병이 유전될 가능성은 50퍼센트다. 만약 이 병이 여러분에게 유전되지 않는다면 자손에게도 전달되지 않는다. 즉 가문의 헌팅턴병 병력은 여러분 대에서 끝난다.

이 병을 일으키는 유전자, 전문용어로 IT15는 헌팅턴 단백질을 만들어내는 정보를 가지고 있다. 이 단백질이 정확히 어떤 작용을 하는지는 아직 밝혀지지 않았지만 신경세포 기능에 중요한 역할을 하는 것으로 보인다. 헌팅턴병은 이 단백질에 대한 정보가 잘못됐을 때 일어난다. 보다 자세히 말하자면 단백질 생성 정보를 가진 유전자에는 사이토신-아데닌-구아닌CAG으로 이루어진 반복되는 염기쌍이 포함되어 있다. 이 유전자에 CAG 반복이 10번에서 35번 있는 경우 정상이다. 36번에서 39번이면 헌팅턴병이 발병할 위험이 있다. 40번 이상 반복되는 경우 헌팅턴병에 걸리며 예후도 이미 정해져 있다. 이 병은 완치 불가능하며 병의 진행을 늦춘다고 증명된 치료법도 존재하지 않는다. 대부분의 사람들은 증상이 처음 나타나고 15년에서 20년 사이에 세상을 떠난다.

유전 정보에 염기쌍 반복이 지나치게 많은 경우 헌팅턴 단백질이 잘못 만들어지는 문제가 생긴다. 크로퍼드는 "그 결과 모양이 일그러진 단백질이 생성되는데, 이것이 어느 정도 기능에 영향을 미칩니다"라고 설명한다. 설명이 뭔가 모호하게 들리겠지만, 이는 기형이 된 단백질이 우리의 몸과 두뇌를 어떻게 황폐하게 만드는지 확실히 밝혀지지 않았기 때문이다. "문제가 무엇인지에 대해 서로 다른 이론이 스물다섯 개쯤 있습니다. 하지만 무슨 일이 일어나고 있는지에 대해 납득할 수 있는 확실한 대답은 없지요. 그렇기 때문에 치료 임상 실험 대상으로 삼는 것이 그토록 어려운 것입니다." 캐런 앤더슨의 말이다.

메커니즘은 확실히 밝혀지지 않았더라도 분명히 효과는 나타난다. 잘못 생성된 단백질은 어떻게든 근육쇠약으로 이어진다. 간과 비장도 손상된다고 크로퍼드는 말한다. 헌팅턴병 환자들은 빠른 속도로 열량을 소비하는데, 앤더슨은 이에 대해 이렇게 말한다. "이는 아주 좋은 일처럼 생각되겠지요. 하지만 이 병을 앓는 환자들은 음식도 제대로 삼키지 못한다는 사실을 고려해야 합니다. 대부분의 사람들이 하루에 먹는 양만큼도 섭취할 수가 없습니다. 하루에 4천 칼로리를 소비할 만큼 충분하게 식사하기란 더더욱 불가능하지요. 하지만 몇몇 환자들은 하루에 4천 칼로리를 가볍게 소비합니다".

그러나 이 병이 가장 큰 영향을 미치는 것은 두뇌다. 뇌가 줄어드는 것이다. 두뇌세포가 죽고 뇌가 위축된다. 가장 큰 타격을 입는 부위는 기저핵, 특히 두뇌 깊숙한 곳에 숨은 미상핵caudate이라는 원초적인 영역이다. 크로퍼드는 대뇌피질 또한 얇아진다고 설명한다. "이 병의 영향은 실제로 상당히 널리 퍼져 있습니다. 두뇌 전체에 균일하게 걸쳐져 있지는 않습니다. 몇몇 영역은 다른 영역보다 심하게 위축됩니다. 특히 피질의 위축은 상당히 빨리 시작됩니다."

마치 도미노 효과처럼 두뇌의 한 영역이 죽으면 그 영역과 다른 영역을 연결하는 통로 역시 죽는다. 캐런 앤더슨은 이렇게 말한다.

"미상핵이 죽으면서 전두엽 및 두뇌의 다른 영역과의 연결 통로 역시 죽어버립니다."

PET(양전자 방사 단층 촬영) 스캔 및 fMRI(기능적 자기 공명 촬영)와 같은 두뇌 영상 촬영 기술은 두뇌가 어떻게 쇠퇴하는지에 대한 수수께끼를 푸는 데 도움이 된다. 뇌 속에서 질병이 어떻게 진행되는지 이해할 수 있다면 과민성과 같은 증상을 특정한 두뇌회로와 연관 짓는 것도 가능하다. 아직까지 학자들은 특정한 두뇌회로와의 연관성을 찾아내는 데 전혀 가까이 다가가지 못했다. 캐런 앤더슨은 이렇게 설명했다. "앞으로 10년 안에는 이 의문에 대한 상당히 괜찮은 대답을 찾아낼 수 있을 거라고 생각합니다. 현재로서는 헌팅턴병 환자의 두뇌 변화가 어떻게 진행되는지 모르는 점이 너무 많기 때문에 이에 대해 대답할 수 없습니다." 앤더슨은 환자에 따라 세포가 죽어가는 패턴이 다르게 나타날 가능성도 있다고 한다. "어떤 환자들의 경우에는 동기부여를 제어하는 영역인 전두엽피질이 더 많이 손상되는 듯합니다. 또다른 환자들의 경우에는 과민성에 영향을 미치는 회로가 있어서, 그 부분이 더 많이 손상될지도 모르지요."

이는 겉으로 드러나는 현상과 일치한다. 헌팅턴병의 증상은 환자마다 다르게 나타난다. 모든 헌팅턴병 환자가 짜증을 잘 내는 것은 아니다. 예를 들어 크리스의 외할아버지는 과민성 증상을 보이지 않은 듯했다.

크리스는 스물여덟 살 때 웨스트버지니아로 되돌아갔다. 집 안으로 걸어 들어가자 "마치 회오리바람이 휩쓸고 지나간 것 같았다"고 회상했다. 음식찌꺼기가 달라붙은 접시와 우유가 담긴 컵이 며칠 동안 방치된 채 탁자에 어질러져 있고, 양탄자는 담뱃불 때문에 구멍이 나 있었다. 그 가운데 한 여성이 소파에 힘없이 누워 있었다. 볼은 푹 꺼져 있고 머리는 산발이었다. 뼈만 남은 몸이 앙상했다. 여성은 움직이지 않았다. 크리스는 그 여성이 숨을 쉬는지조차 알 수 없었다. 크리스는 부엌으로 들어가 어머니를 찾았다. 다시 거실로 나왔을 때, 소파에 누워 있던 여성이 눈을 뜨고 크리스를 향해 미소를 지었다. 크리스는 그길로 집을 나왔고 슬픔에 무너져내렸다.

크리스는 고향으로 돌아갈 때 비디오카메라를 챙겼다. 헌팅턴병에 대한 다큐멘터리를 찍어야겠다는 생각에서 그랬지만 "그곳에 도착하기 전까지는 무엇을 찍어야 할지 몰랐습니다"라고 말했다. 크리스는 집에 도착했을 때 처음에는 차마 촬영할 생각을 못 했는데, 이를 후회하고 있다. 크리스는 '차고 한쪽에 스튜디오'를 차리고 그곳을 자신의 인터뷰를 촬영하는 용도로 사용했다. 크리스는 어머니와 함께 지내는 두 달 동안 스무 시간에 해당하는 동영상을 촬영했다. 지난 15년간 크리스는 동영상을 편집하면서 인생의 바로 그 시기를 거듭해서 다시 체험해왔다. 여러분의 짐작대로 크리스는 이렇게 말한다. "그 동영상을 반복해서 보는 일은 고통스럽습니다."

크리스의 어머니는 심각한 무도병 증상에도 불구하고 자신이 병을 앓고 있다는 사실을 인정하지 않았다. 어머니는 크리스에게 만약 질병의 징조가 나타나면 자살해버리겠다고 말했다. 따라서 크리스는 어머니에게 결코 질병에 대해 이야기하지 않았다. 어머니가 병을 부인했기 때문에 촬영도 쉽지 않았다. "'어머니, 헌팅턴병에 대해 다큐멘터리를 만들고 있어요'라고 말할 수가 없었지요. 왜냐하면 어머니는 헌팅턴병에 걸렸다는 사실을 절대 인정하지 않았고, 헌팅턴병 이야기를 꺼낼 때마다 자살할 거라고 하셨으니까요. 어머니와 자살 이야기를 하고 싶지는 않았어요."

어머니를 방문하고 1년이 지나 스물아홉 살이 되었을 때, 크리스는 헌팅턴병 검사를 받아야겠다고 결심했다. "앞으로 어떤 방향으로 나아가야 하는지 알고 싶었습니다. 막다른 골목에 다다른 것 같았어요. 제가 그 유전자를 물려받았는지를 알아내는 것이 최선이라고 생각했습니다. 저는 다큐멘터리를 만들고 있었고 검사 결과를 받아들일 준비가 거의 된 상태였지요. 저는 이렇게 생각했습니다. '좋은 소식이었으면 좋겠다. 하지만 만약 나쁜 소식이더라도 다큐멘터리에는 큰 도움이 될 거야.'" 결과는 나쁜 소식이었다.

이제 마흔세 살이 된 크리스는 무도병 증상이 약간 있으며 예전보다 건망증이 심해지고 단어를 기억하기가 더욱 어렵다고 말한다. 크리스의 다큐멘터리는 거의 촬영이 끝났고, 나머지 제작 비용을 모으기 위해 매년 모금 행사를 열고 있다. 크리스는 사람들에게 헌팅턴병을 알리기 위해 정기적으로 연단에 서기도 한다. 지난 9년간 크리스는 정신장애가 있는 성인, 특히 주로 정신분열증 환자들과 함께 일해왔다. 이들은 오직 정신질환 환자들만을 위한 일종의 요양시설에서 살고 있다. 이곳에 사는 사람은 원하는 대로 언제든 들어오거나 나갈 수 있지만, 항상 크리스처럼 돌보아주는 사람이 곁에 있다. 크리스는 헌팅턴병을 앓는 사람들에게도 이와 같은 형태의 요양시설이 생기기를 바란다고 말한다.

헌팅턴병 환자는 보통 가족이 돌보며 책임지지만 그 부담이 너무 무겁다. 몇몇 연구에 따르면, 헌팅턴병 환자들을 요양시설에 맡기는 가장 큰 이유 중 하나가 과민성이라고 한다.

캐런 앤더슨 같은 정신과 의사들은 헌팅턴병 환자가 있는 가족을 교육하는 데 많은 시간을 투자한다. "사람들에게 5년, 10년 전만 해도 이성적이었던 사랑하는 가족과 이 환자가 더이상 같은 사람이 아니라는 사실을 설명하는 데 많은 시간을 쏟습니다. 헌팅턴병 환자는 더이상 합리적으로 결론을 내릴 수 없습니다. 그런 일을 하는 두뇌의 영역이 제대로 작동하지 않기 때문이지요."

비록 어떠한 회로가 증상과 정확히 관련되는지는 알 수 없지만, 과민성을 조절하는 일반적인 두뇌의 영역이 어디인지는 짐작되는 바가 있다. 정신과 의사인 존 실버는 전두엽을 지목한다. "과민성과 공격성은 전두엽의 병변과 상관관계가 있다는 연구 결과가 있습니다."

실버는 외상성 뇌손상traumatic brain injury, TBI을 입은 환자를 전문적으로 치료한다. 두뇌에서 가장 부상이 흔한 부위는 전두엽과 측두엽이다(대부분의 경우 자동차 사고나 추락 때문이다). 이는 TBI 환자와 헌팅턴병 환자가 영향을 받는 두뇌 부위가 어느 정도 겹친다는 의미다.

헌팅턴병 환자와 TBI 환자의 과민성은 비슷한 방식으로 발현된다. 도화선이 짧아 엄청난 폭발로 끝난다. 실버는 이를 다음과 같이 묘사한다. "여러분이 맨해튼에서 길을 건너고 있는데 보행자인 여러분에게 차가 가까이 다가온다고 해봅시다. 여러분은 어떻게 하겠습니까? 운전자 또는 차에게 어떻게 할까요? 여러분은 운전자에게 소리를 지르거나 자동차를 치지 않습니다. 그렇지요? 하지만 제 환자들은 그렇게 합니다."

전두엽은 가장 기본적인 욕구에 브레이크를 거는 영역으로 알려져 있다. 전두엽을 변연계의 문지기로 생각해보자. 해마, 편도체, 시상전핵군, 변연피질로 구성된 변연계는 여러분의 원시적인 욕구가 솟아나는 곳이다. 배가 고픈가? 그렇다면 변연계가 그렇게 말하고 있는 것이다. 섹스를 하고 싶은가? 변연계가 문을 두드리고 있는 것이다. 욕구를 조절할 전두엽이 없다면 여러분은 결과를 걱정하지 않고 행동하게 된다.

실버의 말에 따르면, 전두엽에 손상을 입는 병에 걸리는 경우 "전두엽이 제대로 작동할 때처럼 반응을 억제하거나 스트레스 요인을 감당해낼 수 없습니다. 다시 말해 전두엽이 변연계를 억제하고 있다는 것입니다". 두뇌의 여러 부분이 분노와 공격성에 관여하지만, 실버는 과민성을 제어하는 데 전두엽이 가장 중요한 역할을 한다고 믿는다.

이것이 사실이라면 사소한 자극에 짜증을 내는 것은 억제의 문제라는 뜻이다. 달리 말하자면 누구나 극단적인 반응을 보일 수 있는 역량을 가졌지만 대부분의 경우 전두엽이 짜증난 반응을 억눌러 이를 완화시킨다는 것이다. 마크 그로브스는 이렇게 간단히 설명한다. "전두엽은 부적절한 반응이나 충동적인 반응의 억제를 돕습니다. 그리고 이 회로에 손상을 입은 환자들은 이러한 행동을 억제하는 능력을 상실하는 것이지요."

데이비드 크로퍼드가 실시한 연구에 따르면, 과민성은 헌팅턴병의 가장 초기에 나타나는 증상 중 하나다.[1] 크로퍼드는 운동신경과 관련된 증상이 나타나기 5~10년 전에 과민성 증상이 나타난다는 사실을 알아냈다. 헌팅턴병이 진행되고 두뇌의 더 많은 부분이 죽어버리면 과민성보다는 무관심이 더욱 두드러진다. 그로브스의 말이다. "기저핵과 관련된 질병에서 볼 수 있는 증상 중 하나는 무관심입니다. 파킨슨씨병이나 헌팅턴병에서 두뇌 손상이 심할수록 환자는 더욱 무관심해집니다." 주로 운동기능과 연관된 기저핵이 서로 다른 행동 사이에서 결정을 내리는 데 어떤 역할을 한다고 이 현상을 해석할 수도 있다. 우리는 항상 엄청나게 다양한 행동 중에 하나를 선택해야 하는 상황에 직면하고, 두뇌의 이 영역은 최선의 선택을 하는 데 도움이 된다고 알려져 있다. 이 영역이 제대로 작동하지 않으면 결정을 내리기가 어려워진다. 여러분의 뇌는 선택이 불가능하기 때문에 아무것도 선택하지 않는다.

학자들은 과민성의 본질에 대해 단서를 던져줄 수 있는 헌팅턴병의 또다른 흥미로운 증상으로 헌팅턴병 환자들이 상황을 오해하는 경우가 많다는 점을 꼽는다. 크로퍼드는 실험 참가자들에게 만화에 담긴 의미를 해석하도록 하여 헌팅턴병 환자들의 사회적인 암시를 읽어내는 능력을 실험하는 연구를 공동으로 주관했다. 만화에 담긴 유머를 이해하기 위해서는 그것을 보면서 타인의 정신상태를 추론할 수 있어야 한다. 『신경심리학*Neuropsychologia*』에 발표된 논문의 설명은 다음과 같다.

예를 들어 어떤 만화에서 한 남성이 무릎 위에 앉아 있는 젊은 여성을 껴안고 있는데, 그는 비어 있는 손으로 탁구채를 잡고 탁구공을 톡톡 두드린다. 소리는 들리지만 두 남녀가 보이지 않는 바로 옆방에 나이든 여성이 앉아 있는데, 이 여성은 소리에 깜빡 속아 남성이 탁구를 치고 있다고 믿기 때문에 재미있다. 사실 그는 다른 일에 정신이 팔려 있는데 말이다.[2]

헌팅턴병 환자들에게 왜 이 만화가 우스운지 설명해달라고 부탁했다. 한 헌팅턴병 환자는 상황을 이렇게 잘못 판단했다. "아내가 옆 방에 앉아 있는 가운데 남편은 젊은 여자를 애무하고 있습니다. 아내는 '적어도 나는 가만히 내버려두는군, 다행이야!'라고 생각하지요."

이러한 해석은 정신분열 환자의 피해망상적인 착각과 달리 현실 가능한 범주 내의 일이지만, 제시된 정보와는 맞아떨어지지 않는다. 이 연구의 공동 저자들은 이렇게 적었다. "헌팅턴병 환자들은 만화의 물리적인 내용을 넘어서는 추론을 도출해냈다. 이들은 상황을 추상화하고 가정을 만들어냈는데, 등장인물의 감정이나 믿음에 대한 가정도 여기에 포함되었다. 하지만 이러한 추론은 보편적인 해석과 상당히 거리가 멀었다."

이렇게 상황을 오해하는 성향은 과민성 문제를 더욱 악화시키는 것으로 보인다. 누구나 가끔씩 상황을 잘못된 방식으로 받아들이는 사람을 만난다. 예를 들어 여러분이 남편에게 "그 양복을 입으면 날씬해 보인다"라고 말했다고 해보자. 그러면 남편은 "그럼 내가 뚱뚱하단 말이야?"라고 응수한다. 어떤 말이나 상황에 지나치게 의미를 부여하는 사람은 짜증을 내는 확률 역시 높은 듯하다. 케빈 크레이그는 우울증을 앓고 있는 자신의 환자 중 상당수가 짜증을 잘 내며, 이것은 아무런 근거가 없는데도 최악의 상황을 가정하는 이들의 성향과 연관된 듯하다고 말한다. "이 환자들은 상황을 잘못된 방식으로 받아들입니다. 중립적인 발언에도 부아가 치밀지요." 헌팅턴병 환자들의 경우, 상황을 오해하기 쉽다는 특징과 정신적인 브레이크가 제대로 작동하지 않기 때문에 생기는 성마름이 합쳐지면 끔찍한 결과로 이어질 수 있다.

　사회적 계약 위반은 보편적으로 건강한 사람들도 짜증나게 한다. 대부분의 사람은 사회적 상황이 어떤 식으로 흘러가야 한다고 기대하며 세상을 살아가며, 이러한 기대가 충족되지 않을 때 짜증을 느낀다. 손톱 깎는 시끄러운 소리 때문에 조용해야 할 기차 여행이 방해를 받고, 인도에서 잠깐 볼일을 보러 갔다가 붙잡혀 몇 시간이나 차를 마시고, 여러분이 약간 늦었다는 이유로 스위스의 자동차 정비공이 예약대로 작업을 하지 않는 경우. 이제 모든 사회적 거래가 여러분이 기대하는 방식대로 진행되지 않는다고 상상해보자. 이것은 마치 규칙이 전혀 다른 외국에서 잠을 깼지만 도저히 그 규칙을 해독할 수 없는 경우와 같다. 크로퍼드는 다음과 같은 예를 소개한다.

　실제로 병원으로 찾아오던 길에 환자가 겪은 이야기입니다. 리버풀에서 오던 그 환자는 깜빡하고 기차역 남자 화장실에 가방을 놓고 나왔지요. 이 광경을 지켜보던 사람이 경찰에게 다가가서 이야기하자 경찰은 환자에게 가방을 돌려주고 앞으로는 조심하라는 요지의 다소 짜증나는 설교를 늘어놓았어요. 그러자 환자는 그 경찰관을 때리는 바람에 체포돼버렸지요. 우선 분명하게 생각할 수 있는 점은 행동의 결과를 생각할 수 있어야 한다는 것이지요. 보통 사람은 경찰관을 때리면 큰

일난다는 사실을 압니다. 그뿐만 아니라 여러분이나 저는 그 경찰관을 위협적이라고 생각하지 않을 겁니다. 주어진 임무를 다할 뿐이니까요. 하지만 여러분이 실제로 그 부분을 올바르게 추론해내지 못한다면, 그 경찰관이 화를 내고 일종의 신체적 위협을 가한다고 생각할지도 모릅니다.

크로퍼드의 연구 중 하나에 따르면, 헌팅턴병 환자들이 부정적인 감정, 그중에서 특히 다른 사람들의 분노를 잘 인식하지 못하기 때문에 문제가 더 어려워진다.[3] 대부분의 건강한 사람들은 누군가의 찌푸린 미간이나 그 외의 얼굴 표정을 보고 분노나 슬픔을 감지할 수 있다. 헌팅턴병 환자들은 이 점에 특히 어려움을 겪는다. "헌팅턴병을 앓는 사람들은 다른 사람의 감정상태를 정확하게 읽는 데 그다지 능하지 못하고, 이 때문에 엄청나게 불리한 상황에 처하게 됩니다."

다른 사람의 반응이 우리에게 행동의 방향을 제시해주는 경우가 많기 때문에 타인의 감정을 제대로 감지하지 못하는 것은 사회적 장애에 해당한다. 다른 사람들이 여러분 때문에 기분 나빠 한다는 사실을 모른다면, 여러분은 어떻게 행동할까. 타인에게 부정적인 결과를 야기한다는 점을 깨닫지 못하면 훨씬 바람직하지 못한 행동을 할지도 모른다.

건강한 사람의 경우 배우자가 화를 낸다면(그리고 배우자의 짜증을 감내해야 한다면) 사소한 일에 소란을 피우기를 자제할지 모른다. 하지만 여러분의 두뇌가 제대로 기능하지 않아 배우자가 화낸다는 사실을 깨닫지 못한다면 특별히 자제할 필요가 없다고 생각할 수도 있다. 짜증을 내고자 하는 성향을 억누르는 데는 죄책감을 피하고자 하는 심리가 효과적이다. 따라서 헌팅턴병 환자들은 삼중고에 시달리는 셈이다. 병 때문에 상황을 오해하기 쉽고, 병 때문에 스스로를 통제하기 어려우며, 병 때문에 자신의 행동이 누군가를 슬프게 하거나 화나게 만든다는 사실을 인지하는 능력이 손상되어 있다.

설상가상으로, 정신과 의사들의 말에 따르면 헌팅턴병 환자들은 분노를 폭발시키면서도 그 사실을 잘 인식하지 못하는 것 같다. 마크 그로브스는 컬럼비아 대학교의 헌팅턴병 클리닉에서 일어난 다음과 같은 이야기를 들려준다. "오늘 아침 병원에서 최근에 만났던 환자를 보았습니다. 제가 '요즘 짜증을 많이 내나요?'라고 묻자, 환자는 '아니요'라고 답하더군요. 그 환자의 남편이 '당신, 짜증 많이 냈잖아'라고 말하자 그 환자는 '멘티라(Mentira, 스페인어로 거짓말이라는 뜻)!' 하고 소리 지르면서 남편에게 달려들었습니다. 물론 짜증났다는 증거였지요."

환자들의 말은 신뢰할 수 없기 때문에 데이비드 크로퍼드는 과민성을 직접 측정 가능한지 아닌지 여부를 알아내는 데 관심을 가졌다. "우리는 여러 가지 실험적인 개념으로 사람들에게 짜증을 유발하고 그에 대한 반응의 측정 여부를 모색하기 시작했습니다." 크로퍼드와 슈테판 클뢰펠을 비롯한 동료들은 건강한 사람들과 헌팅턴병 유전자를 가진 사람들을 fMRI 기계에 넣은 뒤 짜증나게 했다.[4]

실험 참가자들은 게임을 하고 있었으나 학자들은 속임수를 썼다. "그 연구의 실험 결과는 다소 혼란스러웠습니다." 크로퍼드의 말이다. 건강한 참가자들의 경우 "컴퓨터로 속임수를 쓰자 사람들이 짜증을 내기 시작하면 변화가 생기리라고 기대했던 두뇌 부분이 변하는 모습이 영상으로 나타났습니다." 학자들은 건강한 참가자들이 짜증을 느끼자 변연계의 일부인 편도체의 활동이 활발해지는 것을 관찰할 수 있었다. "반면 헌팅턴병 환자들의 경우 자극을 받으면 두뇌 변화는 비슷하게 나타났지만 짜증이 나지 않는다고 답했습니다. 따라서 상관관계를 제대로 수립할 수가 없었지요." 두뇌 활동은 짜증을 나타냈지만 헌팅턴병 환자들은 그 감정을 깨닫지 못하거나 짜증난다는 사실을 인정하지 않았다.

헌팅턴병 환자들에게는 좋은 소식, 그리고 아마도 그들의 가족과 간병인 들에게는 더욱 반가운 소식은, 과민성이 치료 가능하다는 사실이다. "이 증상은 다행히 치료법에 아주 잘 반응합니다." 헌팅턴병의 치료 지침을 준비하고 있는 마크 그로브스의 말이다.

과민성의 첫번째 치료법은 약물이다. 과민성 치료에 대해 그로브스는 이렇게 말한다. "다른 어떤 정신의학 분야보다도 헌팅턴병 클리닉에 있는 환자들에게 처방을 내리면 그 환자의 가족이든 환자

본인이든 저에게 전화해서 약이 큰 도움이 되었다고 말하리라고 확신합니다."

과민성 치료에는 네 가지 종류의 약물이 사용된다. 그로브스는 처음에는 주로 선택적 세로토닌 재흡수저해제selective serotonin reuptake inhibitor, SSRI를 사용하는데, 여기에는 렉사프로Lexapro, 셀렉사Celexa, 프로작Prozac, 졸로프트Zoloft 등의 항우울제가 포함된다. 세로토닌은 두뇌에서 메시지 전달을 촉진하는 신경전달물질이다. SSRI는 두뇌의 특정 신경세포가 세로토닌을 흡수하는 것을 막아 더 많은 세로토닌이 신경세포에 흘러다니도록 한다. 헌팅턴병 환자처럼 일부 회로가 죽어버린 경우 이 약물은 살아 있는 신경세포의 효율성을 높이는 데 도움이 되는 것으로 보인다.

그로브스의 말에 따르면, 우울증과 달리 헌팅턴병에 이러한 약물을 사용하면 몇 주 이내에 과민성이 사라진다. "헌팅턴병의 과민성은 보다 단순한 것 같습니다. 극단적이기는 하지만 약물을 투여하면 증상이 사라집니다. 반면 일부 다른 병의 경우에는 과민성이 보다 복잡하게 나타납니다. 성격장애나 우울증, 조울증 등이 이에 해당합니다." 정신과 의사 존 실버는 관찰 결과 외상성 뇌손상을 입은 환자에게 약물을 투여하자 불과 며칠 사이에 과민성 증상이 사라졌다고 했다.

그로브스는 다른 약물도 사용하는데, 그중 하나가 혈압약으로 자주 처방되는 베타 차단제 프로프라놀롤propranolol이다. "사람들은 무대공포증 치료를 위해 프로프라놀롤을 자주 사용합니다. 이 약물을 복용하면 아드레날린과 노르에피네프린이 급격히 분비되어 혈압이 올라가고 심박수가 높아지는 것을 방지합니다. 따라서 이 약물이 과민성에 효과적이라는 사실은 매우 흥미롭습니다. 항우울제와 전혀 관련 없는 약이거든요."

과민성 치료에 자폐증 치료를 위해 승인된 도파민 차단제를 사용하기도 한다. 또한 그로브스는 항간질제나 항경련제 같은 안정제도 사용한다고 말한다.

약물 외에 과민성 치료의 또다른 방법으로 짜증 유발 원인 제거가 있다. 이는 단순히 병을 앓고 있는 사람뿐만 아니라 자주 짜증을 내는 성향이 있는 모든 사람에게 해당된다. 정신과 의사들의 조언을 소개한다. 식사를 건너뛰면 건강하거나 아프거나 관계없이 대부분의 사람이 짜증을 더 잘 낸다. 마크 그로브스는 집에 도착했을 때 짜증을 내지 않도록 퇴근길에 에너지바를 먹는다고 한다. 수면 부족 역시 과민성을 일으키는 요인이다.

캐런 앤더슨은 예측하지 못한 상황에 처한 경우에도 사람들이 짜증낼 확률이 높아진다고 한다. 예측하지 못한 뜻밖의 일에 깜짝 놀라기를 좋아하는 사람은 없으며, 헌팅턴병 환자들은 더욱 그렇다. "환자와 가족들을 둘러싼 모든 상황을 매우 체계적이고 규칙적으로 만드는 것이 우리 업무의 큰 부분을 차지합니다. 의사가 방문하거나 오랫동안 못 본 가족이 방문하는 경우 미리미리 준비를 시킵니다. 대부분 일정을 세우고 예상외의 상황을 최소한으로 줄이려는 노력입니다. 저는 일반인에게도 이 방법이 일상의 짜증을 줄이는 데 도움이 될 것이라고 생각합니다."

헌팅턴병 환자들은 두뇌가 쇠퇴할 때 짜증이 어떻게 일어나는지를 보여준다. 하지만 건강한 두뇌에서 짜증이 발생하는 것은 어떻게 설명할 수 있을까?

13장

짜증난
두뇌

짜증을 내는 데 있어서 변연계의 역할은 아마도 매우 중요하다. 변연계 내의 두뇌 반응은 오직 부분적으로만 인간의 의식적인 통제하에 있다. 어두운 동굴이 위험하지 않다는 사실을 머리로는 알고 있어도 그 안에 들어갈 때면 언제나 아주 약간은 불안해질 것이다. 누군가 또는 뭔가에 대한 짜증을 통제하는 법을 배울 수는 있지만, 마음속 깊은 곳 어딘가에서 변연계는 할 수만 있다면 짜증나게 울어대는 저 아기 울음소리를 꺼버렸으면 좋겠다고 주장할 것이다.

▶▶▶ 　　　　화요일 아침 10시 53분, 패티는 제

시간에 연구실까지 갈 수 없었다. 어젯밤 늦게까지 깨어 있었던 터

라 아침에 자명종을 듣지 못했다. 2006년, 패티는 서던캘리포니아

대학교 2학년생이었다. 패티를 전형적인 대학 2학년생이라고 불

러도 과언은 아닐 것이다. 최고의 우등생은 아니지만 평균 성적이

B+ 정도였고, 글솜씨가 상당히 좋아 영어 수업에서는 가끔씩 A를

받았다.

　패티는 아직 전공을 정하지 않았지만 심리학 쪽으로 마음이 기

울고 있다. 그 때문에 심리학 실험에 참여하려고 신청했는데, 지금

그 실험에 늦은 것이다. 패티는 두뇌 촬영을 하기 위해 11시까지 실

리 – 머드관에 위치한 인지신경촬영센터에 가야 했다.

심리학과 대학원생인 토머스 덴슨이 실시하는 실험이었다. 덴슨은 패티가 수강했던 심리학개론 수업 중 한 부분을 맡았다. 패티는 인지능력과 심상心像에 대한 연구 참가자를 모집한다고 학과 홈페이지에 게재된 덴슨의 광고를 보았다.

2주일 전 패티는 덴슨의 연구실에서 긴 설문지를 작성했다. 그 설문지는 심리학개론 강의 시간에 본 적 있는 일종의 성격 진단 설문이었다. 다른 사람들과 잘 어울리는가? 자랑하기를 좋아하는가? 다른 사람들이 여러분을 오해하는가? 다른 사람이 여러분에 대해 어떻게 생각할지 걱정하는가? 패티는 '내가 얼마나 과민한 사람인지 파악하려나보군' 하고 생각했다.

예, 아니요로 대답하는 항목 중 일부는 다소 예상치 못한 것이었다. 일반적인 사람보다 자주 싸움에 휘말린다. 별다른 이유 없이 버럭 화를 낸다. 일이 계획한 대로 흘러가지 않을 경우 처음 만나는 사람에게 불만을 터뜨린다. 직장이나 학교에서 힘든 일을 겪으면 모든 사람이 알 수 있도록 겉으로 드러낼 확률이 크다. 당시 이런 항목을 보면서 패티는 '도대체 이건 무슨 질문이지?'라고 생각했다.

그러나 이날 아침, 패티에게 그런 질문은 안중에도 없었다. 머릿속에는 촬영센터에 11시까지 가야 한다는 것과 제시간에 도착할 수 없을 것이라는 생각뿐이었다. 11시 10분이 되어서야 패티는 촬영센터의 정문으로 달려들어와 덴슨과 만나기로 약속한 방으로 갔다. 덴슨은 호리호리하고 멀쑥한 인상으로 안경을 쓰고 있었다. 덴슨은 패티의 지각에 그다지 짜증난 것 같지는 않았지만 실험을 시작하고 싶어서 안달이 나 있었다. 덴슨은 패티에게 클립보드에 끼워진 종이를 건네주었다. 거기에는 단어가 나열되어 있고, 각 단어 옆에 1부터 5까지의 숫자가 적혀 있었다. "두뇌 촬영을 하기 전에 오늘 기분이 어떤지 파악했으면 합니다. 각 단어 옆에 기분을 표시하세요. 1은 '전혀 아니다'이고 5는 '매우 그렇다'입니다."

종이에는 대략 65개의 단어가 적혀 있었는데, 경계하는, 화가 난, 사려 깊은, 불안한, 슬픈 등의 형용사였다. 패티가 기분을 적어 내려가는 데 약 2분이 걸렸다. "좋아요, 이제 실험실로 갑시다." 덴슨이 말했다.

실험실은 바로 옆방이었다. 통제실의 열린 문을 통해 MRI 기계가 보였다. 그 기계는 거대하고 두꺼운 흰색 도넛과 비슷했다. 도넛의 중심에 있는 구멍으로는 마치 배와 육지 사이에 걸쳐놓은 판자처럼 보이는 얇은 플랫폼이 비죽 튀어나와 있었다.

패티는 기본적으로 MRI 기계가 어떻게 작동하는지 알고 있었다. 이 장치에는 거대하고 강력한 자석이 들어 있어 강한 전자기장이 형성된다. 자석에 파동을 가하면 물분자 내에 있는 양성자의 방향이 변하고, 장치가 이 변화를 감지할 수 있다. 자기장의 방향을 조절함으로써 컴퓨터는 스캐너 안에 들어 있는 조직 구조의 3차원 영상을 만들어낼 수 있다. 오늘은 패티의 두뇌가 바로 그 조직이 되는 셈이었다.

패티는 덴슨이 준 안전 주의사항을 보았다. 패티는 두뇌 촬영술이 건강에 위험하지 않다는 사실을 알고 있었다. 주머니에 금속물질이 들어 있거나 더 심각한 경우 몸속에 금속이 들어 있는 상태에서 자석 가까이 다가가는 것이 위험할 뿐이었다. 예를 들어 부러진 뼈를 고정하는 금속 심 같은 것이 여기에 해당한다. 그렇게 되면 자석의 힘 때문에 금속 심이 몸을 뚫고 나올 수도 있다.

패티는 한 가지 주의사항을 보고 재미있어했다. "눈화장은 하지 않는 것이 좋습니다. 마스카라에 들어 있는 작은 금속 조각이 자기장 내에서 움직이므로 눈을 자극할 수 있습니다."[1] '지각해서 좋은 점도 있었네. 오늘은 화장할 시간이 없었으니 말이야.'

"자, 설명을 드릴게요. 기계 안에 들어가서 누울 겁니다. 머리에는 헤드폰을 씁니다. 되도록 머리를 움직이지 않도록 하세요. 머리 위에 작은 화면이 보일 겁니다. 뒤죽박죽 섞인 글자가 화면에 나타날 거예요. 그 글자를 올바른 순서로 배열해서 어떤 단어인지 말씀해주세요." 덴슨이 패티에게 말했다.

"철자 순서 맞히기 퀴즈를 풀라는 말이군요?" 패티가 물었다.

"그렇습니다. MRI 안에 마이크가 달려 있어요. 말씀하시면 밖에서 들립니다. 문제마다 주어지는 시간은 15초입니다. 답을 모르겠으면 그냥 '모르겠어요'라고 하세요. 아셨죠?" 덴슨이 말했다.

"네."

"하지만 퀴즈를 풀기 전에 기본 촬영을 할 겁니다. 그저 가만히 누워 계시면 됩니다."

"네, 할 수 있을 것 같아요."

"자, 그럼 시작합시다."

패티는 헤드폰을 쓰고 불쑥 튀어나온 판자에 누웠다. 플라스틱으로 된 둥그런 통에 머리를 집어넣게 되어 있었는데, 스티로폼으로 양쪽이 덧대어져 있어 머리가 움직이지 않게끔 고정되었다. 덴슨은 방을 나갔고 판자가 기계 안쪽으로 들어갔다. 패티의 몸통 전체가 기계 안으로 들어가고 다리만 비죽 나온 상태가 되자 판자가 움직임을 멈추었다.

"제 말이 들리나요?" 덴슨이 물었다.

"똑똑히 잘 들려요." 패티가 답했다.

"좋아요. 그쪽이 하는 말도 잘 들립니다. 이제부터 기본 촬영을 하겠습니다. 가만히 누워 계세요." 덴슨이 말했다.

조용하던 기계 안은 윙윙거리는 소리로 가득 찼고, 그런 다음 간헐적으로 쾅쾅대는 소리가 들렸다. 쾅쾅대는 소리가 다시 나더니 멈추지 않고 계속되었다.

"이 소리는 뭐죠?" 패티가 물었다.

"기계가 작동할 때 나는 소립니다. 미안해요, 소리는 어쩔 수가 없군요. 기본 촬영을 하는 동안에는 가만히 누워 계세요." 덴슨이 말했다.

패티는 계속해서 쾅쾅거리는 소리를 들으면 짜증나겠다고 생각하며 가만히 누워 있었다. 약 5~6분이 지난 뒤 다시 덴슨의 목소리가 들려왔다. "자, 이제 실험할 준비가 되었습니다. 철자 순서 맞히기 문제가 나갑니다. 문제마다 제한 시간은 15초라는 걸 잊지 마세요. 시간이 다 되면 삑 소리가 들릴 겁니다. 뒤죽박죽된 글자가 무슨 단어인지 말하거나 '모르겠어요'라고 하세요. 제가 잘 들을 수 있도록 큰 소리로 답해주세요. 이곳 통제실에서 답을 녹음하겠습니다. 자, 시작합니다."

화면이 캄캄해지더니 'zapzi'라는 글자가 나타났다. 패티는 몇 초 후에 "피자Pizza"라고 답했다.

다음 문제가 나타났다. 'sems.' 이번 문제는 푸는 데 시간이 좀더 걸렸지만 삑 소리가 나기 전에 답을 알아냈다. "엉망진창Mess."

"목소리를 좀더 크게 해주세요. 잘 안 들립니다." 헤드폰에서 덴슨의 목소리가 들려왔다.

"엉망진창." 패티는 좀더 크게 다시 대답했다.

다음 몇 문제는 상당히 쉬웠다. 그러다가 'auletenitn'이라는 문제가 나왔다. 패티는 글자들을 바라보았다. 머릿속으로 철자를 이리저리 움직여보았지만 도저히 알 수가 없었다. 삑 소리가 났다. "모르겠어요." 패티는 말했다.

"좀더 큰 소리로 말해달라고 했을 텐데요." 덴슨의 말이 들려왔다.

"모르겠다고요!" 이번에는 거의 소리를 삑 지르며 대답했다. '장치 좀 제대로 작동하게 못 하나?' 패티는 속으로 씩씩댔다.

화면에 'neentroivmn'이라는 글자가 나타났다. '아이참, 모르겠네. 쾅쾅대는 소리 좀 멈췄으면 좋겠다.' 패티는 생각했다. 다시 삑 소리가 들려왔다.

"모르겠습니다." 패티는 큰 소리로 말했다.

"더 크게 말하세요." 덴슨의 목소리가 헤드폰에서 흘러나왔다. "이봐요, 크게 좀 말해달라고 벌써 세번째 부탁한다고요! 지시를 좀 따를 수 없나요?" 덴슨은 화가 난 것 같았다.

'진짜 짜증나네. 도대체 이 환경에서 어떻게 문제를 풀라는 거야? 도대체 저 사람은 왜 내 목소리가 안 들린다고 난리지? 귀가 먹었거나 장비가 제대로 작동하지 않는 게 분명해. 왜 더이상 문제가 나오지 않는 거야?' 패티는 생각했다.

1~2분 후 덴슨이 말했다. "실험을 중단하겠습니다. 실험을 마치기 전에 몇 가지 문장을 화면에 띄울 겁니다. 가만히 계시면 됩니다. 그저 그 문장들을 읽고 그것에 대해 생각만 하세요." 덴슨은 빈정대는 투로 한마디 덧붙였다. "그 정도는 할 수 있죠?"

패티는 아무 말도 하지 않았다. 자기 속내를 말한다면 덴슨이 달가워하지 않을 것이라고 생각했기 때문이다.

첫번째 문장이 화면에 나타났다. "이번 실험에서 지금까지 접했던 사람에 대해 생각해보십시오." 그후 이와 비슷한 문장이 열두 개 정도 이어졌다. 마침내 덴슨의 목소리가 헤드폰을 타고 흘러나왔다. "이제 끝입니다."

'이제야 겨우 끝났네. 짜증나서 혼났어. 다시는 실험에 참가한다고 지원하지 않을 거야. 어쩌면 전공을 바꿔야 할지도 모르겠어.' 패티는 생각했다.

세부사항은 약간 바뀌었지만 위의 이야기는 대체로 실화이며, 패티는 이 실험에 참가했던 스무 명의 학생들을 조합한 가상 인물이다. 토머스 덴슨은 당연히 실존 인물이다.

짐작했겠지만 이것은 인지에 대한 실험이 아니었다. 한 과학자가 아무것도 모르는 실험 대상을 두뇌 촬영 장치에 넣고 짜증을 유발하여 이때 두뇌에서 어떤 일이 일어나는지 관찰하려고 한 실험이다. 엄밀히 따지자면 덴슨은 분노를 연구했는데 이 점을 기꺼이 인정한다. "제가 아는 한, 진지하게 짜증이 분노와 별개의 감정이라고 주장한 사람은 없습니다. 저는 짜증이 약한 형태의 분노라고 생각합니다. 격노는 분노 중에서도 가장 극단적인 형태지요."

덴슨은 검토위원회를 설득하여 자신의 연구가 윤리적이라는 사실을 인정받아야 실험을 계속할 수 있기 때문에 자기가 진행한 실험에서는 사람들에게 짜증만 유발하려고 했다고 인정한다. "실험 대상에게 과도한 분노를 일으키는 것은 사실 허용되지 않습니다. 하지만 보다 사실적인 실험을 하고 싶었습니다. '이봐, 이번 일을 완전히 망쳐놓았네' 하는 상사를 누구나 한번은 만나기 마련입니다.

그런 말을 들으면 스스로가 바보같이 느껴지지요. 사람들은 이에 짜증으로 반응하는 경향이 있습니다."

실험 대상자들은 MRI 기계 밖으로 나온 뒤 '긍정적 및 부정적 정서 척도'라는 것을 작성했다. 이것은 누군가가 얼마나 화가 났는지/짜증이 났는지를 측정하는 척도다. 참가자들이 마지막으로 이 설문을 작성하고 나서야 덴슨은 비로소 실험의 진짜 목적을 말해주었다. 실험이 끝난 후 참가자들의 마음이 풀렸는지에 대해서는 공개된 자료가 없다. 덴슨은 실험 대상을 짜증나게 하기 위한 몇 가지 요소를 집어넣었다고 한다. 우선 철자 순서 맞히기 문제다. "몇 가지 문제는 쉬웠습니다. 하지만 대부분은 아주 어려웠지요. '중위 lieutenant'나 '환경environment' 같은 단어들 말이지요. 모음이 많은 단어들입니다. 실험 참가자들에게 이것이 인지능력에 대한 실험이라고 말한 것도 짜증을 유발시킨 한 가지 요인입니다." 다른 말로 하면 참가자들이 얼마나 똑똑한지 알아보는 실험이라고 한 셈이다. "참가자들은 아주 진지하게 문제를 풀었습니다. 좋은 점수를 내고 싶었거든요."

물론 참가자들은 좋은 점수를 내지 못했고, 그것만으로도 이들은 짜증이 났다. 그다음 요소로 MRI의 쾅쾅거리는 소리가 있다. 이 부분은 일부러 계획할 필요도 없었다. 모든 MRI는 이처럼 짜증나는 쾅쾅거리는 소리를 내기 때문이다. "제가 세 번 다른 시점에서 실험을 중단한 것이 핵심이었습니다."

덴슨은 처음 두 번 동안은 차분한 목소리로 참가자에게 목소리를 크게 해달라고 말했다. 사실은 참가자들의 목소리가 똑똑히 잘 들렸는데도 말이다. 하지만 세번째에 덴슨은 냉정을 잃고 화가 치미는 것 같은 목소리를 내려고 했다. "모두 대본의 일부였습니다."

덴슨은 참가자들의 기분이 좋았을 때와 짜증났을 때 각각 따로 두뇌 사진을 찍었다. 덴슨은 기능적 MRI(fMRI)라는 특수한 형태의 MRI를 사용했다. 기계를 사용하여 두뇌의 구조를 그려내는 대신, fMRI는 두뇌에서 피가 어디로 흐르는지를 측정한다. 뇌의 특정한 영역에서 두뇌세포가 활발하게 활동할수록 그 영역으로 피가 많이 흘러가는데, 이것은 해당 학자가 측정하는 행동이나 감정과 그 특정한 영역이 관련되어 있다는 의미다.

덴슨은 참가자가 MRI 기계에 가만히 누워 있을 때 어떤 두뇌 영역이 활발히 움직이는지 측정한 다음, 짜증났을 때 피가 흐르는 방향과 비교했다. 덴슨은 실험이 끝나갈 무렵 참가자들이 매우 짜증나 있는 상태에서는 등쪽 전두대상피질이 가장 활발하게 움직인다는 사실을 발견했다. 이 영역은 변연계의 일부다. 변연계는 전뇌에 있는데 합리적인 사고보다는 감정과 보다 밀접하게 관련되는 듯한 두뇌 영역이다. 헌팅턴병이나 외상성 뇌손상 환자의 경우 전두엽에 손상을 입었기 때문에 변연계를 억제하는 능력이 저하되어 과민성이 나타날 수도 있다는 이론을 앞에서 살펴본 바 있다.

덴슨은 이 등쪽 전두대상피질에 대해 이렇게 말한다. "상당히 흥미로운 작은 영역입니다. 이 영역은 자동적인 또는 무의식적인 과정과 보다 의식적인 과정 사이에서 일종의 문지기 역할을 합니다."

덴슨은 다른 심리학자들이 그렇듯이 대부분의 사람들은 자동 모드, 즉 소위 자동조종장치를 켜놓은 것처럼 일상을 보낸다고 믿는다. 차를 운전해서 직장에서 집으로 돌아오는 일을 생각해보자. 이미 백만 번쯤은 해온 일이다. 판에 박힌 일상 그 자체다. 집에 도착하면 갑자기 이런 생각이 든다. '아니, 도대체 방금 무슨 일을 한 거지?' 집까지 운전해온 과정에 대한 특별한 기억이 없는 것이다.

일부 심리학자들은 이 '자동조종장치'를 x시스템이라고 부른다. 우리는 일상을 무의식적으로 보내지 않는다. 단지 낯선 도시에서 길을 찾을 때처럼 잔뜩 집중하지 않을 뿐이다. 그러한 상황에서는 일상적인 요소가 없기 때문에 자동조종장치가 작동하지 않는다. 모든 것에 세심하게 주의를 기울여야 하고, 그렇지 않으면 길을 잃는다.

덴슨은 등쪽 전두대상피질이 자동조종장치 모드를 활발한 집중 모드로 바꾸는 역할을 한다고 말한다. "이와 같은 예를 하나 들어봅시다. 운전을 해서 집에 가고 있는데 갑자기 누군가 끼어들고 한 술 더 떠서 가운뎃손가락을 들어 올린다고 해봅시다. 그러면 등쪽 전두대상피질이 활발하게 움직일 겁니다. 이 영역이 깨어나서 이렇게 말하지요. '이봐, 두뇌 기능을 활발하게 동원해서 이 문제를 해결해야겠어.' 그러고는 두뇌를 깨웁니다."

이것은 반쪽짜리 대화를 들을 때 짜증나는 이유와 일맥상통한다.

반쪽짜리 대화는 사고를 방해하며 예측이 불가능하기 때문에 더욱 경계상태가 된다. 그 소리를 무시할 수가 없는 것이다.

덴슨은 자신의 실험에서도 이런 현상이 일어난다고 믿는다. 실험 대상자들은 심리학 실험에 참가하는 성실한 대학 2학년생들답게 연구실을 찾아왔다. 이들은 특정한 방식으로 대우를 받으리라 기대했고, 거의 전적으로 다른 것에 마음을 두고 있었다. "저는 갑자기 참가자들을 유치원생처럼 다루었습니다. 그랬더니 그들의 등쪽 전두대상피질의 활동이 활발해졌습니다."

덴슨은 또한 실험이 끝날 때쯤에 가장 크게 화를 낸 참가자가 등쪽 전두대상피질로 피가 가장 많이 흘러간 참가자와 동일한지 확인하고자 했다. 이 때문에 기분과 공격성에 대한 설문을 실시한 것이다. 덴슨은 분노의 수준과 등쪽 전두대상피질로 흐르는 혈액의 양 사이에 상관관계가 있음을 발견했지만, 참가자 수가 고작 스무 명밖에 되지 않는 소규모 연구였기 때문에 포괄적인 결론은 시기상조였다.

짜증을 내는 데 있어서 변연계의 역할은 아마도 매우 중요하다. 변연계 내의 두뇌 반응은 오직 부분적으로만 인간의 의식적인 통제하에 있다. 어두운 동굴이 위험하지 않다는 사실을 머리로는 알고 있어도 그 안에 들어갈 때면 언제나 아주 약간은 불안해질 것이다. 누군가 또는 뭔가에 대한 짜증을 통제하는 법을 배울 수는 있지만, 마음속 깊은 곳 어딘가에서 변연계는 할 수만 있다면 짜증나게 울어대는 저 아기 울음소리를 꺼버렸으면 좋겠다고 주장할 것이다.

두뇌의 보다 '이성적인' 영역은 일반적으로 피질과 연관되어 있다. '이성적'이라는 단어를 강조한 이유는 수많은 학자가 인간이란 비이성적으로 행동하리라 기대할 수 있음을 보여주었기 때문이다. 아마 '인지적'이라는 단어가 더 적절할지도 모른다. 두뇌의 이 영역은 가지고 있는 사실을 고려하고 이를 평가한 다음, 앞으로 어떻게 행동할지에 대해 합리적이든 아니든 모종의 결정을 내리는 역할을 한다. 헌팅턴병 환자의 경우 두뇌의 이 영역이 쇠퇴한다. 이러한 사실이 부분적으로는 감정의 폭발을 설명해줄지도 모른다.

두뇌 구조에서 특정한 영역이 어떤 역할을 하는지 파악하는 방법 중 하나는 그 영역이 없는 사람들의 행동 양상을 살펴보는 것이다. 때때로 뇌졸중이나 그 외의 두뇌 손상 때문에 뇌의 일부분이 사실상 '제거되는' 경우가 일어난다. 의학 치료과정에서 두뇌의 일부 영역을 제거하는 경우도 적지 않다. 일부 신경외과 의사들은 심각한 우울증, 정신분열증, 공격성, 불안, 약물남용 등의 정신장애 치료를 위해 환자의 두뇌에서 전두대상피질의 일부를 제거했다. 전문용어로 대상속帶狀束 절개수술Cingulotomy이라는 이 시술은 만성통증을 가진 환자에게도 사용되어왔다.

브라운 대학교의 신경과학자 론 코헨의 말이다. "대상속 절개수술은 전두엽 절제술보다 더 나은 해결책으로서 진화했습니다. 전두피질 전체를 제거하는 시술을 하면 엄청난 심리적 변화가 동반되지요." 그 대신 외과 의사들은 "감정체계 및 통증체계 등과 보다 분명히 연관된 이 영역에 시술을 하려고 시도했"다고 한다.

대상속 절개수술을 받은 환자들에 대한 연구는 대부분 이들의 주된 증상이 완화되었는지 아닌지에 초점을 맞춘다. 그러나 코헨은 실제로 이 수술을 받기로 선택한 환자들의 감정상태 변화를 검토한 연구도 한 차례 진행했다.[2] 이 연구에 참여한 환자들은 좀처럼 사라지지 않는 통증 때문에 치료를 받고 있었다. 수술이 끝나고 학자들은 환자들에게 덴슨이 실험 참가자들에게 사용한 것 같은 표준 성격 설문조사와 기분 측정 설문지를 주었다.

학자들에 따르면, 대부분의 환자들은 수술 이후 통증이 완화되었다고 답했다. 이 수술로 인해 심각한 감정적 부작용을 겪은 환자는 없었다. 하지만 성격 변화는 분명하게 나타났다. 환자들의 가족 중 여럿이 수술 후 환자가 보다 느긋하거나 태평스러운 성향을 보이는 것 같다고 알려왔다. 학자들은 이렇게 적었다. "몇몇 경우에는 수술 후 이러한 변화를 경미한 무관심이나 의욕 부족으로 묘사하기도 했다." 환자들은 감정적인 긴장, 분노, 통증이 줄어들었다는 것 이외에 큰 성격 변화는 알아차리지 못했다.

하워드 윌킨슨은 코헨의 연구에 참가한 환자들에게 수술을 집도했다. 윌킨슨은 보스턴에 위치한 매사추세츠 종합병원의 신경외과 의사다. 윌킨슨은 대상속 절개수술을 수없이 실시했는데, 대부분은 만성통증을 다스리기 위해서였다. 윌킨슨은 수술을 받은 환자들도 여전히 통증을 느끼지만 그전만큼 참기 어려운 수준은 아니라고 한다. "끊임없고, 만성적이고, 지속적인 자극이나 고통은 사라집니다. 통증으로 인한 짜증도 덜 나게 되지요."

윌킨슨의 연구에서는 수술을 마친 환자들이 전반적으로 짜증을 내는 확률이 줄어들었는지에 대해 특별히 살펴보지 않았지만 윌킨슨은 "환자들은 보다 평온해 보였습니다. 감정상태가 약간 더 평탄해진 것 같았습니다"라고 말했다.

이는 대상 부분이 짜증의 관문 역할을 한다는 코헨의 추론과 일치한다. 대상속 절개수술을 통해 치료하는 모든 장애에는 코헨이 말하는 "강박적이고, 반복적인 루프" 증상이 포함되어 있다. 수술을 하면 이 루프를 끊으므로 환자들은 강박적으로 집착하는 자극을 완전히 무시할 수는 없더라도 견뎌낼 수는 있게 된다. 그 자극이 통증이나 손톱으로 칠판을 긁는 소리처럼 불쾌한 것이든, 심지어 도박이나 코카인 복용처럼 즐거운 것이든 말이다.

물론 이 '더욱 평온한' 상태 때문에 대상속 절개수술을 한 환자들은 짜증뿐만 아니라 다른 많은 감정에도 덜 민감하게 반응하는 것처럼 보인다. 하지만 언젠가 신경과학자들이 두뇌 속 짜증의 경로를 찾아내면 전두대상피질이 그 과정의 중요한 일부가 될 가능성이 크다.

두뇌가 어떻게 짜증을 처리하는지 살펴보는 또하나의 방법은 기억상실증 환자에 대한 연구다. 할리우드 영화에서 주인공이 갑자기 자신이 유명한 스파이라는 사실을 기억해내는 식으로 묘사되는 기억상실증은 잊어버려라. 여기서 다루고자 하는 것은 전혀 새로운 기억을 형성하지 못하는 진짜 기억상실이다.

기억상실 중 가장 널리 연구된 사례는 생존 당시 H. M.이라는 머리글자로만 알려졌던 환자다. 헨리 구스타브 몰라이슨은 2008년에 여든두 살의 나이로 세상을 떠났다. 몰라이슨은 어렸을 때 사고로 자전거에 치인 후 심각한 발작이 일어나기 시작했다. 스물일곱 살이 되었을 때 의사들은 발작을 억제하기 위해 두뇌의 일부를 제거했다. 수술은 성공적으로 끝났으나 몰라이슨은 매우 독특한 문제를 안게 되었다. 새로운 기억을 형성할 수 없었던 것이다.

몰라이슨이 앉아 있는 방으로 걸어들어가서 자기소개를 하고 1~2분간 이야기한 다음 방을 나온다고 해보자. 그러고 몇 분 후 다시 방에 들어가면 몰라이슨은 여러분을 만난 적이 있다는 사실을 전혀 기억하지 못한다. 더욱 이상한 일은 수술 전의 삶에 대해서는 몰라이슨은 상당 부분 세부사항까지 기억했다. 그는 새로 일어나는 일만 기억하지 못했다.

몰라이슨은 수술과정에서 해마라고 부르는 영역 및 그 근처에 있는 연관된 두뇌 구조가 제거되었던 것으로 밝혀졌다. 이 영역은 기억력을 통합하는 데 결정적인 역할을 하는 듯하다. 몰라이슨이 전혀 기억을 못 하는 것은 아니었다. 타인과 대화를 이어나갈 수는 있었다. 즉 방금 상대방이 한 말은 기억했다. 하지만 기억을 저장하는 것, 즉 1~2분 이상 시간이 흐른 대화를 기억하는 것은 해마 및 인접한 두뇌 영역 없이는 불가능하다.

과학자들은 몰라이슨의 문제를 파악한 이후, 두뇌의 바로 그 영역에 손상을 입어 몰라이슨 같은 기억장애를 경험하는 더 많은 환자들을 찾아냈다. 해마 영역이 없어 잃는 기억을 심리학자들은 소위 서술기억이라고 부른다. 서술기억이란 이름, 얼굴, 사실, 숫자와 같은 것에 대한 기억이다. 서술기억을 위해서 두뇌는 의식적으로 사고할 필요가 있다.

이러한 의식적인 사고를 요구하지 않는 다른 종류의 기억도 있다. 자전거 타는 법을 어떻게 배웠는지 생각해보자. 여러분은 자전거를 탈 때 스스로에게 "좋았어, 다리를 걸치고 의자에 앉아, 핸들을 잡고, 페달에 한 발 올려놓고, 미는 거야, 페달을 밟으면서, 넘어지지 말고"라고 하지 않는다. 그저 자전거에 올라타고 달린다. 불에 닿으면 화상을 입을 수 있다는 사실을 기억하는 것도 의식적인 두뇌의 작용이 거의 필요하지 않다. 어두운 골목은 위험한 장소라는 사실을 기억하는 것은 감정적 기억에 가깝다. 비록 여러분이 어두운 골목에서 공격당한 적이 없더라도 어두운 골목에 들어서면 위험하다고 느낀다.

누군가 또는 무엇인가가 짜증난다는 기억은 어떤 종류의 기억과 관련되어 있을까? 확실한 연구는 아직 진행된 바 없지만, 아이오와 대학교의 신경과학자 대니얼 트래널은 그 대답을 알고 있다고 생각한다. 트래널은 수많은 기억상실증 환자를 만났다. 그는 다음과 같은 시나리오를 고려해보라고 한다. "서너 시간에 달하는 장거리 비행을 한다고 해봅시다. 여러분 앞줄에는 어머니와 아기가 앉아 있습니다. 울음을 터뜨린 아기는 잠시 멈추었다 울었다를 반복합니다. 처음에는 별로 개의치 않고, 아기의 울음이 진정되기를 바랍니다. 하지만 아기는 좀처럼 울음을 그치지 않고 두 시간이나 계속되는데, 가끔씩 아주 짜증나게 울어댑니다. 이 상황이 점점 더 짜증스러워져 여러분은 도저히 잠을 자거나, 일을 하거나, 편히 휴식을 취하거나, 비행을 즐길 수가 없습니다."

트래널은 이렇게 묻는다. "자, 이때 여러분 두뇌의 해마 부분에 심각한 손상이 있다면 어떤 일이 일어날까요? 우선 여러분은 아기가 한 번 울고 난 뒤 다음번 울 때가 되면 아기가 아까 울었다는 사실을 기억하지 못합니다. 두 울음 사이에는 적어도 몇 분 이상의 간격이 있어 새로운 서술지식을 유지할 수 있는 시간이 초과되기 때문입니다. 하지만 그래도 짜증은 날 겁니다. 아기 또는 그 아기가 이전에 (여러 번) 울었다는 사실에 대한 서술기억이 전혀 없더라도 이에 대한 감정적 반응은 쌓이기 마련이니까요."

다른 말로 하면 아기가 울 때마다 짜증의 감정을 느끼고, 이 감정적 반응은 집요하게 계속될 수 있으며, 심지어 극도의 짜증을 느끼는 수준까지 증폭되기도 한다. "그 점에 있어서 해마 부분이 손상되었다고 해도 정상인과 마찬가지로 극도의 짜증이라는 반응을 보입니다. 그러나 정상인과 달리 여러분에게는 짜증의 원인에 대해 아무런 서술기억이 없습니다." 따라서 이 경우 짜증이 나지만 왜 짜증나는지 정확히 알 수 없다. "이 예측은 기억상실증 환자를 대상으로 실시한 최근의 몇 가지 연구에 기초를 둔 것입니다. 이 연구를 통해 기억상실증 환자들은 지속적인 감정을 지닌다는 사실이 증명되었습니다. 비록 그 감정을 일으킨 원인에 대한 서술기억이 없음에도 불구하고 말이지요."

캘리포니아 주립대학교 샌디에이고 캠퍼스의 래리 스콰이어는 트래널의 결론에 동의한다. 스콰이어는 이러한 감정적 기억을 형성하고 유지하는 데 필수적인 두뇌 영역이 편도체라고 한다. 편도체는 변연계를 구성하는 한 부분으로, 전뇌에 위치한 이 변연계에는 대상피질 역시 포함된다.

트래널의 가설에 따르면 편도체 또는 변연계의 다른 부분이 손상된 비행기 탑승객이 있다면, 그 사람은 비행중에 우는 아기가 있었음은 기억하지만 그 간헐적인 울음에 짜증을 느끼지는 않는다는 뜻일까? 스콰이어는 그렇다고 말한다. "우리는 원숭이를 대상으로 오래전에 그 실험을 실시했습니다." 스콰이어는 원숭이의 편도체 일부를 제거한 뒤 편도체가 있는 원숭이와 없는 원숭이를 비교했다. "다양한 감정적 반응성, 두려운 자극에 대한 실험을 실시했습니다.

그 실험에서 편도체가 없는 원숭이들만이 비정상적인 결과를 보였습니다."

여기서 고려할 또하나의 시나리오가 있다. 해마뿐만 아니라 대상피질도 없는 상태에서 다시 한번 짜증나는 아기 뒤에 앉아 있다면 어떻게 될까?

해마가 없기 때문에 아기가 마지막으로 울었던 때를 기억하지 못하고, 대상피질이 없기 때문에 울음소리를 들을 때마다 아마도 짜증이 나지 않을 것이다. 그렇다면 이런 사람은 앞의 시나리오에서 빽빽 울어대는 아기와의 비행을 경험해도 더없이 행복했다고까지는 말할 수 없을지 몰라도 최소한 북적거리는 여느 비행기와 별 차이를 못 느끼게 된다.

14장

거짓
경보

아마도 짜증은 불쾌하고, 예측할 수 없고, 통제할 수 없는 상황에 휘말리는 것을 막기 위해 진화했는지도 모른다. 짜증이라는 기분이 뭔가 다른, 보다 진화적으로 유리한 특징의 부산물로 진화했는지도 모를 일이다. 경계심과 스트레스로 인해 전두대상피질에서 나오는 추가적인 에너지는 분명히 인간에게 유용한 면이 있다. 뜻하지 않게 모든 종류의 쓸데없는 대상에도 이런 일련의 반응이 일어나는 것은 약간의 부작용인지도 모른다.

▶▶▶ 대개 외야석에 앉으면 재미있다. 높이 때문일지도 모르지만 외야석에 앉는 팬들은 어딘가 느긋한 면이 있다. 편안한 옷차림을 한 이들은 간식을 먹으며 상당히 즐거운 시간을 보내는 듯하다. 브로드웨이 극장의 2층도 이와 마찬가지다.

맨해튼의 비 내리는 가을 저녁이었다. 주드 로가 브로드웨이에 위치한 브로드허스트 극장에서 아주 잘 차려입은 채 고뇌에 찬 햄릿을 연기하고 있었다. 2층 좌석에서는 아무것도 앞을 가리지 않아 무대가 잘 내려다보였다. 햄릿이 유령과 같은 아버지의 환영을 볼 즈음, 맨 마지막 줄에서 누군가 셀로판으로 포장된 트위즐러(Twizzler, 꼬인 막대기 모양에 단맛이 나는 간식—옮긴이) 한 묶음을 돌렸다.

문제는 바로 이때 생겼다. 한 관객은 이를 달가워하지 않았다. 맨 뒤에서 트위즐러를 하나 꺼낼 때마다 그 여성은 고개를 휙 돌리고는 얼음장같이 차가운 시선으로 그를 노려보았다. 뒤이어 그 근처에 앉은 관객 두 명이 굿앤플렌티(Good&Plenty, 허시 사의 감초사탕―옮긴이) 상자 하나를 배낭에서 슬쩍 꺼냈다. 아무리 조심스레 사탕 상자를 흔들어도 그 여성은 크게 한숨을 쉬어댔다. 무대 오른쪽에서 구버스(Goobers, 땅콩에 초콜릿을 입힌 과자―옮긴이) 소리가 나자 이 여성은 이성을 잃어버렸다. 말 그대로 그녀는 미쳐버렸다. "그만 좀 먹어." 여성은 팔걸이를 가볍게 주먹으로 치면서 속삭이듯이 그 말을 내뱉었지만 그 소리는 통로 위아래에 있는 사람들이 돌아볼 정도로 컸다.

이 여성은 아마 정크푸드 때문에 불쾌했는지도 모른다. 치과 의사나 개인 운동강사였을지도 모른다. 이런 경우는 '직업적 짜증'에 해당한다. 어쩌면 우리가 짐작조차 할 수 없는 인지중첩이 있을지도 모른다. 또는 이 사람이 유전적으로 쉽게 짜증을 내는 성향을 가지고 있다는 우울한 이유 때문일 수도 있다.

사리나 로드리게스는 오리건 주립대학교 심리학과에 몸담고 있는 신경과학자다. 로드리게스는 유전학이 과민성에 관여할 수 있는 방식과 이것이 짜증을 치료하는 데 어떤 역할을 할 수 있는지에 연구의 초점을 맞춘다. 로드리게스는 인간의 두뇌가 감정을 처리하는 방식에 폭넓게 관심을 가지며 이에 대한 접근방식으로 옥시토신을 연구중이다. 옥시토신은 신경전달물질 및 호르몬으로 작용하는 화학물질로 신뢰, 관용, 이성에 대한 애착, 섹스와 관련된다고 알려져 있다. 대초원들쥐Microtus ochrogaster에게는 옥시토신이 큐피드의 화살 같은 역할을 한다는 것이 증명되었다. 암컷 들쥐의 뇌에 옥시토신을 주입하면 그 암컷은 금세 가장 가까이 있는 수컷에게 홀딱 반하게 된다.[1]

옥시토신은 두뇌의 시상하부에서 분비된다. 그 근처에서 옥시토신은 두뇌세포가 가까운 거리에 정보를 전달하는 것을 돕고, 자궁이나 심장처럼 멀리 떨어진 곳까지 이동한 다음에는 호르몬의 역할을 한다. 다른 모든 호르몬과 마찬가지로 옥시토신은 수용기가 없으면 아무것도 하지 못한다. 수용기는 세포의 막에서 튀어나온 단백질이다. 옥시토신은 둥둥 떠다니다가 수용기와 결합하면서 세포 내부에 화학적 연쇄작용을 일으킨다. 그 자체로는 별다른 역할을 못 하지만 일단 돌리기만 하면 매우 복잡한 기계를 움직이는 자동차 열쇠나 다름없다.

모든 세포가 수용기를 전부 갖추지는 않았다. 특정한 호르몬이 특별한 효과를 내는데 이는 호르몬이 특정한 세포와만 상호작용할 수 있기 때문이다. 또한 일부 세포는 다른 세포보다 더 많은 수용기를 가지고 있다. 신경과 근육이 만나서 신체의 움직임을 조절하는 곳 등 생존하는 데 반응성이 결정적인 역할을 하는 영역의 세포가 이에 해당한다. 근육세포의 경우 제곱미크론당 만 개의 수용기를 갖고 있기도 하다.

옥시토신의 수용기를 가진 세포는 심장부터 신경계에 이르기까지 온몸에 퍼져 있다. 로드리게스의 말에 따르면, 옥시토신은 특정한 하나의 수용기에만 들어맞는다. 오직 한 종류의 차에만 작동하는 자동차 열쇠와 같아서 이를 연구하는 학자의 번거로운 수고가 훨씬 줄어드는 셈이다. 옥시토신의 수용기 정보는 3번 염색체의 유전자에 들어 있다. 로드리게스와 동료들은 이 유전자가 변화하면 인간의 행동, 특히 스트레스에 대한 인간의 반응에 어떤 영향을 미치는지 밝혀내고자 했다.

로드리게스는 우리가 스트레스를 받았을 때 옥시토신이 달래준다고 한다. "옥시토신은 두뇌의 감정센터 중 활성화되는 부분을 줄이는 데 핵심적인 역할을 합니다. 실제로 뇌를 진정시킬 수 있는 것이지요. 또한 옥시토신은 심리사회적인 스트레스를 받을 때 상승하는 심박수를 낮춰주는 역할도 합니다."

스트레스와 짜증은 서로 연관되는 것으로 보인다. 스트레스를 받으면 짜증이 날 위험성도 높아진다. 로드리게스의 말이다. "스트레스를 받은 상태에서는 확실히 짜증이 느는 것처럼 보입니다. 전혀 서두르지 않을 때보다 약속 시간에 늦은 경우 운전중에 누군가가 끼어들면 짜증이 날 가능성이 훨씬 큽니다." 스트레스를 크게 받으면 예민하게 반응하고 짜증을 내는 한계점이 더 낮아지는 것처럼 보인다.

목표를 달성하려고 노력할 때 장애물에 부딪히면 짜증날 확률이 높아지지만, 거기에 스트레스까지 겹치면 사실상 짜증에 대한 보증수표나 마찬가지다. 성취하려는 목표가 긴박하거나 중요할 때 스트레스를 받는 경우가 많다. 이것은 우리가 얼마나 짜증나는지는 장애물의 크기보다 목표의 크기와 보다 깊은 관련이 있다는 뜻인지도 모른다.

학자들은 또하나의 흥미로운 연관성을 연구하고 있다. 극장에서 다른 사람들을 조용히 시켰던 여성은 사탕을 먹는 사람을 이해하는 능력이 거의 없을 가능성이 크다. 극장의 마지막 줄에 앉은 사람이 혈당량이 낮은 당뇨병 환자였다면 어떨까? 도로에서 여러분 앞에 끼어든 사람은 여러분보다 더 급한 일이 있을지도 모른다. 이러한 상황에서 공감할 수 있는 능력과 좌절감을 덜 느끼는 것 사이에는 논리적인 연관관계가 있는 것처럼 보이지만, 어쩌면 생물학적으로도 연관관계가 있을지 모른다.

스트레스에 대한 반응을 실험하기 위해 로드리게스는 192명의 UC 버클리 대학생들에게 굉음과도 같은 백색소음을 들려주었다. 첫번째 굉음을 들려줄 때는 학생들에게 경고조차 하지 않았다. 뒤이어 다음번 굉음이 들리기 전 카운트다운을 할 것이라는 지시사항이 화면에 나타났다. 이렇게 하면 깜짝 놀라지 않을지는 몰라도 다음번 굉음이 들릴 때까지 기다리면서 사람들의 스트레스는 심해졌다. 이것을 '전형적인 깜짝 놀라게 하기 실험'이라고 부른다. 다음번 굉음을 기다리는 동안 심박수가 올라가는 정도를 토대로 스트레스를 측정한다.

로드리게스는 심박수의 증가, 즉 엄청나게 큰 백색소음을 기다리는 동안 인간이 신체적으로 얼마나 스트레스를 받는지와 옥시토신 수용기를 만드는 유전자의 변화 사이에 어떤 특별한 상관관계가 있는지 알아보고자 했다. 참가자들에게는 얼마나 스트레스를 받았는지 직접 적어달라고 부탁했다. 여기서 로드리게스는 옥시토신 수용기를 만드는 유전자의 차이가 수용기에 영향을 미칠 수 있고, 이는 다시 옥시토신의 작용에 영향을 미칠 수 있으며 결국 사람이 스트레스에 대처하는 능력에도 영향을 미칠 수 있다고 가정했다.

이 가정에는 불확실한 부분이 상당히 많다. 이 유전적 변화가 옥시토신 수용기에 어떤 영향을 미치고, 옥시토신이 이러한 수용기 변화에 어떻게 반응하는지가 정확히 밝혀지지 않았기 때문이다. "이 특정한 변이가 옥시토신에 어떤 영향을 미치는지 모릅니다. 하지만 우리는 옥시토신의 신호나 민감도와 어느 정도 연관되는 것으로 추정하고 있습니다."

로드리게스는 이 옥시토신의 변화가 인간의 공감하는 능력에 어떻게 영향을 미치는지 역시 연구하고자 했다. 짐작하겠지만 공감력은 측정하기 어려운데, 공감력을 가늠하는 데 비교적 설문조사가 접근방식으로 자주 사용된다. 설문 항목에는 '때때로 나는 친구들의 관점에서는 상황이 어떻게 보일까 상상하면서 그들을 더 잘 이해하려고 노력한다' '나는 소설 속 등장인물의 감정에 진심으로 공감한다' 등이 포함되어 있다. 참가자들은 각 항목에 어느 정도 동의하는지에 따라 점수를 매긴다.

공감력을 측정하는 또다른 방법은 다선택 시험, 전문용어로 하면 '눈 표정에서 마음 읽기Reading the Mind in the Eyes Task, RMET'다. 로드리게스는 대학생들에게 낯선 사람의 눈이 찍힌 서른 장의 흑백사진을 보여주고 "사진 속 사람의 감정이나 생각을 가장 잘 표현하는" 형용사를 선택하도록 했다.[2]

로드리게스는 실험을 통해 옥시토신 수용기 유전자에 특정한 변이가 있는 사람들은 공감 테스트에서 낮은 점수를 기록했고, 백색소음이 날 때까지 기다리는 동안 스트레스를 더 많이 받았음을 발견했다. 높은 스트레스와 낮은 공감력이라는 이 두 가지 특징은 서로 연관될지 모른다고 로드리게스는 주장한다. "공감과 스트레스는 연속체의 반대쪽 끝에 있다는 이 개념을 활용한 몇 가지 오래된 연구가 있습니다. 이들은 자신의 괴로움에 지나치게 휩싸인 나머지 다른 사람들이 어떤 일을 겪는지 인식하는 능력이 다소 떨어지는 것일 수도 있습니다."(이전의 연구는 이 유전적인 변이가 있는 경우 자폐증 진단을 받을 가능성도 높음을 보여주었다. 자폐증의 증상은 불안과 사회적 무관심으로 나타난다.)

염색체 하나에 있는 딱 한 개의 유전자에서 특정한 영역에 있는 핵산 염기 몇 개가 다른 경우 스트레스를 받을 확률이 높고 다른 사람의 입장에서 상황을 바라보는 능력이 저하될 수 있다는 가설은 거슬리기 짝이 없다. 로드리게스의 말이다. "실제로 저는 무척 회의적인 입장에서 이 연구를 시작했습니다. 춤 유전자, 이혼 유전자 유를 주장하는 무작위 유전자 연구가 너무나도 많지요. 하지만 옥시토신 수용기는 하나밖에 없으며 옥시토신은 사회적 유대와 스트레스 반응성에서 너무나 중요한 역할을 합니다. 따라서 수용기가 변하면 옥시토신이 우리 몸과 두뇌에 작용하는 방식에도 영향을 미치리라는 생각은 논리적인 셈이지요."

옥시토신이 스트레스에 대한 반응에 한몫한다지만, 짜증 유발 요소에 대한 인간의 반응에도 관련되었을 확률이 높다. "그럴 가능성이 꽤 됩니다. 옥시토신은 스트레스 호르몬 수치를 낮출 수 있습니다. 옥시토신이 짜증을 덜 나게 한다는 데 기꺼이 내기라도 걸겠습니다."

옥시토신 비강 스프레이를 뿌린 뒤 자폐증을 앓는 사람들의 행동이 어떻게 변화하는지에 대한 소규모 연구도 몇 차례 진행됐다. 2010년 『미국국립과학원회보*Proceedings of the National Academy of Sciences*』에는 한 연구에서는 자폐증이 있는 성인에게 옥시토신을 흡입시키자 타인과 보다 원활하게 상호작용하는 것처럼 보인다는 사실을 발견했다는 연구가 실렸다.[3] 군것질을 싫어하는 극장 관람객들에게 이 방법을 쓰면 어떻게 될까 궁금하지 않을 수 없다.

　지금까지 두뇌의 각 부위와 fMRI 등에 대해 알게 된 내용을 종합해보면 짜증은 머릿속에서 일어나는 것처럼 보일지 모른다. 뭔가 불쾌한 일이 일어난다, 짜증이 난다, 피가 끓어오른다. 하지만 이것이 진짜 올바른 순서일까? 옥시토신 연구는 약간 다른 순서를 제시한다. 피가 먼저 끓고, 그다음에 머리로 짜증이 나는지도 모른다. 감정은 어디서 시작되는 것일까? 몸에서, 아니면 두뇌에서? 게다가 감정이라는 것은 대체 무엇인가?

　감정을 표현하는 데 어려움을 겪는 사람이라면, 감정이 무엇인지 정의하는 것조차 어렵다는 사실에 기분이 좀 나아질 것이다.

　"감정이 무엇인지 알아내는 것은 과학적 관점에서 결코 사소한 문제가 아닙니다." 정신과 의사이자 미시간 대학교에서 '진화 및 인간의 적응 프로그램Evolution and Human Adaptation Program'을 이끌고 있는 랜돌프 네스의 말이다. "감정을 정의하려는 시도는 그동안 코끼리의 서로 다른 다리에 초점을 맞추는 식이었다고 생각합니다. 어떤 사람은 '생리학이다'라고 말하는가 하면 어떤 사람들은 '그게 아니라 느낌의 문제다'라고 하고, 또다른 사람들은 '아니다, 인식의 문제다'라고 하지요. 가장 중요한 요소가 무엇인지에 대해서 수많은 논쟁이 진행되어왔습니다." 네스는 감정이란 코끼리 전체라고 주장한다. 앞선 모든 것으로 이루어졌다는 의미다.

감정에 대한 올바른 정의를 찾아내기 어려운 이유로 이 문제를 연구한 역사가 그다지 길지 않아서를 들 수도 있다. 말할 것도 없이 감정은 우리 일상생활의 분명한 중심인데다 미술, 음악, 문학, 전쟁과 평화가 모두 감정의 영향을 받음에도 불구하고 몇 가지 예외를 제외하면 오래전부터 과학적으로 감정을 연구해온 흔적은 찾기 어렵다. "20세기에 마음과 두뇌의 과학이 번성하면서 관심은 다른 곳으로 향했고, 오늘날 신경과학이라는 큰 범주로 묶는 전문 분야에서는 감정 연구를 철저하게 무시했지요." 감정을 연구하는 안토니오 다마시오가 『데카르트의 실수*Descartes' Error*』에 쓴 글이다.[4]

감정에 대한 현대의 탐구는 19세기 후반 과학계의 거두 찰스 다윈과 윌리엄 제임스가 이 주제에 대한 자신들의 이론을 발표하면서 시작되었다. 다윈은 『인간과 동물의 감정표현에 대하여*The Expression of the Emotions in Man and Animals*』에서 감정을 다루었다.[5] 다윈은 표현을 통해 감정을 연구했고, 스스로의 감정상태를 외부로 표현하는 데서 인간과 동물의 유사성을 지적했다. 다윈은 이 책에 인간과 동물이 얼굴을 찡그리고, 울고, 웃는 사진을 가득 실었다. 사진사의 아내가 고함을 치는 유난히 험악한 사진도 있다.

비슷한 시기인 1884년, 심리학자이자 철학자인 윌리엄 제임스는 『마인드*Mind*』라는 학술지에서 "감정이란 무엇인가?"라는 문제를 다루었다.[6] 제임스는 "재미있는 광경 또는 소리를 인식하거나 흥미진진한 일련의 생각이 스치고 지나갈 때 일종의 신체적 혼란이 동반

되는" 인간의 상태에 관심이 있다고 적었다. 제임스는 소리와 색깔을 기분좋게 배열하는 것 등에는 신경쓰지 않았다. 제임스는 논문에서 신체를 동요시키는 감정만 다루었다고 적었고, 짜증이 이 범주에 포함된다고 해도 과언은 아닐 듯싶다.

감정을 정의하는 데 있어서 신체, 두뇌, 마음에서 일어나는 변화를 포함시키는 방법을 찾는 것이 어렵다(느낌의 인식). 제임스는 이런 해결책을 제시한다. "이러한 일반적인 감정에 대한 우리의 자연스러운 사고방식은, 마음이 어떤 사실을 인식하면 감정이라고 불리는 정신적인 반응이 일어나고, 이런 마음상태가 신체적 표현으로 이어진다는 것이다. 그러나 나의 이론은 이와 반대다. 흥미진진한 사실을 인지한 직후에 신체적 변화가 일어나고, 이와 같은 변화가 일어나는 데 대한 우리의 느낌이 감정이다."

무슨 뜻인지 해석해보자. (1) 우리가 뭔가를 인지한다. (2) 우리의 신체가 반응한다. 예를 들어 심박수가 올라가고, 땀을 흘리기 시작하고, 달리기 시작한다. (3) 우리의 마음은 우리가 감정을 경험하고 있다는 사실을 알게 된다. 제임스는 이러한 반사적인 신체의 변화를 인식하는 것을 감정이라고 보았다. 카를 랑게는 거의 같은 시기에 이를 보완하는 이론을 개발했고, 그 결과 '제임스-랑게' 이론이 탄생했다. 그로부터 백 년 이상이 지났지만 아직도 과학자들은 감정연구에서 이 이론을 참고한다.[7]

지난 15년간 감정연구 분야는 활기를 띠었다. 과학자들은 단순히 감정만 연구하는 것이 아니라, 감정이란 무엇인가에 대한 이론을 다시 내놓기 시작했다.

신경과학자 조지프 르두는 『느끼는 뇌_The Emotional Brain_』에서 감정과 느낌은 서로 다르다고 주장했다. 르두는 이렇게 적었다. "나는 감정을 신경계의 생물학적 기능으로 본다."[8] 감정은 커다란 소음을 듣거나 길에서 뱀을 보는 경우처럼 어떤 인지에 대한 인간의 초기 반응이다. 르두는 커다란 소리처럼 공포를 유발하는 신호가 쥐의 귀에서 두뇌까지 전달되는 과정을 추적하여 쥐가 어떻게 두려움을 처리하는지 연구했다.

르두가 선호하는 의미론에서 느낌은 그다음에 일어난다. 느낌은 감정이라는 이 초기의 두뇌 반응으로 촉발된 2차적인 반응이다. 느낌은 우리가 무슨 일이 일어나는지 깨닫고 땀을 흘리기 시작할 때 발생한다. 제임스는 감정을 신체 변화의 인지라고 본 반면, 르두는 감정을 뇌에서 처음 일어난다고 보았고, 느낌을 이 초기 두뇌 변화에 대한 마음과 몸의 변화로 보았다.

제임스와 르두가 제시한 이 2단계에 걸친 과정은 짜증을 낸다는 경험과도 연관된다. 심지어 본인이 상황을 파악하기도 전에 짜증이 일어나는 것처럼 보이는 경우도 적지 않다. 붉게 달아오른 얼굴, 혈압 상승, 식은땀, 가빠지는 호흡 등 처음에는 신체적 신호와 증상을 느끼며, 뒤이어 '아, 맞아, 난 짜증이 나는 거야!' 하고 깨닫는다. 두

330

뇌의 초기 반응, 즉 감정이 일어나고, 그다음에 그것이 신체와 마음에 일련의 영향을 미쳐 우리가 짜증이라는 '느낌'을 경험한다고 깨닫는다는 것이 르두의 생각이다.

비록 과학자들은 비교적 늦게 감정이라는 문제에 관심을 돌렸지만 철학자들은 수천 년간 이에 대해 고심해왔다. 하지만 짜증은 (다시 한번) 수상쩍게도 이러한 고찰에서 빠져 있었다.

토론토 대학교의 철학자 로널드 데 수자는 감정을 전문 분야로 연구하지만 짜증에 대해서는 깊게 생각해보지 않았다. 짜증에 대해 생각해봐달라고 하자, 데 수자는 맨 먼저 짜증이란 철학자들이 말하는 소위 "낮은 수준의 감정"이라는 반응을 보였다. 데 수자의 말에 따르면, 본격적인 감정은 평가 가능한 측면이 있다. 분노를 예로 들어보자. "분노의 경우, 도덕적으로 나쁜 일이거나 최소한 개인적으로 나쁜 일에 대해 많은 생각을 하게 됩니다. 만약 내가 당신에게 화났다면, 이것은 실제로 당신이 뭔가 나쁜 일을 했다고 생각한다는 뜻입니다." 한편 우리가 짜증나는 경우는 뭔가 사소한 일, 즉 우리의 윤리적인 기준을 위반하지 않는 다른 뭔가가 원인이라고 본다.

데 수자는 낮은 수준의 감정이 갖는 또하나의 특징으로 마음속에서 재현하기가 어렵다는 점을 들었다. 낮은 수준의 감정은 신체 변화를 겪을 때에만 존재한다. 그러나 높은 수준의 감정은 보다 추상적으로 느낄 수 있다. 예를 들어 혈압이 오르지 않고 화가 나기도 한다. 성가심과 짜증 사이의 차이가 바로 여기에 있을지 모른다. 성가심은 순간의 감각으로 한정되는 것처럼 보인다. 데 수자가 말하는 단순한 생리학적인 반응에 불과한 듯하다. 그러나 짜증은 데 수자의 주장보다 약간 더 높은 수준의 감정일 수도 있다. 성가시다는 신체적 자극을 느끼지 않고 전반적인 상황에 대해 짜증이 날 수 있기 때문이다.

데 수자는 혐오감이 짜증과 유사할지 모른다고 말한다. 학자들은 한때 혐오감을 원시적이고 낮은 수준의 감정이라고 생각했지만 실제로 그렇게 단순한 감정이 아니라는 사실을 깨닫고 있다. 『사이언스』에 발표된 연구에서 하나 채프먼과 동료들은 더러운 화장실 사진부터 고약한 맛이 나는 음료, 부당한 경험에 이르는 불쾌한 요소에 반응할 때 사람들의 얼굴 근육을 조사했다.[9] 다윈이 활동하던 시대부터 얼굴 표정은 감정을 특징짓는 데 사용되어왔다. 이 조사에서 사람들은 앞에서 나열한 세 가지 상황에 처했을 때 비슷한 방법으로 얼굴을 일그러뜨린다는 것이 밝혀졌다. 혐오스러운 생각이 물리적으로 혐오스러운 대상과 같은 근육반응을 일으킨 것이다. 이것은 도덕적으로도 혐오감을 느낄 수 있다는 의미다.

정신과 의사이자 심리학과 교수인 랜돌프 네스는 짜증에 대한 이해를 이렇게 표현한다. "짜증에 관해서 저는 진화과정에 걸쳐 반복적으로 일어난 특정한 상황 중에서 짜증이 유리하게 작용한 경우를 찾아낼 수 있는가 묻고 싶습니다."

네스는 감정적 반응이 진화과정에서 어떻게 형성되었는지에 대해 다양한 저술 활동을 해왔다. "생리학, 주관적 경험, 인지, 행동, 얼굴 표정 등을 비롯한 감정의 서로 다른 측면들은 모두 연계되어 특정한 종류의 상황에 유용한 반응을 형성합니다. 그렇다고 모든 감정에 특별한 기능이 있다는 뜻은 아닙니다. 수많은 감정이 여러 개의 기능을 가지며 서로 다른 감정 사이에 역할이 겹치는 경우도 많습니다. 저는 진화의 역사를 통틀어 여러 차례에 걸쳐 생물체가 적응하는 데 똑같이 어려움을 겪는 공통된 상황에 직면해왔다는 점을 강조하고 싶습니다. 어느 정도 표준화되고 통합된 반응의 패턴을 만들어낼 역량이 있는 유기체가 선택 우위를 가지게 됩니다."

피부에 거부반응을 일으키는 화학물질과 같은 자극원의 경우 선택 우위는 분명하다. 자극원이 너무 많으면 목숨을 잃는다. 이러한 자극원을 피하는 데 도움이 되는 메커니즘을 가지면 생존에 유리하다. 그러나 자극원이 인지적인 성격을 띨 경우, 그 결과로 나타나는 부정적인 감정에도 역시 적응과정이 일어날 수 있을까? 네스는 이렇게 답한다. "우리가 목표를 추구할 때, 모든 것이 순조롭게 진행되면 기분이 좋아집니다." "장애물을 만나면 좌절감을 느끼지요. 그리고 저는 좌절감이 앞선 설명에 상당히 잘 맞아떨어지는 또하나의 감정일지 모른다고 생각합니다."

제정신인 사람이라면 짜증나는 상황을 일부러 찾아다니지는 않을 것이다. 짜증은 긍정적인 감정이 아니기 때문이다. 그러나 네스는 그렇다고 해서 짜증이 없는 경우 우리가 더 행복하게 살 수 있다는 의미는 아니라고 한다. 사실 네스는 실제로 나쁜 감정이란 없다고 생각한다. "누구나 짜증과 같은 감정은 나쁜 감정이기 때문에 최소화해야 한다고 여기지요. 저는 그렇게 생각하지 않습니다. 불안이나 슬픔, 분노가 나쁜 감정이 아니라고 생각하는 것과 마찬가지입니다. 이러한 감정들은 올바른 상황에서 올바른 수준으로 표현될 경우 유용하므로 이러한 측면에서 볼 때 모두 좋은 감정이라고 할 수 있습니다."

네스는 모든 부정적인 감정도 우리의 생존을 돕는 데 뭔가 역할을 한다고 주장한다. 예를 들어 우리가 나쁜 것들을 피할 수 있게 도와준다는 것이다. 아마도 짜증은 불쾌하고, 예측할 수 없고, 통제할 수 없는 상황에 휘말리는 것을 막기 위해 진화했는지도 모른다. 짜증이라는 기분이 뭔가 다른, 보다 진화적으로 유리한 특징의 부산물로 진화했는지도 모를 일이다. 경계심과 스트레스로 인해 전두대상피질에서 나오는 추가적인 에너지(및 이기적인 욕구에 집중하도록 하는 옥시토신의 감소)는 분명히 인간에게 유용한 면이 있다. 뜻하지 않게 모든 종류의 쓸데없는 대상에도 이런 일련의 반응이 일어나는 것은 약간의 부작용인지도 모른다.

원인이 무엇이든 우리는 자연이 우리에게 기겁하는 능력을 준 것에 대해 감사해야 할 것이다.

"아주 단순한 생명체에 대해 생각해봅시다. 인간처럼 복잡한 인지적 역량은 없을지 모르지만 이들에게도 분명히 아주 싫어하여 피하고자 하는 대상은 있습니다." 브랜다이스 대학교 발달신경생물학자인 폴 개러티의 말이다. 모두 생존을 위한 노력의 일부인 것이다.

개러티는 화학적 통각, 즉 환경에 존재하는 자극 화학물질을 인식하는 세포 내 분자에 관심이 있다. 이러한 분자는 세포의 표면에서 비죽 튀어나와 있어 셀 외부의 환경에 접한다. 유독한 화학물질이 지나가면 이들 분자는 세포 내에 일련의 화학적 변화를 일으켜 세포가 손상을 입지 않도록 보호한다. 개러티는 초파리를 대상으로 연구를 실시해 TRPA1이라는 특정한 수용기가 말미잘부터 초파리, 인간 등 동물의 왕국 전반에 걸쳐, 생명체가 자극원을 감지하는 것을 오랫동안 도와왔다는 증거를 찾아냈다.

만약 여러분이 초파리이고 배가 고프다고 상상해보자. 어떤 소리를 상쾌하게 느끼겠는가? 설탕물이 떨어지는 달콤한 소리다. 어제 울타리 가장자리 근처에 설탕물이 있었다. '아직도 거기 있을까?' 궁금해진다. 그 장소로 붕붕거리며 날아가자 역시, 거기에 있다. 몸을 기울이고 물을 한 모금 마신다. 윽, 퉤, 으웩. 공포에 몸이 움츠러든다. 도대체 어떻게 된 것일까?

개러티가 그 이유를 말해준다. 개러티가 물에 약간의 계피를 넣은 것이다. 초파리는 계피를 싫어한다. 일반적으로 초파리는 설탕물을 즐겨 마시지만 계피가 섞인 경우에는 입도 대지 않는다. 와사비, 익히지 않은 마늘, 겨자에도 긴 주둥이를 거둔다. 이러한 식물에는 초파리를 자극하는 화학물질이 들어 있는데, 이러한 화학물질이 인간에게도 자극적인 것은 우연이 아니다. 적은 양을 섭취하면 해롭다기보다는 성가신 정도다. 하지만 이러한 자극성에는 분명한 목적이 있다. 이는 이러한 화학물질을 더 많이 섭취하면 단순히 짜증이 일어나는 것에서 그치지 않고 실제로 피해를 입을 것이라는 경고다.

모두 그런 것은 아니지만 상당수 화학적 자극원은 전자를 좋아해 자극성을 띤다. 친전자체親電子體라는 안성맞춤의 이름이 붙은 이 화합물은 전자를 훔치는 것이 아니라 공유하려 한다. 이는 전자를 공유해야 하는 화합물 입장에서 볼 때는 전자를 훔쳐가는 것이나 다름없이 짜증나는 일이다. 마치 집에 불청객이 와 있는 것과 마찬가지라고 개러티는 설명한다. "이들은 집에 찾아와서 머물면서 음식을 먹어치우는 손님과 같습니다. 그는 여러분의 집을 좋아하기 때문에 계속 눌러앉아 떠나지 않습니다." 이것이 바로 친전자체가 하는 일이다.

친전자체는 전자가 많은 화합물만 목표로 삼지 않는다. 이들은 전자를 잘 내주지 않는 분자와도 전자를 공유하려고 한다. "전자가 극도로 부족하다면 전자가 풍부한지 아닌지를 가리지 않기 마련입니다."

친전자체는 지방에 들러붙는다. 또한 단백질의 기어에 렌치를 꽂아서 기능을 바꿔버리기도 한다고 개러티는 설명한다. DNA에 돌연변이를 일으킬 수도 있다. DNA 염기는 쉽게 전자를 공유하지 않는다(이것은 지구상의 생명체에게 좋은 소식이다). "그러나 전자가 절대적으로 부족한 물질과 DNA 염기를 섞는 경우, 이 물질은 기어이 전자를 찾아내 결합합니다." 전자를 좋아하는 이러한 화학적 자극원은 편애를 하지 않는다. "그저 떠돌아다니면서 아무것이나 망쳐놓습니다."

그러나 이러한 화학물질이 짜증을 유발하는 이유는 다른 물질에 들러붙어 망쳐놓기 때문이 아니다. 이들은 초파리, 인간 아니 사실상 모든 무척추동물과 척추동물이 공통적으로 가진 수용기 때문에 짜증을 유발한다. 이 수용기를 TRPA1이라고 부른다(이는 '일시적 수용체 전위 A1transient receptor potential A1'의 줄임말로 '트립-에이-원'이라고 발음한다). "포유동물의 경우 이것이 화학적 자극원에 대한 주요 수용체라고 생각합니다." 캘리포니아 대학교 샌프란시스코 캠퍼스에 재직중인 생화학자이자 이 기능을 발견한 데이비드 줄리어스의 말이다.

수용기는 특정한 화학물질을 인식하고 이와 결합하는 역할을 한다. 일단 화학물질이 결합하면 TRPA1은 일종의 경보기 역할을 하여 우리의 몸 안에, 또는 몸 위에 친전자체가 존재할 때 경보를 울린다. 이 경보가 없으면 이러한 종류의 화학적 자극원은 우리에게 자극을 주지 않을 것이다. 개러티는 2010년 『네이처』에 유전적 조작으로 TRPA1을 없앤 초파리가 계피를 넣은 설탕물에 주저 없이 달려드는 것을 보여주는 연구를 게재했다.[10] 줄리어스도 마찬가지로 쥐의 고통을 감지하는 신경섬유에서 TRPA1 유전자를 제거하는 경우 와사비 또는 그외 친전자체 자극원을 감지하지 못한다는 사실을 증명했다.[11] 다른 말로 하면 TRPA1이 없으면 경보도 없는 것이다. 우리 삶에 TRPA1이 없으면 짜증 요소는 훨씬 많이 줄어들겠지만 그와 동시에 삶은 더욱 위험해질 것이다.

TRP은 자극 메시지를 보내는 데 관여하는 수용기의 한 유형일 뿐이다. 알레르기로 인한 자극이나 레몬즙이 눈에 들어갔을 때처럼 산으로 인한 자극과 관련된 히스타민에 반응하는 다른 종류의 수용기도 있다. "통증, 자극, 가려움을 나타내는 것과 관련된 수많은 수용기가 있습니다. TRP 채널은 퍼즐의 한 조각일 뿐입니다." 캘리포니아 대학교 데이비스 캠퍼스에서 통증을 연구하는 얼 카르스텐스의 말이다. "조각이 무척 많기 때문에 퍼즐도 아주 거대합니다."

TRP은 뜨거움, 차가움, 화학물질 등 수많은 환경 자극에 반응하기 때문에 더 흥미롭다(TRPA1과 유사한 TRPV1은 고추에 함유되어 있는 캡사이신을 감지한다). 카르스텐스는 TRP에 대해 이렇게 말한다. "TRP은 그야말로 광범위한 자극원 수용체입니다." 특히 TRPA1은 매우 다양한 자극원에 민감하게 반응한다. 줄리어스의 연구실에서 수학한 뒤 현재는 서던캘리포니아 대학교에 본인의 연구실을 운영 중인 데이비드 매케미는 이 수용기를 '난잡하다'고도 표현한다고 일러준다. 매케미는 이렇게 말한다. "이 수용기가 무엇에 반응하느냐보다 무엇에 반응하지 않느냐를 세는 쪽이 빠를 겁니다." 서양고추냉이, 아크롤레인(담배 연기나 스모그에 포함된 물질), 최루가스, 정향 등은 모두 TRPA1에서 반응을 이끌어낸다. 대부분의 수용기는 특정한 모양을 한 분자에만 반응하기 때문에 TRPA1의 광범위성은 상당히 이례적인 일이다. TRP이 일반적으로 매우 다양한 환경 자극에 반응하기 때문에 카르스텐스는 이를 통증 치료 대상으로 고려해볼 수도 있다고 본다.

"보통 우리는 통증에 대해 뭔가 나쁜 일이 일어나서 그 때문에 약간의 피부 손상을 입는다고 여깁니다. 피부에 화학물질이 분비되면서 통증 섬유를 활성화시켜 통증을 느낀다고 말이지요. 이것은 우리가 반응조차 하기 전에 이미 손상이 일어났음을 의미합니다. 이제까지 우리는 통증을 이렇게 생각해왔습니다. 하지만 이것은 잘못된 생각입니다. 사실 통증은 어떤 손상이 발생하기 전에 뭔가 조치를 취할 수 있도록 해주는 경고 신호입니다." 카르스텐스의 설명이다.

이렇게 생각하면 통증은 유용할 뿐만 아니라 꼭 필요한 요소다. 부정적인 감정에도 긍정적인 면이 있다고 주장했던 랜돌프 네스는 통증에 대해서도 이런 글을 썼다. "이러한 방어작용은 자동차 계기판에서 유압이 낮음을 나타내는 경고등과 비슷하다. 이 경우 계기판에 들어오는 환한 불빛 자체는 문제가 아니다. 그보다는 오일 압력이 낮다는 진짜 문제에 대한 보호 반응이다." 『사이언시스』에 실

린 「기분이 나쁘면 뭐가 좋을까?」라는 기사의 일부다.[12]

고추를 피부에 문지르거나 최루가스가 눈에 들어갈 때 자극을 느끼는 것은 뭔가가 망가지고 있기 때문이 아니라, 뭔가 망가질 위험이 있다는 메시지다. 실제 손상이 일어날 때, 예를 들어 DNA에서 돌연변이가 일어날 때는 아무런 감각도 없다.

그렇기 때문에 경고가 필요하다고 개러티는 주장한다. TRPA1은 위장, 코, 눈, 피부 등 우리의 신체가 외부 세계와 만나는 곳이라면 거의 모든 곳에서 발견된다. TRPA1이 경보를 울리면 우리의 몸은 소위 '소탕 작전'에 돌입한다. "이 수용기의 주요 역할 중 하나는 자극원을 몰아내는 작업을 돕는 것입니다." 폐에 있는 TRPA1은 담배 연기와 같은 오염원을 흡입했을 때 기침을 유발한다. 양파를 자를 때 눈물을 흘리는 것도 TRPA1의 작용이다. 개러티는 이렇게 말한다. "저는 몸에 좋지 않은 음식을 먹었을 때 구토를 하는 이유도, 딱히 몸에 좋지 않은 뭔가가 소화기관 내로 들어왔을 때 화장실로 달려가는 것도 TRPA1 때문일지 모른다고 생각합니다."

자극원에 대한 경고체계는 오래전부터 존재해왔다. 역사를 거치면서 여러 차례 진화를 거듭한 듯한 냄새나 맛과 달리 자극에 대한 신호는 캄브리아기(Cambrian, 고생대 최초의 기―옮긴이) 이후 쭉 보존되어왔다. 인간은 물론, 사실상 모든 척추동물과 무척추동물의 조상은 5억 년 전부터 이 단백질을 가지고 있었으니 이러한 화학물질은 5억 년간 지구상의 생물체를 짜증나게 해왔을 수도 있다.

　이 수용기를 통한 자극이 그토록 오랜 세월 동안 일정하게 유지된 이유는 진화하기가 어렵기 때문이다. 이 수용기는 세포 내의 단백질과 지방질이 파괴되는 것과 똑같은 메커니즘에 따라 활성화된다. "기본적으로 우리는 엄청나게 효과적인 센서를 발달시킨 것이지요. 신체 어디서든 손상이 일어나면 바로 인식하니까요." 개러티의 말이다. 손상되는 부분은 전자 공유다. 만약 친전자체가 TRPA1에 감지당하지 않기 위해 전자를 끌어당기는 성질을 버린다면 더이상 신체에 위협이 되지 않을 것이다.

　수많은 생명체가 보편적으로 이 자극에 대한 센서를 가지고 있기 때문에 식물 입장에서는 오히려 이러한 종류의 자극원을 좋은 방어 메커니즘으로 사용할 수 있다. 곤충부터 인간에 이르기까지 모든 생명체가 똑같은 종류의 화합물에 짜증을 낸다면 이것은 다양한 범위의 포식자를 피할 수 있는 상당히 확실한 방법이다. 식물들은 이 점을 활용해왔다. "날 겨자잎을 씹어본 적 있습니까? 처음에는 맛이 그냥 풀 같습니다. 하지만 15초, 20초 지나면 입에서 불이 나기 시작하지요"라고 개러티는 설명했다. 이는 서로 섞었을 때 친전자체를 형성하는 두 가지 화합물이 겨자잎에 저장되어 있기 때문이다. "한 영역에는 전구체가 들어 있고 또다른 영역에는 해당 전구체를 분해해서 와사비를 만드는 효소가 들어 있습니다. 잎을 씹으면 이 두 가지 재료가 서로 섞이고, 그 결과 활성화된 친전자체가 생성됩니다." 이렇게 두 물질을 따로 분리해놓은 데는 이유가 있다. 이렇게 해야만 친전자체가 식물세포에 손상을 주지 않기 때문이다. 친전자체는 식물이 공격을 당했을 때, 즉 뭔가가 그 잎을 씹을 때에만 나타난다.

데이비드 줄리어스는 친전자체가 식물에서만 나오는 것은 아님을 보여주었다. 줄리어스와 동료들은『미국국립과학원회보』에 발표한 논문에서 인간의 조직이 손상되었을 때, 예를 들어 관절염에 걸렸을 때도 친전자체가 형성될 수 있다고 하였다.[13] 뿐만 아니라 줄리어스는 염증도 TRPA1을 활성화시키는 친전자체를 생성할 수 있다고 한다.

"그렇기 때문에 단순히 활성화된 친전자체가 여러분 몸에 들어왔는지, 아니면 여러분이 스스로의 몸에 뭔가를 했는지 단정지을 수 없습니다. 기본적으로 여러분은 주변 환경에서 자신에게 손상을 가할 수 있는 다양한 요인을 감지하는 어떤 체계를 발달시킨 것입니다. 그리고 그 덕분에 그 성질이 그토록 보존된 듯합니다." 개러티의 말이다. 조직 손상과 와사비가 같은 센서를 활성화시키므로 두 경우에 같은 통증을 느끼는 것이다.

물리적인 자극원은 심리적인 자극원과 거의 구별이 불가능할 정도의 반응을 이끌어낸다는 점에서 흥미롭다. 눈에 양파즙이 들어가면 눈에서는 눈물이 흐르기 시작한다. 콧물이 나오고 훌쩍거린다.

이 반응은 대부분의 사람들이 짜증나는 괴롭힘과 모욕에 보이는 반응과 크게 다르지 않다. "저는 왜 우리가 이런 종류의 반응을 보이는지 궁금합니다. 화학적 자극원에 대한 반응과 감정적 타격에 대한 반응은 놀라울 정도로 유사합니다. 이 두 가지 반응이 메커니즘 상에서 공통점이 있는지 아닌지는 현재 시점에서 아직 밝혀지지 않았지만 그렇다고 해도 놀랍지 않습니다. 우리가 모든 것을 뒤죽박죽으로 섞어놓고 만 것 같습니다." 개러티의 말이다.

자연선택은 기존의 체계를 새로운 목적을 위해 재활용하기로 유명하다. 예를 들어 닐 슈빈은 『내 안의 물고기 *Your Inner Fish*』에서 파충류의 턱뼈가 궁극적으로 중이의 작은 뼈가 되었다고 주장했다.[14]

화학적 자극원에 반응하는 체계가 인지적 자극원에 반응하는 과정에도 부분적으로 사용된다면 어떨까? "다소 지나치게 앞서간 추측이 아닐까 싶습니다. 누가 알겠습니까? 소극적인 입장을 취하려는 것은 아니지만 확실하지 않은 것에 대해 의견을 말하기는 어려우니까요." 줄리어스의 말이다.

에필로그

▶▶▶   미국 통계국의 국제프로그램센터 International Programs Center에 따르면, 2010년 9월 24일 그리니치 표준시로 19시 32분 현재, 세계 인구는 6,870,906,129명으로 추정된다고 한다. 바꿔 말하면 2010년 9월 24일 현재, 세상에서 가장 짜증나는 것에 대한 68억 개 이상의 의견이 있다는 뜻이다.

이 문제에 대한 합의는 이루어지기 힘들 것이다. 거의 모든 요소가 누군가에게는 짜증을 유발한다. 어떤 요소들은 보편적으로 짜증을 유발하기도 한다. 반쪽짜리 휴대전화 대화를 듣는 것은 대부분의 사람에게 불쾌감을 주는 강력한 짜증 요인 중 하나다.

누군가의 휴대전화 통화를 듣는 것은 듣는 사람의 마음을 산란하게 만든다는 점에서 큰 문제다. 흥미가 있건 없건, 통화 내용이 아무리 따분하건 말건, 우리의 두뇌는 그 소리에 귀기울이지 않을 수 없다. 뉴욕 사람들이 구급차 사이렌 소리에 크게 개의치 않듯, 임의의 소음이거나 알아듣지 못하는 언어가 들려올 경우에는 그 소리를 무시할 수 있을지 모른다. 그러나 이해 가능한 말을 차단하기란 불가능에 가깝다. 왜냐하면 우리의 두뇌는 다음에 무슨 일이 일어날지 예측하도록 설계되었기 때문이다. 대화의 경우에는 더 말할 것도 없다. 소위 반쪽짜리 대화라고 부르는 대화의 한쪽 정보만으로는 문맥을 충분히 파악할 수 없다. 예측하려고 노력해보지만 끊임없이 좌절할 뿐이다. 휴대전화 통화 때문에 마음먹었던 일에 집중할 수 없을 뿐만 아니라 그 대화에 대해 정확한 예측을 했다는 만족감도 얻지 못할 가능성이 크다. 그렇기 때문에 누군가가 휴대전화로 "그 사람은 내일 도착할 거야"라는 말을 열 번이나 열두 번쯤 반복하는 것을 이해하려다가는 머리가 폭발해버릴지도 모른다. 한마디로 불쾌한 것이다. 불쾌함은 짜증을 유발하는 또하나의 핵심 요소다.

또한 그 통화가 언젠가 끝날 것임을 안다고 해도 정확히 언제인지 확신하지 못하기 때문에 더욱 짜증을 느낀다. 이제는 끝났을 거야. "그 사람은 내일 도착할 거야." 설마 저게 마지막이겠지. "그 사람은 내일 도착할 거야." 맙소사, 제발 마지막이라고 해주세요. "그 사람은 내일 도착할 거야." 아아악!

만약 여러분이 지독하게 운이 없다면 칠판을 손톱으로 긁는 소리와 같은 목소리를 가진 사람이 통화하는 것을 들을지도 모른다. 이소리는 더 짜증나기 짝이 없다. 아마도 칠판을 손톱으로 긁는 소리가 인간의 비명과 비슷한 특징을 가지기 때문일 것이다.

이 모든 것에 덧붙여 여러분의 머릿속에는 한두 가지의 인지중첩이 있을지 모른다. 예를 들어 전 여자친구가 여러분과 함께한 자리에서 휴대전화로 반쪽짜리 대화를 자주 해서 그 때문에 항상 싸웠다고 해보자. 하지만 지금 여러분은 그 여자친구를 그리워하고, 그녀도 여러분을 그리워할까 궁금해한다. 이런 식이다.

'보편적인 짜증 요인이 왜 그렇게 짜증을 유발하는지 알게 되면 그 짜증을 극복하는 데 어떤 단서를 찾을 수 있을까?'도 중요한 문제다. 아마도.

우리는 사회적으로 용납되지 않는 일이 짜증을 유발한다는 사실을 알고 있다. 공공장소에서 손톱을 깎기는 많은 사람들에게 이 범주에 해당하는 일이다. 사람이 많은 공공장소에서 휴대전화 통화를 하는 것도 마찬가지다. 오늘날에는 휴대전화가 너무나 흔하고 필수이기 때문에 공공장소에서의 통화가 사회적으로 용납되지 않는다고 생각하는 것은 지나치다고 스스로를 납득시키는 것은 어떨까. 한번 시도해볼 수 있다.

우리는 특정한 임무 완수를 가로막는 장애물이 짜증을 유발한다는 사실을 알고 있다. 전화 때문에 마음이 산란해져 운동에만 집중하거나 어려운 십자말풀이 퍼즐을 완성하지 못한다면 지금 하는 일이 그다지 중요하지 않으며, 일시적인 집중 저하는 큰 문제가 아니라고 스스로를 납득시켜보는 것은 어떨까. 당연히 시도해볼 수 있다.

만약 체육관에서 여러분 옆의 러닝머신을 이용하는 여성이 남자 친구와 끝없이 통화를 한다면 뭔가 다른 것에 집중하려고 노력해볼 수 있다. '여기에는 나와 실내 자전거만 존재한다. 나는 지금 운동용 자전거에 앉아 있다. 자전거가 씽씽대며 돌아가는 소리 외에는 아무것도 들리지 않는다. 심장에서 피가 힘차게 뿜어져나오는 것 외에는 아무것도 느끼지 못한다.' 이 방법은 효과를 발휘할지도 모른다.

또는 지네딘 지단과 같은 방법을 택해 휴대전화 통화를 하는 사람에게 박치기를 할 수도 있다. 이렇게 하면 기분은 좋아질지 모른다. 경찰에 체포되기 전까지는 말이다. 어쩌면 박치기를 하는 상상만으로도 짜증이 완화될지 모른다.

이팔루크 섬 주민들의 태도를 본받아 짜증을 받아들이고, 여러분을 둘러싸고 있는 사회적 환경에 짜증이 내재된 요소임을 깨닫고 극복하는 방법도 있다. 당연히 시도해볼 수 있다.

이 모든 방법을 시도해볼 수 있지만, 우리의 광범위한 연구에 따르면, 이러한 전략 중 어떤 것도 그리 큰 효과를 발휘하지는 못한다. 일시적으로는 기분이 나아질지 모르지만 우리를 짜증나게 하는 요소는 이유 여하를 초월하여 짜증을 유발하기 마련이다. 대수롭지 않은 불쾌함에 지나치게 반응한다는 사실은 알지만, 그래도 짜증나는 것은 어쩔 수가 없다. 그리고 일단 자신이 짜증난다는 사실에 짜증이 나기 시작하면 더이상 방법이 없다. 어찌해볼 수 없는 짜증상태에 도달한 것이다.

따라서 부정적인 느낌은 전반적으로 그다지 나쁘지 않다는 점을 최후의 위안으로 삼아보자. 부정적인 느낌은 뭔가 잘못되었다는 신호이며, 그 덕분에 평소에는 모든 것이 정상적으로 돌아가고 있었다는 사실이 더욱 확연히 드러난다. 만약 짜증나는 반쪽짜리 대화를 엿듣는 것이 여러분의 가장 골치 아픈 문제라면 귀마개를 구비하고 그보다 더 심각한 문제가 없음에 감사하도록 하자.

미주

프롤로그: 휴대전화

1) L. L. Emberson, G. Lupyan, M. H. Goldstein, and M. J. Spivey, "Overheard Cell Phone Conversations: When Less Speech Is More Distracting", *Psychological Science* 21(10), 2010, pp. 1383~1388.

2) Ibid.

3) A. Monk, J. Carrol, P. Parker, and M. Blythe, "Why Are Mobile Phones Annoying?" *Behaviour and Information Technology* 23, 2004, pp. 33~41.

4) Mark Twain, "A Telephonic Conversation", *Atlantic Magazine*(June 1880) via Mark Liberman, "That Queerest of All the Queer Things", Language Log(January 18, 2010), http://itre.cis.upenn.edu/~myl/languagelog/archives/000641.html.

5) Mark Liberman, "Mind-Reading Fatigue", Language Log(November 8, 2003), http://itre.cis.upenn.edu/~myl/languagelog/archives/000095.html.

6) Emberson, Lupyan, Goldstein, and Spivey, "Overheard Cellphone

Conversations".

2장 자극의 강도에 관한 고찰

1) Christopher Columbus, *The Journal: Account of the First Voyage and Discovery of the Indies*, trans. Marc A. Beckwith and Luciano F. Farina, Rome: Libreria dello Stato, 1992.

2) R. H. Cichewicz and P. A. Thorpe, "The Antimicrobial Properties of Chile Peppers(Capsicum Species) and Their Uses in Mayan Medicine", *Journal of Ethnopharmacolgy* 52(2), June 1996, pp. 61~70.

3) N. L. Jones, S. Shabib, and P. M. Sherman, "Capsaicin as an Inhibitor of the Growth of the Gastric Pathogen Helicobacter Pylori", *FEMS Microbiology Letter* 146(2), January 15, 1997, pp. 223~227.

4) P. Rozin and D. Schiller, "The Nature and Acquisition of a Preference for Chili Pepper in Humans", *Motivation and Emotion* 4(1), 1980, pp. 77~101.

5) "McDonald's USA Nutrition Facts for Popular Menu Items", www.scribd. com/doc/222559/McDonalds-Nutrition-Facts.

3장 칠판을 긁는 손톱

1) Lynn Halpern, Randolph Blake, and James Hillenbrand, "Psychoacoustics of a Chilling Sound", *Perception and Psychophysics*, 1986, pp. 77~80.

2) 개는 최대 4만 헤르츠의 음높이까지 들을 수 있다. 친칠라의 가청 범위는 인간과 비슷하며, 생쥐의 귀는 최대 9만 1천 헤르츠의 소리까지 잡아낸다(그러나 주파수가 1천 헤르츠 이하인 경우는 잘 듣지 못한다). 메기의 가청 주파수는 4천 헤르츠 이하에 한정되어 있다.

3) B. Kruger, "An Update on the External Ear Resonance in Infants and Young Childred", *Ear and Hearing* 8(6), 1987, pp. 333~336.

4) Mark Leibovich, "Obama's Partisan, Profane Confidant Reins It In", *New York Times*, January 25, 2009, p.1.

5) Kruger, "An Update on the External Ear Resonance".

6) J. Vos and G. F. Smoorenburg, "Penalty for Impulse Noise, Derived from Annoyance Ratings for Impulse and Road-Traffic Sounds", *Journal of the*

Acoustical Society of America 77(1), 1985, pp. 193~201; T. Hashimoto and S. Hatano, "Roughness Level as a Measure for Estimating Unpleasantness: Modification of Roughness Level by Modulation Frequencies", *Proceedings of the Inter-Noise 94 Conference*, Yokohama, Japan, 1994, pp. 887~892.

4장 스컹크의 공격

1) William Wood, "The History of Skunk Defensive Secretion Research", *Chemical Educator* 4, 1999, pp. 44~50.

2) Eric Block, *Garlic and Other Alliums: The Lore and the Science*, Cambridge, UK: Royal Society of Chemistry, 2009.

3) Rachel Herz, *The Scent of Desire: Discovering Our Enigmatic Sense of Smell*, New York: HarperCollins, 2007.

4) Rachel S. Herz and Julia von Clef, "The Influence of Verbal Labeling on the Perception of Odors: Evidence for Olfactory Illusions?" *Perception* 30(3), 2001, pp. 381~391.

5) Paul Krebaum, "Lab Method Deodorizes a Skunk-Afflicted Pet", *Chemical & Engineering News* 71(42), 1993, p. 90.

6) 제조 및 사용법은 http://home.earthlink.net/~skunkremedy/home에서 확인할 수 있다.

7) 윌리엄 우드와 마찬가지로 마늘과 관련된 화학 연구를 하던 에릭 블록 역시 흄후드 배출구에서 고약한 냄새를 뿜어내는 바람에 바람이 부는 방향에 있는 동료들이 골머리를 앓았다. "학장 사무실에서 심한 피자 냄새가 난다며 연락을 받았습니다. 수백만 달러를 투자하여 흄후드에서 나오는 기체가 캠퍼스 사무실과 떨어진 훨씬 높은 대기중으로 배출되도록 새로운 연기 굴뚝을 설치해서 해결했지요!"

5장 불쾌한 벌레

1) Daniel J. Simons and Christopher F. Chabris, "Gorillas in Our Midst: Sustained Inattentional Blindness for Dynamic Events", *Perception* 28, 1999, pp. 1059~1074.

2) Entomological Society of America, "Frequently Asked Questions on Entomology", http://www.entsoc.org/resources/faq#triv4.

3) Charles Darwin, *On the Origin of Species*, London: John Murray, 1859.

4) Francesco Facchinetti, "Sarà un campionato super, parola nostra", *Sorrisi e Canzoni*, August 24, 2007, http://archivio.sorrisi.com/sorrisi/personaggi/art023001038259.jsp.

5) Diego Torres, "El fútbol empieza en la calle", *El Pais*, March 1, 2010, http://www.elpais.com/articulo/deportes/futbol/empieza/calle/elpepidep/20100301elpepidep_18/Tes.

6장 누가 이들의 치즈를 옮겼나?

1) "A Possible Mendelian Explanation for a Type of Inheritance Apparently Non-Mendelian in Nature", *Science* 40, December 18, 1914, pp. 904~906.

2) 이해했는가? 샤키(상어를 나타내는 shark에서 유래한 별명으로, 상어는 여러 겹의 이빨을 가지고 있다—옮긴이)······ 여분의 이빨. 이런 익살스러운 과학자들 같으니라고.

8장 불협화음

1) Pantelis Vassilakis, "Perspectives in Systematic Musicology: Auditory Roughness as a Means of Musical Expression", *Selected Reports in Ethnomusicology* 12, 2005, pp. 119~144.

2) J. P. Van de Geer, W. J. M. Levelt, and R. Plomp, "The Connotation of Musical Consonance", *Acta Psychologica* 20, 1962, pp. 308~319.

3) Thomas Fritz, Sebastian Jentschke, Nathalie Gosselin, et al., "Universal Recognition of Three Basic Emotions in Music", *Current Biology* 19(7), 2009, pp. 573~576.

9장 규율을 어기다

1) Sarah F. Brosnan and Frans B. M. de Waal, "Monkeys Reject Unequal Pay", *Nature* 425, September 18, 2003, pp. 297~299.

2) O. L. Tinklepaugh, "An Experimental Study of Representative Factors in Monkeys", *Journal of Comparative Psychology* 8(3), 1928, pp. 197~236.

3) 세라 브룩하트, 저자 본인과의 대화.

10장 그는 반드시 당신 때문에 짜증난 것이 아니다

1) 바텐더는 이렇게 말한다. "우리는 줄에게 술을 팔지 않는다오. 어서 나가시오." 두번째 줄이 바텐더에게 다가가서 말한다. "블러디 메리 한 잔 주시오." 바텐더는 이렇게 응수한다. "방금 당신 친구한테 한 말 못 들었소? 우리는 줄한테 술을 팔지 않는다니까. 어서 나가시오." 이 광경을 보고 세번째 줄은 화장실에 가서 양쪽 끝 매듭을 풀어 리본을 묶는다. 그런 다음 술집으로 가서 바텐더에게 말한다. "마티니 한 잔 주시겠소. 얼음 섞지 말고 레몬 트위스트를 넣어서." 바텐더는 의심스럽게 바라보다가 묻는다. "당신 줄이오?" "아니요, 나는 닳아버린 매듭이라오."

2) D. Felmlee, "From Appealing to Appalling: Disenchantment with a Romantic Partner", *Sociological Perspectives* 44(3), 2001, pp. 263~280.

3) R. S. Miller, "We Always Hurt the Ones We Love: Aversive Interactions in Close Relationships", in R. M. Kowalski, ed., *Aversive Interpersonal Behaviors*, New York: Plenum Press, 1997, pp. 11~29, esp. p. 19.

11장 '늦더라도 안 하는 것보다 낫다'는 이곳에서 통용되지 않는다

1) Catherine Lutz, *Unnatural Emotions: Everyday Sentiments on a Micronesian Atoll and Their Challenge to Western Theory*, Chicago: University of Chicago Press, 1988, p. 82.

2) Reuters Life! "Quiet Please! Noise Irks Japan's Commuters the Most", January 15, 2010, http://in.reuters.com/article/idINIndia-45415320100115.

3) Michael Ross and Qi Wang, "Why We Remember and What We Remember: Culture and Autobiographical Memory", *Perspectives on Psychological Science* 5, 2010, p. 401.

4) Robert V. Levine, *A Geography of Time: On Tempo, Culture, and the Pace of Life*, New York: Basic Books, 1997, p. 5.

5) Ibid., p. 6.

6) Robert V. Levine, *A Geography of Time: On Tempo, Cuture, and the Pace of Life*, New York: Basic Books, 1997.

7) Edward T. Hall, *The Hidden Dimension*, New York: Anchor Books, 1966.

12장 자신의 마음이 낯설어질 때

1) Camille L. Julien, Jennifer C. Thompson, Sue Wild, et al., "Psychiatric Disorders in Preclinical Huntington's Disease", *Journal of Neurology, Neurosurgery, and Psychiatry* 78, 2007, pp. 939~943.

2) J. S. Snowden, Z. C. Gibbons, A. Blackshaw, et al., "Social Cognition in Frontotemporal Dementia and Huntington's Disease", *Neuropsychologia* 41(6), 2003, pp. 688~701.

3) J. S. Snowden, N. A. Austin, S. Sembi, J. C. Thompson, D. Craufurd, and D. Neary "Emotion Recognition in Huntington's Disease and Frontotemporal Dementia", *Neuropsychologia* 46(11), September 2008, pp. 2638~2649.

4) S. Klöppel, C. M. Stonnington, P. Petrovic, et al., "Irritability in Pre-Clinical Huntington's Disease", *Neuropsychologia* 48(2), January 2010, pp. 549~557.

13장 짜증난 두뇌

1) Dana and David Dornslife, Cognitive Neuroscience Imaging Center, http://brainimaging.usc.edu/index.php?topic=forsubjects.

2) R. A. Cohen, R. Paul, T. M. Zawacki, D. J. Moser, L. Sweet, and H. Wilkinson, "Emotional and Personality Changes following Cingulotomy", *Emotion* 1, 2001, pp. 38~50.

14장 거짓 경보

1) Larry J. Young, "Being Human: Love: Neuroscience Reveals All", *Nature* 457(148), January 8, 2009, p. 148.

2) Sarina M. Rodrigues, Laura R. Saslow, Natalia Garcia, Oliver P. John, and Dacher Keltner, "Oxytocin Receptor Genetic Variation Relates to Empathy and Stress Reactivity in Humans", *Proceedings of the National Academy of Science*, November 23, 2009, www.pnas.org/content/early/2009/11/18/0909579106.full.pdf+html.

3) Elissar Andaria, Jean-René Duhamela, Tiziana Zallab, Evelyn Herbrechtb, Marion Leboyerb, and Angela Sirigua, "Promoting Social Behavior with

Oxytocin in High-Functioning Autism Spectrum Disorders", *Proceedings of the National Academy of Sciences* 107(9), March 2, 2010, pp. 4389~4394.

4) Antonio Damasio, *Descartes' Error: Emotion, Reason, and the Human Brain*, New York: Grosset/Putnam, 1994.

5) Charles Darwin, *The Expression of the Emotions in Man and Animals*, Great Britain: John Murray, 1872.

6) William James, "What Is an Emotion?", *Mind* 9, 1884, pp. 188~205.

7) 감정 연구의 보다 자세한 순서는 다음 글을 참조하라. Tim Dalgleish, "The Emotional Brain", *Nature Reviews Neuroscience* 5, July 2004, pp. 583~589.

8) Joseph LeDoux, *The Emotional Brain: The Mysterious Underpinnings of Emotional Life*, New York: Touchstone, 1996.

9) K. Chapman, H. A., D. A. Kim, J. M. Susskind, and A. K. Anderson, "In Bad Taste: Evidence for the Oral Oorigins of Moral Disgust", *Science* 323, 2009, pp. 1222~1226.

10) K. Kang, S. R. Pulver, V. C. Panzano, et al., "Analysis of Drosophila TRPA1 Reveals an Ancient Origin for Human Chemical Nociception", *Nature* 464, 2010, pp. 597~600.

11) D. Bautista, S. Jordt, T. Nikai, et al., "TRPA1 Mediates the Inflammatory Action of Environmental Irritants and Proalgesic Agentsm", *Cell* 124, 2006, pp. 1269~1282.

12) Randolph Nesse, "When Good Is Feeling Bad: The Evolutionary Benefits of Psychic Pain", *Sciences*, November/December 1991, pp. 30~37.

13) M. Trevisani, J. Siemens, S. Materazzi et al., "4-Hydroxynonenal, an Endogenous Aldehyde, Causes Pain and Neurogenic Inflammation through Activation of the Irritant Receptor TRPA1", *Proceedings of the National Academy of Sciences* 104, 2007, pp. 13519~135124.

14) Neil Shubin, *Year Inner Fish: A Journey into the 3.5-Billion-Year History of the Human Body*, New York: Vintage Books, 2009.

옮긴이 **구계원**

서울대학교 사회학과, 도쿄 일본어학교 일본어 고급 코스를 졸업했다. 미국 몬터레이 국제대
학원에서 통·번역 석사과정을 수료하고, 현재 전문 번역가로 활발히 활동중이다. 옮긴 책으
로『자기 절제 사회』『엉터리 심리학』『결심의 재발견』『2천 년 식물 탐구의 역사』『퓨처 사이
언스』『왜 중국은 서구를 위협할 수 없나』『제3의 경제학』등이 있다.

우리는 왜 짜증나는가

1판 1쇄 2014년 5월 2일
1판 3쇄 2014년 12월 3일

지은이 조 팰카·플로라 리히트만 | 옮긴이 구계원 | 펴낸이 강병선
책임편집 임혜지 | 편집 이현미 | 모니터링 이희연
디자인 김선미 최미영 | 저작권 한문숙 박혜연 김지영
마케팅 정민호 이연실 정현민 지문희 김주원 | 온라인마케팅 김희숙 김상만 한수진 이천희
제작 강신은 김동욱 임현식 | 제작처 영신사

펴낸곳 (주)문학동네
출판등록 1993년 10월 22일 제406-2003-000045호
주소 413-120 경기도 파주시 회동길 210
전자우편 editor@munhak.com | 대표전화 031)955-8888 | 팩스 031)955-8855
문의전화 031)955-1933(마케팅) 031)955-2672(편집)
문학동네카페 http://cafe.naver.com/mhdn | 트위터 @munhakdongne

ISBN 978-89-546-2473-2 03400

www.munhak.com